西樵歷史文化文獻叢書

續桑園圍志（一）

温肅　何炳堃　纂修

广西师范大学出版社
GUANGXI NORMAL UNIVERSITY PRESS
·桂林·

圖書在版編目（CIP）數據

續桑園圍志：全2册 / 温肅，何炳堃纂修. —桂林：廣西師範大學出版社，2014.12
（西樵歷史文化文獻叢書）
ISBN 978-7-5495-6039-4

Ⅰ. ①續… Ⅱ. ①温…②何… Ⅲ. ①珠江三角洲－堤防－水利史 Ⅳ. ①TV882.4

中國版本圖書館CIP數據核字（2014）第275899號

廣西師範大學出版社出版發行
（廣西桂林市中華路22號　郵政編碼：541001
網址：http://www.bbtpress.com）
出版人：何林夏
全國新華書店經銷
廣西大華印刷有限公司印刷
(廣西南寧市高新區科園大道62號　郵政編碼：530007)
開本：890 mm × 1 240 mm　1/32
印張：27.125　　字數：200千字
2014年12月第1版　　2014年12月第1次印刷
定價：96.00元（全二册）

本書根據西樵程達才先生家藏民國二十一年（1932）
鉛印本影印

《西樵歷史文化文獻叢書》編輯委員會

叢書總序

温春來　梁耀斌

呈現在讀者面前的，是一套圍繞佛山市南海區西樵鎮編修的叢書。爲一個鎮編一套叢書並不出奇，但爲一個鎮編撰一套多達兩三百種圖書的叢書可能就比較罕見了。編者的想法其實挺簡單，就是要全面整理西樵鎮的歷史文化資源，探索一條發掘地方歷史文化資源的有效途徑。最後編成一套規模巨大的叢書，僅僅因爲非如此不足以呈現西樵鎮深厚而複雜的文化底藴。叢書編者秉持現代學術理念，並非好大喜功之輩。僅僅爲確定叢書框架與大致書目，編委會就組織七八人，研讀各個版本之西樵方志，通過各種途徑檢索全國各大公藏機構之古籍書目，並多次深入西樵鎮各村開展田野調查，總計歷時六月餘之久。隨着調研的深入，編委會益發感覺到面對着的是一片浩瀚無涯的知識與思想的海洋，於是經過反復討論、磋商，決定根據西樵的實際情況，編修一套有品位、有深度、能在當代樹立典範並能夠傳諸後世的大型叢書。

天下之西樵

明嘉靖初年，浙江著名學者方豪在《西樵書院記》中感慨：『西樵者，天下之西樵，非嶺南之西樵也。』① 此話係因當時著名理學家、一代名臣方獻夫而發，有其特定的語境，但卻在無意之間精當地揭示了西樵在整個中華文明與中國歷史進程中的意義。

西樵鎮位於珠江三角洲腹地的佛山市南海區西南部，北距省城廣州 40 多公里，以境内之西樵山而得名。西樵山由第三紀古火山噴發而成，山峰石色絢爛如錦。相傳廣州人前往東南羅浮山采樵，謂之東樵，往西面錦石山采樵，謂之西樵，『南粤名山數二樵』之説長期流傳，在廣西俗語中也有『桂林家家曉，廣東數二樵』之句。珠江三角洲平野數百里，西樵山拔地而起於西江、北江之間，面積約 14 平方公里，中央主峰大科峰海拔 340 餘米。據説過去大科峰上有觀日臺，雞鳴登臨可觀日出，夜間可看到羊城燈火。如今登上大科峰，一覽山下魚塘河涌縱横，闤闠閭閻錯落相間，西、北兩江左右爲帶。

西樵山幽深秀麗，是廣東著名風景區。然而更值得我們注意的，是以她爲核心的一塊僅有 100 多平方公里的土地，在中國歷史的長時段中，不斷産生出具有標志性意義的文化財富以及能夠成爲某個時代標籤的歷史人物。珠江三角洲是一個發育於海灣内的複合三角洲，其發育包括圍田平原和沙田平原的先後形成過程。西樵山見證了這一過程，並且在這一片廣闊區域的文明起源與演變的歷史中扮演着重要角色。作爲多次噴發後熄滅的古火山丘，組成西樵山山體的岩石種類多樣，其中有華南地區並不多見的霏細岩與燧石，這兩種岩石因石質堅硬等原因，成爲古人類製作石器的理想材料。大約 6000 年前，當今天的珠江三角洲還是洲潭遍佈、一片汪洋的時候，這一片地域的史前人類，就不約而同地彙集到優質石料藴藏豐富的西樵山，尋找製造生産工具的原料，留下了大量打製、磨製的雙肩石器和大批有人工打擊痕跡的石片。在著名考古學家賈蘭坡

① 方豪：《棠陵文集》（收入《四庫全書存目叢書》集部第 64 册），卷 3，《記・西樵書院記》。

先生看來，當時的西樵山是我國南方最大規模的採石場和新石器製造基地，北方只有山西鵝毛口能與之比肩，因此把它們並列爲中國新石器時代南北兩大石器製造場①，並率先提出了考古學意義上的『西樵山文化』②。以霏細岩雙肩石器爲代表的西樵山石器製造品在珠三角的廣泛分佈，意味着該地區『出現了社會分工與產品交換』③，這些凝聚着人類早期智慧的工具，指引了嶺南農業文明時代的到來，所以有學者將西樵山形象地比喻爲『珠江文明的燈塔』④。除珠江三角洲外，以霏細岩爲原料的西樵山雙肩石器，還廣泛發現於粵西、廣西及東南亞半島的新石器至青銅時期遺址，顯示出瀕臨大海的西樵古遺址，不但是新石器時代南中國文明的一個象徵，而且其影響與意義還可以放到東南亞文明的範圍中去理解。

不過，文字所載的西樵歷史並沒有考古文化那麼久遠。儘管在當地人的歷史記憶中，南越王趙佗陪同漢朝使臣陸賈游山、唐末曹松推廣種茶、南漢開國皇帝之兄劉隱宴遊是很重要的事件，但在留存於世的文獻系統中，西樵作爲重要的書寫對象出現要晚至明代中葉，這與珠江三角洲在經濟、文化上的崛起是一脈相承的。當時，著名理學家湛若水、霍韜以及西樵人方獻夫等在西樵山分別建立了書院，長期在此讀書、講學，他們的許多思想產生或闡釋於西樵的山水之間，例如湛若水在西樵設教，門人記其所言，是爲《樵語》。方獻夫在《西樵遺稿》中談到了他與湛、霍二人在西樵切磋學問的情景：『三（書）院鼎峙，予三人常來往，講學其間，藏修十餘年。』⑤王陽明對三人的論學非常期許，希望他們珍惜機會，時時相聚，爲後世儒林留下千古佳

---

① 賈蘭坡、尤玉柱：《山西懷仁鵝毛口石器製造場遺址》，《考古學報》1973年第2期。
② 賈蘭坡：《廣東地區古人類學及考古學研究的未來希望》，《理論與實踐》1960年第3期。
③ 楊式挺：《試論西樵山文化》，《考古學報》1985年第1期。
④ 曾騏：《珠江文明的燈塔——南海西樵山考古遺址》，中山人學出版社，1995年，第30—42頁。
⑤ 方獻夫：《西樵遺稿》，康熙三十五年（1696）方林鶴重刊本，卷6，《石泉書院記》。

話，他致信湛若水時稱：『叔賢（即方獻夫）志節遠出流俗，渭先（即霍韜）雖未久處，一見知爲忠信之士，乃聞不時一相見，何耶？英賢之生，何幸同時共地，又可虛度光陰，容易失卻此大機會，是使後人而復惜後人也！』① 西樵山與作爲明代思想與學術主流的理學之關係，意味着她已成爲一座具有全國性意義的人文名山，這正是方豪『天下之西樵』的涵義。清人劉子秀亦云：『當湛子講席，五方問業雲集，山中大科之名，幾與嶽麓、白鹿鼎峙，故西樵遂稱道學之山。』② 方豪同時還稱：『西樵者，非天下之西樵，天下後世之西樵也。』一語道出了人文西樵所具有的長久生命力。這一點方豪也沒有説錯，除上述幾位理學家外，從明中葉迄今，還有衆多知名學者與文章大家，諸如陳白沙、李孔修、龐嵩、何維柏、戚繼光、郭棐、葉春及、李待問、屈大均、袁枚、李調元、温汝適、朱次琦、康有爲、丘逢甲、郭沫若、董必武、秦牧、賀敬之、趙樸初等等，留下了吟詠西樵山的詩、文，今天我們走進西樵山，還可發現140多處摩崖石刻，主要分佈在翠岩、九龍岩、金鼠塱、白雲洞等處。與西樵成爲嶺南人文的景觀象徵相應的是山志編修。嘉靖年間，湛若水弟子周學心編纂了最早的《西樵山志》，萬曆年間，霍韜從孫霍尚守以周氏《樵志》『誇誕失實』之故而再修《西樵山志》，清初羅國器又加以重修，這三部方志已佚失，我們今天能看到的是乾隆初年西樵人士馬符録留下的志書。除山志外，直接以西樵山爲主題的書籍尚有成書於清乾隆年間的《西樵遊覽記》、道光年間的《西樵白雲洞志》、光緒年間的《紀遊西樵山記》等。

晚清以降，西樵山及其周邊地區（主要是今天西樵鎮範圍）産生了一批在思想、藝術、實業、學術、武術

---

① 王陽明：《王文成全書》，四庫本，卷4，《文録・書一・答甘泉二》。

② 劉子秀：《西樵遊覽記》，道光十三年（1833）補刊本，卷2，《圖説》。

等方面走在中國最前沿的人物，成爲中國走向近代的一個縮影。維新變法領袖康有爲、一代武術宗師黄飛鴻、民族工業先驅陳啟沅、『中國近代工程之父』詹天佑、清末出洋考察五大臣之一的戴鴻慈、『嶺南第一才女』冼玉清、粵劇大師任劍輝等西樵鄉賢，都成爲具有標志性或象徵性的歷史人物。

事實上，明代諸理學家講學時期的西樵山，已非與世隔絶的修身之地，而是與整個珠江三角洲的開發聯繫在一起的。西樵鎮地處西、北江航道流經地域，是典型的嶺南水鄉，境内河網交錯，河涌多達 19 條，總長度 120 多公里，將鎮内各村聯成一片，並可外達佛山、廣州等地。① 傳統時期，西樵的許多墟市，正是在這些水邊興起的。今鎮政府所在地官山，在正德、嘉靖年間已發展成爲觀（官）山市，是爲西樵有據可查的第一個墟市。據統計，明清時期，全境共有墟市 78 個。② 西樵山上的石材、茶葉可通過水路和墟市，滿足遠近各方的需求。一直到晚清之前，茶業在西樵都堪稱舉足輕重，清人稱『樵茶甲南海，山民以茶爲業，鬻茶而舉火者萬家』③。當年山上主要的採石地點，後由於地下水浸漫而放棄的石燕岩洞，因生産遺跡完整且水陸結合而受到考古學界重視，成爲繼原始石器製造場之後的又一重大考古遺址。

水網縱横的環境使得珠江三角洲堤圍遍佈，西樵山剛好地處横跨南海、順德兩地的著名大型堤圍——桑園圍中，而且是桑園圍形成的地理基礎之一。歷史時期，西、北江的沙泥沿着西樵山和龍江山、錦屏山等海灣中島嶼或丘陵臺地旁邊逐漸沉積下來。宋代珠江三角洲沖積加快，人們開始零零星星地修築一些『秋欄基』

---

① 《南海市西樵山旅遊度假區志》，廣東人民出版社，2009 年，第 188—192 頁。
② 《南海市西樵山旅遊度假區志》，第 393 頁。
③ 劉子秀：《西樵遊覽記》，卷 10，《名賢》。

以阻擋潮水對田地的浸泛，這就是桑園圍修築的起因。① 明清時期在桑園圍内發展起了著名的果基、桑基魚塘，使這裡成爲珠江三角洲最爲繁庶之地。不難想象僅僅在幾十年前，西樵山還是被簇擁在一望無涯的桑林魚塘間的景象。如今桑林雖已大都變爲菜地、道路和樓房，但從西樵山山南路下山，走到半山腰放眼望去，尚可看見數萬畝連片的魚塘，這片魚塘現已被評爲聯合國教科文組織保護單位，是珠三角地區面積最大、保護最好、最爲完整的（桑基）魚塘之一。

桑基魚塘在明清時期達於鼎盛，成爲珠三角經濟崛起的一個重要標志，與此相伴生的，是另一個重要産業——繅絲與紡織的興盛。聯繫到這段歷史，由西樵人陳啟沅在自己的家鄉來建立中國第一家近代機器繅絲廠就在情理之中了。開廠之初，陳啟沅招聘的工人，大都來自今西樵鎮的簡村與吉水村一帶，而陳啟沅本人，也深深介入到了西樵的地方事務之中。② 從這個層面上看，把西樵視爲近代民族工業的起源地或許並非溢美之辭。但傳統繅絲的從業者數量仍然龐大，據光緒年間南海知縣徐賡陛的描述，當時西樵一帶以紡織爲業的機工有三四萬人。③ 作爲産生了黄飛鴻這樣深具符號性意義的南拳名家的西樵，武術風氣濃厚，機工們大都習武，並且圍繞錦綸堂組織起來，形成了令官府感到威脅的力量。民國初年，西樵民樂村的程姓村民，對原來只能織單一平紋紗的織機進行改革，運用起綜的小提花和人力扯花方法，發明了馬鞍絲織提花絞綜，首創具有扭眼通花團的新品種——香雲紗，開創莨紗綢類絲織先河。香雲紗輕薄柔軟而富有身骨，深受廣州、上海、南京等地富人喜歡，在歐洲也被視爲珍品。上世紀二三十年代是香雲紗發展的黄金時期，如民樂林村

---

① 曾少卓：《桑園圍自然背景的變化》，中國水利學會等编《桑園圍暨珠江三角洲水利史討論會論文集》，廣東科技出版社，1992 年，第 51 頁。

② 陳天傑、陳秋桐：《廣東第一間蒸汽繅絲廠繼昌隆及其創辦人陳啟沅》，載《中華文史資料文庫》第 12 卷《經濟工商編》，中國文史出版社，1996 年，第 784—787 頁。

③ 徐賡陛：《辨理學堂鄉情形第二稟》，載《皇朝經世文續編》，近代中國史料叢刊本，卷 83，《兵政·剿匪下》。

程家一族600人，除1人務農之外，均以織紗爲業。① 隨着化纖織物的興起，香雲紗因工藝繁複、生產週期長等原因失去了競爭力，但作爲重要的非物質文化遺產受到保護。西樵不僅在中國近代紡織史上地位顯赫，而且其影響一直延續至今。1998年，中國第一家紡織工程技術研發中心在西樵建成。2002年12月，中國紡織工業協會授予西樵『中國面料名鎮』稱號。② 2004年，西樵成爲全國首個紡織產業升級示範區，國家級紡織檢測研發機構相繼進駐，紡織產業創新平臺不斷完善。③ 據不完全統計，西樵整個紡織行業每年開發的新產品有上萬個。④

除上文提及的武術、香雲紗工藝外，更多的西樵非物質文化遺產是各種信仰與儀式。西樵信仰日衆多，其中較著名者有觀音開庫、觀音誕、大仙誕、北帝誕、師傅誕、婆娘誕、土地誕、龍母誕等。據統計，全鎮共擁有105處民間信仰場所，其中除去建築時間不詳者，可以明確斷代的，建於宋代的有3所，即百西村六祖廟、西邊三帝廟、牌樓周爺廟；建於元明間的有1所，即河溪北帝廟；建於明代的有2所，分別是百西村北帝祖廟和百西村洪聖廟；建於清代的廟宇有28所；其餘要麼是建於民國，要麼是改革開放後重建，真正的新建信仰場所寥寥無幾。⑤ 除神廟外，西樵的每個自然村落中都分佈着數量不等的祠堂，相較於西樵山上的那些理

---

①《南海市西樵山旅遊度假區志》，第323頁。

②《南海市西樵山旅遊度假區志》，第303—304頁。

③《西樵紡織行業加快自主創新能力》，見中國紡織工業協會主辦、中國紡織信息中心承辦之『中國紡織工業信息網』，http://news.ctei.gov.cn/zxzx—lmxx/12495.htm。

④《開發創新走向國際　西樵紡織企業年開發新品上萬個》，見中國紡織工業協會主辦、中國紡織信息中心承辦之『中國紡織工業信息網』，http://news.ctei.gov.cn/zxzx—lmxx/12496.htm。

⑤ 梁耀斌：《廣東省佛山市西樵鎮民間信仰的現狀與管理研究》，中山大學2011年碩士學位論文。

學聖地，神靈與祖先無疑更貼近普通百姓的生活。西樵的一些神靈信仰日，如觀音誕、大仙誕，影響遠及珠江三角洲許多地區乃至香港，每年都吸引數十萬人前來朝聖。

傳統文化的基礎工程

上文對西樵的一些初步勾勒，揭示了嶺南歷史與文化的幾個重要面相。進而言之，從整個中華文明與中國歷史進程的角度去看，西樵在不同時期所産生的文化財富與歷史人物，或者具有全國性意義，或者可以放在中華文明統一性與多元化的辯證中去理解，正所謂『西樵者，天下之西樵，非嶺南之西樵也』。不吝人力與物力，將博大精深的西樵文化遺産全面發掘、整理並呈現出來，是當代西樵各界人士以及有志於推動嶺南地方文化建設的學者們的共同責任。這決定了《西樵歷史文化文獻叢書》不是一個簡單的跟風行爲，也不是一個隨便的權宜之計。叢書是展現給世界看的，也是展現給未來看的，我們力圖把這片浩瀚無涯的知識寶庫呈現於世人之前，我們更希望，過了很多年之後，西樵的子孫們，仍然能夠爲這套叢書而感到驕傲，所有對嶺南歷史與文化感興趣的人們，能夠感激這套叢書爲他們做了非常重要的資料積纍。根據這一指導思想，經過反復討論，編委會確定了叢書的基本内容與收録原則，其詳可參見叢書之『編撰凡例』，在此僅作如下補充説明。

叢書尚在方案論證階段，許多知情者就已半開玩笑半認真地名之爲『西樵版四庫全書』，這個有趣的概括非常切合我們對叢書品位的追求，且頗具宣傳效應，是對我們的一種理解和鼓舞。但較之四庫全書編修的時代，當代人對文化與學術的理解顯然更具多元性與平民情懷，那個時代有資格列入『四庫』的，主要是知識精英們創造的文字資料，我們固然會以窮搜極討的態度，不遺餘力地搜集這類資料，但我們同樣重視尋常百姓書寫的文獻，諸如家譜、契約、書信等等，它們現在大都散存於民間，保存狀況非常糟糕，如果不及時搜集，就會逐漸毀損消亡。

能夠體現叢書編者的現代意識的，還有邀請相關領域的專業人士以遵循學術規範爲前提，通過深入田野調查撰寫的描述物質文化遺產、非物質文化遺產的作品。這兩部分内容加上各種歷史文獻，構成了完整的地方傳統文化資源。目前不管是學術界還是地方政府，均尚未有意識地根據這三大類别，對某個地域的傳統文化展開全面系統的發掘、整理與出版工作。在這個意義上，《西樵歷史文化文獻叢書》無疑具有較大開拓性、前瞻性與示範性。叢書編者進而提出了『傳統文化的基礎工程』這一概念，意即拋棄任何功利性的想法，扎扎實實地將地方傳統文化全面發掘並呈現出來，形成能夠促進學術積累並能夠傳諸後世的資料寶庫，在真正體現出一個地方的文化深度與品位的同時，爲相關的文化產業開發提供堅實基礎。希望《西樵歷史文化文獻叢書》的推出，在這個方面能產生積極影響。

高校與地方政府合作的成果

西樵人文底藴深厚，這是叢書能夠編撰的基礎；西樵鎮地處繁華的珠江三角洲，則使得叢書編撰有了充足的物質保障。然而，這樣浩大的文化工程能夠實施，光憑天時、地利是不夠的，一群志同道合的有心者所表現出來的『人和』也是非常關鍵的因素。

2009 年底，西樵鎮黨委和政府就有了整理、出版西樵文獻的想法，次年 1 月，鎮黨委書記邀請了中山大學歷史學系幾位教授專程到西樵討論此事。通過幾天的考察與交流，幾位鎮領導與中大學者一致認定，以現代學術理念爲指導，爲了全面呈現西樵文化，必須將文獻作者的範圍從精英層面擴展到普通百姓，並且應將物質文化遺產與非物質文化遺産的内容也包括進來，形成一套《西樵歷史文化文獻叢書》。爲了慎重起見，決定由中大歷史學系幾位教授組織力量進行先期調研，確定叢書編撰的可行性與規模。經過6個多月的努力，調研組將成果提交給西樵鎮黨委，由相關領導與學者坐下來反復討論、修改、再討論……，並廣泛徵求西樵地方文化人士的意見，與他們進行座談。歷時兩個多月，逐漸擬定了叢書的編撰凡例與大致書目，並彙報給南海區委、區政府與中山大學校方，得到了高度重視與支持。2010年9月底，簽定了合作協議，組成了《西樵歷史文化文獻叢書》編輯委員會，決定由西樵鎮政府出資並負責協調與聯絡，由中山大學相關學者牽頭，組織研究力量具體實施叢書的編撰工作。

值得一提的是，《西樵歷史文化文獻叢書》是近年來中山大學與南海區政府廣泛合作的重要成果之一，並爲雙方更深入地進行文化領域的合作打下了堅實基礎。2011年6月，中山大學與南海區政府決定在西樵山共建『中山大學嶺南文化研究院』，康有爲當年讀書的三湖書院，經重修後將作爲研究院的辦公場所與教學、研究基地。嶺南文化研究院秉持高水準、國際化、開放式的發展定位，將集科學研究、教學、學術交流、服務地方爲一體，力爭建設成爲在國際上有較大影響的嶺南文化研究中心、資料信息中心、學術交流中心、人才培養基地。研究院的成立，是對西樵作爲嶺南文化精粹所在及其在中華文明史中的地位的肯定，編撰《西樵歷史文化文獻叢書》也順理成章地成爲研究院目前最重要的工作之一。

在已超越温飽階段，人民普遍有更高層次追求，同時市場意識又已深入人心的中國當代社會，傳統文化迎來了新一輪的復興態勢。這對地方政府與學術界都是新的機遇，同時也產生了值得思考的問題：如何在直接的經濟利益與謹嚴求真的文化研究之間尋求平衡？我們是追求短期的物質收穫還是長期的區域形象？當各地都在弘揚自己的文化之際，如何將本地的文化建設得具有更大的氣魄和胸襟？《西樵歷史文化文獻叢書》或許可以視爲對這些見仁見智問題的一種回答。

叢書編撰凡例

一、本叢書的『西樵』指的是以今廣東省佛山市南海區西樵鎮爲核心、以文獻形成時的西樵地域概念爲範圍的區域，如今日之丹灶、九江、吉利、龍津、沙頭等地，均根據歷史情況具體處理。

二、本叢書旨在全面發掘並弘揚西樵歷史文化，其基本内容分爲三大類别：（1）歷史文獻（如志乘、家乘、鄉賢寓賢之論著、金石、檔案、民間文書以及紀念鄉賢寓賢之著述等）；（2）非物質文化遺産（如口述史、傳説、民謡與民諺、民俗與民間信仰、生産技藝等）；（3）自然與物質文化遺産（如地貌、景觀、遺址、建築等）。擴展内容分爲兩大類别：（1）有關西樵文化的研究論著；（2）有關西樵的通俗讀物。出版時，分别以《西樵歷史文化文獻叢書·歷史文獻系列》、《西樵歷史文化文獻叢書·非物質文化遺産系列》、《西樵歷史文化文獻叢書·自然與物質文化遺産系列》、《西樵歷史文化文獻叢書·研究論著系列》、《西樵歷史文化文獻叢書·通俗讀物系列》命名。

三、本叢書收録之歷史文獻，其作者應已有蓋棺定論（即於2010年1月1日之前謝世）；如作者爲鄉賢，則其出生地應屬於當時的西樵區域；如作者爲寓賢，則作者曾生活於當時的西樵區域内。

四、鄉賢著述，不論其内容是否直接涉及西樵，但凡該著作具有文化文獻價值，可代表西樵人之文化成就，即收録之；寓賢著述，但凡作者因在西樵活動而有相當知名度且在中國文化史上有一席之地，則其著述内容無論是否與西樵有關，亦收録之；非鄉賢及寓賢之著述，凡較多涉及當時的西樵區域之歷史、文化、景觀者，亦予收録。

五、本叢書所收録紀念鄉賢之論著，遵行本凡例第三條所定之蓋棺定論原則及第一條所定之地域限定，且叢書編者只搜集留存於世的相關紀念文字，不爲鄉賢新撰回憶與懷念文章。

六、本叢書收録之志乘，除此次編修叢書時新編之外，均編修於1949年之前。

七、本叢書收録之家乘，均編修於1949年之前，如係新中國成立後的新修譜，可視情況選擇譜序予以結集出版。地域上，以2010年1月1日之西樵行政區域爲重點，如歷史上屬於西樵地區的百姓願將族譜收入本叢書，亦從其願。

八、本叢書收録之金石、檔案和民間文書，均産生於1949年之前，且其存在地點或作者屬於當時之西樵區域。

九、本叢書整理收録之西樵非物質文化遺産，地域上以2010年1月1日之西樵行政區域爲準，内容包括傳説、民謡、民諺、民俗、信仰、儀式、生産技藝及各行業各戰綫代表人物的口述史等，由專業人員在系統、深入的田野工作基礎上，遵循相關學術規範撰述而成。

十、本叢書整理收録之西樵自然與物質文化遺産，地域上以2010年1月1日之西樵行政區域爲準，由專業人員在深入考察的基礎上，遵循相關學術規範撰述而成。

十一、本叢書之研究论著系列，主要收録研究西樵的專著與單篇論文，以及國内外知名大學的相關博士、碩士論文，由叢書編輯委員會邀請相關專家及高校合作收集整理或撰寫而成。

十二、本叢書組織相關人士，就西樵文化撰寫切合實際且具有較強可讀性和宣傳力度的作品，形成本叢書之通俗讀物系列。

十三、本叢書視文獻性質採取不同編輯方法。原文獻係綫裝古籍或契約者，影印出版，並視情況添加評介、題注、附録等；如係碑刻，採用拓片或照片加文字等方式，並添加説明；如爲民國及之後印行的文獻，或影印出版，或重新録入排版，並視情況補充相關資料；新編書籍採用簡體横排方式。

十四、本叢書撰有《西樵歷史文化文獻叢書書目提要》一册。

總目

評介

陳海立

一　把秩序寫入文本

《續桑園圍志》十六卷，何炳堃修，關遇志修補並付梓。民國二十一年九江宜昌印務局承刊。桑園圍是地跨南海、順德二縣的大型基圍水利工程，桑園圍修築的歷史進程中産生了内容豐富、系統性强的《桑園圍志》，本志即系列《桑園圍志》中的最後一部。

在古珠江河口的開發進程中，基圍是先民開發低地的重要手段，廣州西部和南部的廣大區域普遍採取基圍的方法圍江（海）造田。若干小圍由於進一步開發水域及維護已有田地的需要，開始被連綴成規模較大的大圍。官方也要求修築基圍需要預先申請，並對基圍的長度、圍内田産進行登記，但一般不進行財政讚助。乾隆五十九年與嘉慶二十三年，通過温汝適等士紳的努力以及省府縣各級政府的積極介入，桑園圍成立了統籌全圍工程的桑園圍總局，並獲得了官府提供的歲修款。從此，桑園圍便超出其他基圍，享有官方的持續資助，桑園圍總局也藉助官方的力量以及歲修款的管理和分配，建立起一套桑園圍的水利秩序。從乾隆五十九年開始，桑園圍總局於歷次大修之後，都隨即進行桑園圍志的編撰，把已有的水利秩序確立下來。現存的圍志有同治時期明之綱匯集的《桑園圍總志》（内含乾隆以來圍志九種）、光緒時期的《重輯桑園圍志》以及本志。

編撰《續桑園圍志》是在民國三年、四年兩次大修的背景下進行的。民國三年，桑園圍内的茅崗基因爲平素較少得到重視，瀕臨水患時又人心不齊，没能及時搶塞，於是崩決二十餘丈，爲害甚烈。桑園圍總局在陳啟沅之子陳蒲軒的領導之下築復決口，不料基工不固，兩次完工兩次崩潰，頗費周折。① 民國四年，桑園圍遇到百年一遇的特大洪水，崩潰四十餘處，三百余丈。桑園圍總局選舉岑文藻作爲首事，採取畝捐、丁捐、義捐三種籌款的方法（歲修款因改朝换代已經蕩然無存），獲取所需經費。收取經費的困難超過了預期，尤其畝捐一項拖了近十年才收齊。② 修圍完畢之後，直至民國八年，方才有按照慣例續修圍志的提議。岑文藻等延請了何炳堃總領修志的撰修工作。③

何炳堃是舊學功底深厚、熟悉志書體例的士人。何炳堃生年不詳，南海鎮涌堡人，没有傳記存世。據宣統《南海縣志》卷十《選舉表》，何炳堃考中光緒乙亥（光緒元年，1875）科舉人，獲得『揀選知縣』的資格，卻没有擔任實職。④ 據光緒二十年何炳堃撰寫的《清故京朱九江先生祠堂碑記》⑤，他曾拜著名大儒朱

① 《續桑園圍志》卷十五《藝文》。
② 岑文藻：《續修桑園圍志序》，《續桑園圍志》卷首。
③ 岑文藻：《續修桑園圍志序》，《續桑園圍志》卷首。
④ 宣統《南海縣志》卷十《選舉表》。
⑤ 何炳堃：《清故京朱九江先生祠堂碑記》，宣統《南海縣志》卷六《建置略》。

次琦爲師，是朱次琦重要的弟子之一。此次修朱九江祠，朱次琦已經逝世十三年，其門下弟子與朱氏後人共聚朱次琦家鄉，興修祠堂，何炳堃『從諸君子後奔走其間，因人成事而已』。① 根據光緒《九江儒林鄉志》記載，朱次琦於咸豐三年（1852）回鄉，卒於光緒七年（1881），何炳堃求學於朱次琦門下當在光緒七年以前。何炳堃在祠堂碑記中附有懷念朱次琦的詩：『高山同仰，孰云其頹，昔承面命，貫耳如雷，回憶當年，禮山堂開，廟食闕如，曷示將來。』可見先師的耳提面命，禮山堂的求學歲月，對他有深刻的影響。光緒十五年前後，何炳堃一度擔任何如銓編撰的《重輯桑園圍志》的校對，從此與桑園圍的志書結緣。② 光緒二十五年（1899），何炳堃客游連州，盤桓九年。直至光緒三十四年（1908）受到南海縣志局的徵聘，方才返回廣州，擔任南海縣志的總纂。宣統三年，他完成了《南海縣志》的編纂工作，並於前一年出版了個人經學作品《經義初階》。然而此時王朝鼎革，科舉已廢，舊學也受到衝擊，何炳堃已經不可能有仕宦的出路，於是便專心於鄉土文獻的整理與各地方志的修纂中。民國八年，他出任《續桑園圍志》的總纂，此時他對於桑園圍的文獻早已駕輕就熟，對於桑園圍水利的關鍵問題也早已熟稔於胸，於此圍志中也有頗多切要的建議。民國十年，他同時承擔了《續修高要縣志》的總纂，未完稿便去世，卒於民國十四年八月。③

何炳堃編纂《續桑園圍志》的宗旨，是在於強調『疏通』而不止加高培厚基身，強調『防患』而不止

① 何炳堃：《清故京朱九江先生祠堂碑記》，宣統《南海縣志》卷六《建置略》。
② 《重輯桑園圍志》卷一《職名》。
③ 宣統《續修高要縣志序》，民國二十七年刊本。

災時搶修。何炳堃觀察到『堤每增高，水若隨而增長』的現象，原因是『下游圍田，築壩長沙，沙日積而水道日淤，前潦未退，后潦復來』。① 基於這種認識，他在《藝文》一門中收録自己的著作多篇，如《廣東水患論》指出西江上游鑿通運河分水的方法因爲工費太高不可行，只能制止下游開發沙田，打擊控制沙田的『貴勢豪族』。又如《桑園圍疏通下流議》，希望官方支持桑園圍的利益訴求，允許桑園圍自派人工拆毀下游阻遏水勢的沙田。

鑒於疏通的重要性，何炳堃尤其注重圍内積水的排洩，警惕基圍内澇給基身增加負擔，所以在此志中刻意安排了許多與光緒十八年（1892）下游三口築活堤事件相關的文獻，如《藝文》中自著的《論下游三口不宜築閘議》和《論三口活堤呈上游節略》兩篇，以及《防患》中的《呈上游陳明三口活堤窒礙情形》、《順德縣詳覆活堤稟稿》、《下流三口不宜築閘節略》、《上九堡覆邑侯書》、《上九堡致下五堡書》諸篇。光緒十八年，下游龍山堡的紳士温子紹提倡修建活堤，閉塞下游三口，來防止西江水倒灌入圍。得到南海、順德兩縣政府批准之後，温子紹等於『十月中旬，甫經購料鳩工』。隨即『十一月初遂有馬營圍紳士梁汝芬等，以伊三十六鄉圍身單薄，潦水直下，每藉三口宣洩，今三口築堤，河流壅遏，鄉鄰將受其害』，率衆焚毀了温子紹等準備建活堤的材料。桑園圍各堡的士紳，亦糾合温子紹等在桑園圍總局所在地——河神廟集議，雙方進行激烈的論辯，焦點在於下五堡得免倒灌之患，上五堡的圍内水卻無從排洩。最終温子紹『屈於公議，

① 何炳堃：《續修桑園圍志序》，《續桑園圍志》卷首。

自願罷築』。不料温子紹僅僅是施了緩兵之計，領導『三口堤局糾合五堡紳民，各於要隘處所築台置炮，屯紮鄉勇，三棚並糾集工匠民夫日夜趕築活堤，揚言敢有阻撓即行轟擊』，即便有縣官進入干涉，温子紹等也是託病避談，由一二鄉老隨意搪塞。事態已經發展到了上下游之間兵戎相對的境地，最終由清政府的高級官員居中調停，才否定了温子紹等的行爲，拆除了下游的活堤。① 以何炳堃一貫對『疏通』的主張，自然站在上九堡的立場，因此揀取文獻時，並没有録入温子紹等下五堡的意見。《續桑園圍志》在這樣的意圖下，便是維護著上九堡利益的一種秩序的文本。圍志『庚申（民國九年，1920）經始，癸亥（民國十二年，1923）成書，因圍款支絀，延未付梓』，不久何炳堃逝世，圍志仍然没有刊印。

何炳堃所纂圍志的筆削之意，不能得到時人的一致認同。民國十三年（1924），温肅爲《續桑園圍志》作序，表達了不滿的意見。温肅，字毅夫，号檗庵，順德龍山鄉人，光緒二十九年（1903）進士，改翰林院庶吉士，歷任國史館協修、湖北道監察御史，清亡后曾於張勛復辟時任都察院副都御史，民國十八年（1929）後受聘於香港大學任教授。以温肅的名望和地位，自然不可與舉人何炳堃等同而論。岑文藻於民國十二年以『桑園圍志稿一帙相示』，向温肅請序。温肅讀過之後未曾踐諾，一年後岑文藻寫信敦促，温肅才勉強完成此序。温氏的序文，在一番客氣的交待之後，便直接指出：

①《順德縣詳覆活堤稟稿》，民國《桑園圍志》卷十二《防範》。

又地形水利，時有變遷，歌滘等三口爲全堤尾閭，載在前志，光緒癸巳五堡建議於三口設閘，議卒不行，然其利害，究未能決。余以爲創者沮者兩議，不妨並存，以俟後人論定。否則均删不録，免傷同圍之誼。此亦裁筆者所宜審也。①

作爲下五堡之一龍山堡人，温肅認爲三口築活堤的利弊仍然没有定論。他不滿何炳堃僅收一方文獻的做法，認爲要麼並存兩議，要麼均删不録，分明表達了質疑該秩序文本的態度。温肅的意見是否於圍志的刊刻有影響，此處不易言明。但何炳堃逝世不久，事態已經發生變化，圍志的内容也隨即進行了調整。

自光緒十八年封口不成之後，下游諸堡並未放棄此議。他們在圍内的事務中消極抵抗，例如『乙卯起科，龍山、龍江、甘竹、沙頭四堡畝捐延宕不交，要求三口築閘』，②直到民國十三年，藉著前兩年連年大水，『各堡有子圍者，多有搶救，無子圍者，受害更深』的契機，最終十三堡集議，同意了下游五堡築閘閉口，条件是開放沙頭閘來宣洩内水。

爲了適應形勢的變化，關遇志接管了修志的工作。關遇志本來在何炳堃領導下充當分纂，他自叙修補圍志的歷程緣起：『回首數年何君屏珊（即何炳堃，引者注）、余君贊廷、朱君稷卿，先後返道山，不勝今昔之

① 温肅：《續修桑園圍志序》，《續桑園圍志》卷首。
② 《續桑園圍志》卷十三《渠竇》。

感。此數年間，甘竹堤之修補，三口閘之建築，科捐之續收，糧户之核載，圍圖之審查，岑君伯銘囑爲增補校正。』① 由於下游五堡築口已成事實，桑園圍總局也決議通過，關遇志在此焦點問題上持有與何炳堃不同的看法，於是借增補之機，在《藝文》中增入自著的《桑園圍下游築閘平議》一篇，文節引如下：

利害，相倚伏者也。昔鄭國威秦鑿渠，曰始吾爲間，然渠成亦秦之利也。三口築閘，上九堡久言其害，然閘成亦全圍之利也。以方今昔水之爲利害，誠未易言。……乙卯大修後，各子圍日益增高，水亦繼長，連年下游淹浸日甚，上游子圍亦屢水溢基面。甲子夏，十堡子圍萬壽約基，決而救復，各子圍亦皆岌岌矣。是年秋，龍江龍山甘竹沙頭四堡請議築三口閘，上九堡集會議開沙頭閘，衆議三口閘宜開沙頭閘以爲補救，決雙方並舉……今閘成，四堡幸免昏墊，上游子圍亦慶安瀾，昔之以爲害者，今且見其利矣……惜沙頭閘未開，亦一憾事，此閘若成，下游保障既周，上游宣洩更捷，交通亦便，有利而無害者也……②

二　用文本维持秩序

毋庸置疑，《續桑園圍志》是一部薈萃地方性水利文獻的水利專志。何炳堃把『專志圍事之有關係

① 關遇志：《續修桑園圍志書後》，《續桑園圍志》卷末。
② 《續桑園圍志》卷十六《藝文》。

者，非是不書』① 作爲取捨文獻的原則。本志採取了光緒《重輯桑園圍志》的體例，延續了該志的十六個門類，只是把『江源』一門删去，增加『沿革』一門，卷數仍然相當。光緒圍志的體例，又是借鑒了浙江《海塘通志》等全國著名的水利志書，同時延續了《桑園圍癸巳歲修志》、《桑園圍甲辰歲修志》二志中對桑園圍文書的分類。《續桑園圍志》既然在前志的基礎上續修，也隨之繼承了以上志書對於水利文獻和水利知識的分類傳統。這類傳統與現代的水利知識體系迥然有别，例如《重輯桑園圍志》中『江源』一門所録珠江水的情況，便是注重文本的考據梳理，而輕視實地的勘探。同時，由於西學的影響，該體系也呈現出一些過渡期的特徵，例如本志中『圖説』一門對於西方地理學中三角測繪法的使用。總之，從水利專志的角度，該志可以爲讀者提供傳統水利知識、傳統技術水平、傳統制度和社會條件下的水利運作以及西學東漸中這類專業知識的發展等極具價值的題材。

然而，《續桑園圍志》不僅僅是一部水利專志，而且具有地方水利法典的意義。誠然，前人可以手持數卷圍志，緣之獲悉桑園圍的修築史，以及歷年興修的情況，在這種意義上圍志不過是歷史叙述與文獻集成。然而，對於與桑園圍水利事務相關的人來説，圍志是可以『使用』的，用以規定和維持地方水利的秩序。清政府没有制定一部專門的水利法，地方政府也不曾編有系統性的地方水利法規。除了一套較爲完善的登記和管理制度，在處理具體的水利訴訟時，地方性『傳統』的水利文獻便是斷定是非的依據。這類依據包括

① 《續桑園圍志》凡例。

衙門的檔案、民間的碑刻文獻、地方志書、契據乃至一些口述的傳統（當然口述的傳統不如文字記載那麼有説服力）。一系列的《桑園圍志》便是這類依據的集成之作，修志者不僅把歷次修圍奠定的秩序形之文字，而且受到了官府的認可，成爲了可以援引的『例』，供日後維持水利秩序之用。

利用圍志來作爲水利糾紛的依據，自乾隆末年以來形成傳統。例如道光二十五年五月百滘堡潘氏等業户拒絕履行仙萊基的攤派義務，便向南海縣政府控訴，『區大器業戸區信玉等突稱桑園圍新志開載仙萊岡基一百零五丈，係伊區大器管，餘基四十七丈，捏蟻祖潘藻溪祖等管，並要潘藻溪、莫雍睦、潘觀仲各招二成銀二十兩。蟻等駭異，即查新舊志基圍，核對舊志，並無蟻祖名字，新志從何注捏。』① 其後桑園圍總局的紳士聯呈，指出潘氏業户其實是故意錯解圍志的文意，希圖推卸修圍的責任。雙方的立論均基於圍志，最終縣政府的裁斷也以圍志爲據。因此，熟悉圍志、善於利用圍志，便成爲地方人士争取水利權利的資本。而桑園圍總局具有修志的權力，也從而具有建立水利秩序的權威。歷次修志者均嚴格擇取文獻，唯恐留下有悖於現實秩序的條文。在以上案件中，總局局紳馮日初等強調了在修志時有一套詳密的程序，保證該文本的權威性，『不思新修之志，當經通稟大憲，按照舊志公同商確，逐一詳修，一有更移，各堡定必不服』。

《續桑園圍志》的修纂恰逢清朝滅亡，民國制度尚未完備的年代。時代交替之際，維持或建立水利秩序的需求更爲迫切。利用前志的行爲本志比比皆是，暫以民國三年十二月一封文書《爲歲收專款軍餉挪用未

①（清）明之綱：《桑園圍總志》卷十一《桑園圍甲辰歲修志》，清同治羊城西湖街富文齋刻本。

還聯懇財政廳長嚴追列預算照本支息俾資修築圍基稟》爲例予以剖析。自從嘉慶時期開始，清政府撥予桑園圍歲修款，由桑園圍總局負責分配及使用。辛亥革命之後，清政府覆滅，軍閥割據的局面逐步出現，桑園圍歲修款被挪用爲軍餉，不再發放。失去歲修款的支持，桑園圍總局的權威驟然降低，下游諸堡紛紛繞開桑園圍總局，自行成立基圍總局負責各自鄉村的水利保障，甚至連全圍興修款項的攤派也頗費周折。此稟文産生於民國三年的水災之後，桑園圍總局局董希望省財政廳恢復歲修款，一方面爲修築募款，另一方面也試圖維繫晚清時期確立的圍内事務的秩序。稟明恢復款項的文字之後，局董們呈送光緒《重輯桑園圍志》，並在文書末尾粘附歷年撥款的『成案』，逐一開列與歲修款相關的文書。如第一條爲『前清嘉慶二十二年總督阮元籌議借款生息以資歲修摺文，載在圍志卷一奏議門』，連同文書的出處都清晰注出，力求做到有所依據。可惜因爲政變等原因，歲修款最終没有撥還，桑園圍總局也逐漸陷入財政困境之中。這也證明，在制度的轉型期，在舊有秩序面臨危機的情況下，總局的局董們更爲重視圍志這類文獻，也更加頻繁更爲靈活地使用這類存留的地方性『法典』。

爲了維持圍志作爲地方性法典的權威，桑園圍總局甚至不惜銷毀其他存有異義的文本。《續桑園圍志》記載的一起黄公堤一段修築義務的訴訟尤其值得注意。民國四年，桑園圍總局在加築全圍之時，甘竹堡黄慕湘等提出，黄公堤不屬於桑園圍基段，不許總局派人修築。黄氏的依據是一方萬曆四十二年的碑刻，碑刻記載了黄氏家族的祖先黄岐山修築黄公堤，並把堤上的店鋪的鋪租作爲修繕該堤經費的事情。此外，『黄慕湘所繳黄公提案辨正書，所引碑示圖志亦甚多，而要以《桑園圍志》之舊圖《甘竹堡基分》及各志所載雞公基之丈尺爲根據』。黄慕湘等據此提出一條以堤上店鋪保證該段堤圍的原則（與桑園圍内基主業户的原則有别）認爲黄氏具有黄公堤的主權，提出以黄姓堤上的店鋪財産，作爲自行修築該段基圍的保證，不必履行對全圍修築的攤派義務。總局局董岑文藻等以三點理由必須争取黄公堤的『主權』，不許黄氏的基務公所繞過桑園圍總局自行修築。第一，黄氏以黄公堤不屬於桑園圍基段爲由，推卸丁娟畝捐的交納。第二，黄慕湘的祖先只是『加高培厚，易之以石』者，並非始築者，倘若遇險情，黄氏族人遠隔西江，難以搶救。第三，繞堤的店鋪逾萬計，如果紛紛效尤黄慕湘等由店鋪業户自行修築，將使全圍統籌的格局失控。岑文藻先直斥對方所依據之碑刻『新舊圍志俱不載，詢之甘竹堡人，或有謂其僞造者』，①然后在己方的呈文中，多次引用前有圍志的篇章，最有利的證據在於道光時期黄公堤曾作爲桑園圍基的一段領取過歲修款。黄慕湘等把該提案呈上省級政府，獲得了批准，總局局董上訴希望翻案，省級政府派道尹勘察情况，再次認同了黄氏的提案，此次批示下達之後，允許黄氏族人勒碑置於基務公所。此後總局再度發動上訴，於民國八年贏得了官司。省級政府最終的批復認爲，根據《順德縣志》、《桑園圍志》的記載，早在洪武時期黄公堤一段已經屬於桑園圍範圍，萬曆時期只是『易以石堤』，並未能改變其主權歸屬，而以堤上店鋪所屬確立修圍義務的規則也不能成立，故斷定黄慕湘等敗訴。民國九年，桑園圍總局向省府提出要勒碑確定已有之秩序，更專遞

① 《續桑園圍志》卷十二，第 17 頁。

《呈請順德縣督斥銷毀舊碑》等文，強調『原勒石碑已失效力』，①最終總局派人往黃公堤基務公所銷毀石碑。豈料此事遇到黃公堤游擊隊劉弁及黃慕湘等紳耆的阻撓，屢經反復方才毀碑成功。

從以上的案例中，可見文本既是各方可以資用的維護自身利益的資源，又是決策者、仲裁者援引的規矩。在民國時期，桑園圍下游地區桑基魚塘農業、絲織業、繅絲業發達，商業貿易更是因國際貿易的發展（廣東絲出口）而異常活躍，堤圍上的商鋪驟增，據時人指出『已逾萬數』。與此同時，桑園圍總局失去歲修款的支持，對傳統的攤派規矩也做出調整。在這樣的背景下，黃慕湘等紳耆借助歷史留存的碑刻，輔之以《桑園圍志》的文本，試圖推出新的規則，避免全圍的義務。同樣，桑園圍局紳也在文本中找到證據，在道理上擊敗了對手。而省政府至少在表面上，也是用已有的圍志文本作爲仲裁的依據。事成之後，與已有秩序相悖的文本，各時期産生的碑刻均要予以銷毀，甚至幾近釀成械鬥之禍，亦不足惜。

各方對於各版桑園圍志的精讀和利用，提醒讀者必須時刻警惕文本刊刻、流傳的社會情境。《續桑園圍志》這部承前啟後之作，在揭示這類社會情境方面尤其詳盡。較之前志，本志內容更多採自各級政府的卷宗檔案和桑園圍總局保留的檔冊。同治時期明之綱的《桑園圍總志》及光緒時期何如銓的《重輯桑園圍志》，雖然也從檔案中輯録大量內容，卻常常偏向於精挑細選核心的文書或者最終判定結果的文書。本志在前志的體例下，常常能以事爲綱，收録雙方的意見（上文所指的上下堡争端除外），注重把過程中各類文書

① 《續桑園圍志》卷十二，第47頁。

較多地予以採録，例如上文黄公堤争議中萬曆時期的碑刻亦附於該事之末，如此讀者能夠借之把握事件的發展進程，更爲深入把握社會情境的方方面面。雖然本志流傳不廣，無法如前二志般有效地發揮規定秩序的作用，但是自轉型期的社會中如何利用前志建立和調整新的秩序，本志實有所長。

三　其他价值

作爲一個秩序的文本，《續桑園圍志》具有極高的社會史價值。除了上文提及的桑園圍下口築閘、黄公堤事件，圍志對十堡聯合控告下游磺璣鄉關閉官涌、飛鵝翼横基易土爲石、區村后山創築新基等事件，均有同等規模的記載。這些事件的記録已經超出興修水利這一目的的範疇，對於讀者解讀當時錯綜複雜的社區關係、轉型期的制度運作以及鄉村社會各階層實力的情狀均大有裨益。此外，《續桑園圍志》對於了解當時的經濟情況、物價情況以及桑園圍總局的財政運作也提供了不少珍貴的記録。本志捐賑、撥款、義捐三門，集中顯示了桑園圍總局的財政來源。與清代款項的來源不同，民國時期總局失去了歲修款（儘管並非放棄争取歲修款的努力，這類努力的文獻見諸圍志），也不單純依賴於基於圖户土地記載的攤派和圍内商紳的義捐，還開辟新的攤派方式——丁捐。新的攤派方式改變了財政的運作方式，也引發了一系列社會的抵制，其産物便是一些針對抗捐行爲的文獻，可供讀者進一步深入分析。圍志在財政收入方面資料齊全，在支出方面的記載也較之前志有較大突破。例如卷十的《乙卯築決工程一覽表》、《乙卯東基加高培厚工程一覽表》

和《西基加高培厚工程費用一覽表》，均詳細記録了總局支出的情況，其中對於人工價格、泥沙土石等物價格記載甚詳，實爲研究當地物價珍貴的材料。除了這類集中的記載，本志對於當時桑園圍内水稻農業、桑基魚塘農業及與蠶絲、絲織相關的工商業有許多零星的記載，例如前文提及繞堤商鋪『已逾萬計』，又如在修基時常常涉及的桑基魚塘的情況，都足以讓讀者窺見當時當地的經濟現象和鄉村景觀。

與《桑園圍總志》和《重輯桑園圍志》相比，《續桑園圍志》由於出版年代較晚、流傳不廣，没有得到學界足夠的重視。國内學者和日本、美國學者在研究桑園圍時，也較少採納該志的内容，儘管一些晚近的成果已經有所涉及。以上介紹，足見《續桑園圍志》既是與前志體裁、内容有一致的連貫性，又是獨具一格、内容豐富、具有轉型期特色的文獻。此次出版，希望能夠推動海内外學者進一步的精研，對於認識珠江三角洲乃至中國的歷史與現狀，可能有不可替代的價值。

續桑園圍志

厚德堂存

中華民國二十一年孟秋

續桑園圍志

九江市宜昌印務局承刊

續修桑園圍志序

癸亥春余如京師道出香港南海岑君伯銘手桑園圍志稿一帙相示且囑爲之序爰畧讀一過而歸之抵京年餘此諾未踐而岑君函促至再因思圍志自何嗣農孝廉重輯詳畧得宜今屬草之何屏山孝廉卽吾邑之任校對者體例不更事從其類依類排纂奚用余贅詞爲雖然甲寅乙卯之決工鉅且費向所未見而時局俶擾任事之艱亦前所未有也以今之經歷爲後之鑒懲亦惡可無言哉蓋自來護圍之要厥在歲修專欵甲寅決後時長財政廳者

爲嚴公家熾余馳書告急嚴允援案照撥且列入預算表以規永久粵局一再變亂此欵有無遂不可問第使機有可圖必當爭回毋虛前賢之成勞且見

先朝洞鑒民隱無微不至民非后罔克胥匡以生舉一事可以風其餘也又地形水利時有變遷歌滘等三口爲全隄尾閘載在前志光緒癸巳五堡建議於三口設閘議卒不行然其利害究未能決余以爲創者沮者兩議不妨並存以俟後人論定否則均删不錄免傷同圍之誼此亦載筆者所宜審也至於勳欵數十萬起科歷六七年非有熱誠巨

力者倡辦於先事何由集岑君之功亦奚可忘哉余東西南北之人也然家於圍內數百年矣自癸丑奉諱歸里甲乙兩災均所目擊迨丁巳戊午潦漲日高至癸亥甲子而加甚竊慮水患之將加無已而增卑培薄之非長策也夫長策云何疏濬下流開通支河前人備言之矣今下流隄岸日益增沙田圍築日益廣與水爭地而潦無歸壑居上流者寧有幸焉此則私憂竊歎而願與同圍諸公共圖之也

順德温肅謹序

桑園圍志

續修桑園圍志序

桑園圍之有志自乾隆五十九年甲寅大修始嗣是嘉慶丁丑己卯庚辰繼之道光癸巳甲辰己酉繼之咸豐癸丑同治丁卯繼之庚辰以前僅就工程文牘彙刻成編至癸巳志始分門目纂輯光緒乙酉馮比部越生領祭歲修因與何君嗣農議及舊志體例未協屬令增刪何君去其繁蕪補其闕畧分爲一十六門頓改舊觀一展卷而心目爲清矣書成迄今三十餘年請領歲修者凡幾次加以甲寅乙卯連年圍決致有非常之大工是不可以不志也總理

岑君與同事諸君屬埜編輯以紀其事爰踵乙酉志門目
而叙次之夫志者記也記其事所以使後人有所據依變
通而推事盡利也潦之爲禍烈矣沿江田園廬墓賴築圍
隄以捍之而隄每加高水若隨而爭長是豈水之性哉水
性就下下流壅斯漲難消勢使然也從來下流圍田築壩
長沙沙日積而水道日淤前潦未退後潦復來猶路塞而
人擠不可行矣水之與堤爭高職是故也在昔大吏有留
心民瘼者嘗欲疏通水道委勘阻碍水道處所未築者禁
已築者拆議定未行而調任去矣後之能爲繼者固難其

人即有其人亦未必能久於其位而竟其成也蓋有力能使之去者其將如之何哉欲革其弊而阻於勢之不能行可慨也或有擬在上流開一支河由陽江達海以殺水勢者光緒間張文襄公督粵時曾遣員（羅君海田）測量新興江口至黄坭灣從此鑿通道流入海地勢高於水面二十丈地長百餘里爲費鉅成功難勢亦不可行矣上流既不能開下流又幾鄰於塞水患何時已哉昔人以繕完堤防增卑培厚爲下策至我圍則所恃惟在堤防若舍加高培厚而別求一策正不知上策果安在也今以漫溢致決通圍加

九江谷行街宜昌印務承刊

高三尺兼復一律培厚費至四十餘萬金固以期一勞永逸也顧上流之分殺與下流之疏通有不能必於將來者則今日之加高培厚其可恃與否又未可知耳安得當道有勤恤民隱者洞悉豪勢之姦而力除其弊毅然救此一方民哉編輯既畢因念水患頻仍思所以善其後竊慨夫前人建築主於疏通實爲篤論而阻於勢力垂成中止爲可惜也爰幷及之以諗後世之有心斯圍者

續修桑園圍志序

桑園圍志續修既成。將付梓。兆徵循讀一過。以爲何君此稿。謂之不翔實不可。然於兆徵多所獎譽。慮讀之者疑其阿也。因綴數言於簡端曰。此圍數十年來。工程之鉅。莫如甲寅乙夘兩役。而乙夘尤甚。决口至四十餘處。用欵至六十餘萬方事之殷。圍衆集邑學明倫堂。票舉修圍總理。兆徵以票多被舉。時水災後。公私交匱。幾無從措手。不得已勉捐萬員爲之倡。賴羣力輻湊。應者繼起。共得義捐約十萬。合之丁捐共二十萬。大綱始粗立然不敷尚距。復從事

九江谷行街官昌印務承刊

於墊借。照舊章按畝起科償之。竭十餘年徵收之力。卒清償無負。然自來科歛之舉。非董勸並施不能集事。其太疲玩者。或呈官派員坐催。雖出於無可如何。不求人諒。然此心終覺歉然。此其名之不敢居者也。又施工之際。不能不清釐界段。飛鵝翼橫基之易土而石也。區村後山之創築新基也。黄公隄之收回主權也。幾經爭辨。或竟訴諸官而後決。此亦事勢之無可如何。而非逞意氣以求勝也。至於同事諸公。如程少慈關子清之繁頣躬肩。不辭勞瘁。老潔平陳度之之審計精核。出納無私。關遜卿黄澄溪之勇敢耐

勞。始終勤慎。實能勖兆徵之不逮。有非紀載所能盡者。兆
徵自受任以來。舟車旅費。從不動用公欵分毫。而諸公慷
慨赴義。相感以誠。亦復不受薪水伕馬。此雖小節。在諸公
固未嘗矢諸口。然亦不可沒也。今者志書既成。圍事告竣。
修基公所。行將裁撤。此十餘年辛苦共歷之境。不能不表
而出之。豈敢云後事之師哉。抑愚意尤有過慮者。天下事
變無常。惟有備斯無患。往者歲修之欵。領自官帑。縱逢小
決。補苴有賴。今並此而無之。而水勢與年俱長。苟無儲備
。以時增卑培薄。豈獨潰決堪虞。行見巨漲之沒堤而過也

九江谷行街官昌印務承刊

。今夏河澎圍瀕決而獲全。兆徵蓋親見之。毋使他日謂余不幸而言中哉。

乙夘南順桑園圍修基總理伯銘岑兆徵謹序

重輯桑園圍志職名開列

倡脩　溫　肅

周廷幹

岑文藻

總纂　何炳堃

分纂　余德徧

關遇志

朱瑞年

續修桑園圍志

凡例

一圍志專志圍事之有關係者非是不書

一圍志創始乾隆甲寅繼而編輯者凡八至癸巳甲辰始分列門目乙酉何君爾農纂修乃從舊志門目而損益之今用其例删去江源仍載沿革餘悉從之稱其志爲前志稱各志爲舊志

一舊志所載沿革甚詳雖以備考當撮舉大者以存其梗概而甲寅乙卯兩次大工爲從來所未有自當從詳

一舊圖但繪大圍而子圍從畧今增繪子圍以補其闕

一此次纂修接續乙酉前志其未採錄者錄之其已採錄者不再複出

一事勢今昔不同章程隨時而變其爲向章所常行者可無容贅錄其當變通者必詳錄之使後人知所遵守

桑園圍志目錄

九江谷行街宜昌印務承刊

續桑園圍志卷一

奏議

舊志所載奏稿乾隆以前無有存者豈日久流傳散失歟抑向由民捐民修未及上達天聽也自是以來大吏因災入告可得而稽矣迨嘉慶間阮公奏准借帑生息乃有歲修專款迭次修築必由紳士呈請當道專摺上陳准予給領然後興役工竣奏銷習爲故事歷觀所存奏疏具見勤民至意錄之所以昭
皇仁表遺愛也爰及世變至官署公牘類多散失茲就採得者

九江谷行街宜昌印務承刊

錄存之闕者無可補也能無增懷舊思古之慼乎志奏稿

現人民國本無奏議惟此志仍沿前例自光緒十四年續脩至宣統本有奏議前經搜集繕正因總纂何君屏珊由香港返九江在沙口駁艇被水淹沒連原稿一并失去無從追補

續桑園圍志卷二

圖說

古人左圖右書圖之切於用可知矣况地志稱爲圖經是志地不可無圖也無圖則道里之遠近山川之險易無由悉也有圖則一覽如在目前矣且水利堤防民命所託甚大有司之留心民瘼者按圖而審其利害致其經畫雖未至其地已不啻身親見之矣是可不求其詳細哉圍舊有圖得其大畧耳未得其詳也大圍有圖子圍無圖也今全圍繪一總圖有基段十一堡各繪一分圖子圖附焉基段

長短險易新築改築注說於後志圖說

桑園圍總圖

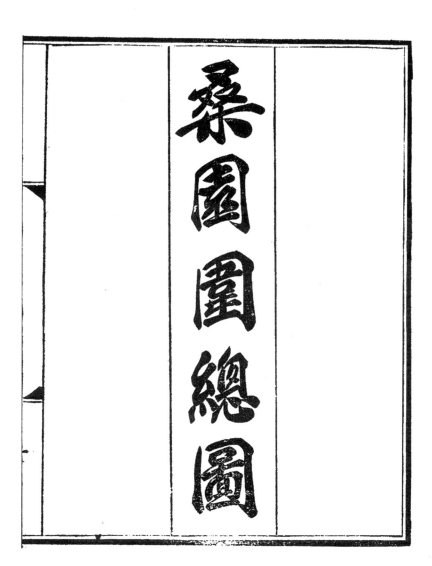

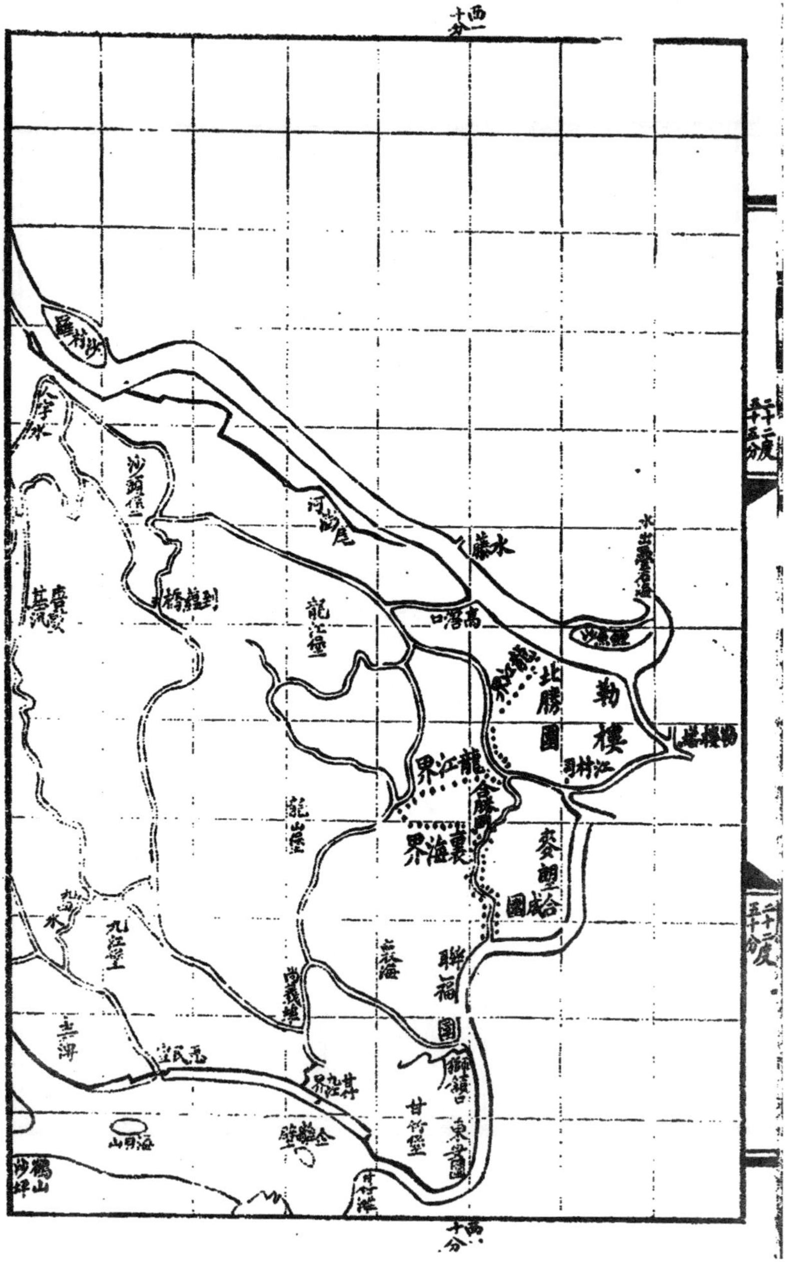
西一十分
羅村沙
沙頭堡
河澎尾
藤水
高灣口
龍江堡
北勝圍
勒樓
龍江界
東海界
龍山堡
聯福圍
九江堡
甘竹堡
二十二度五十分

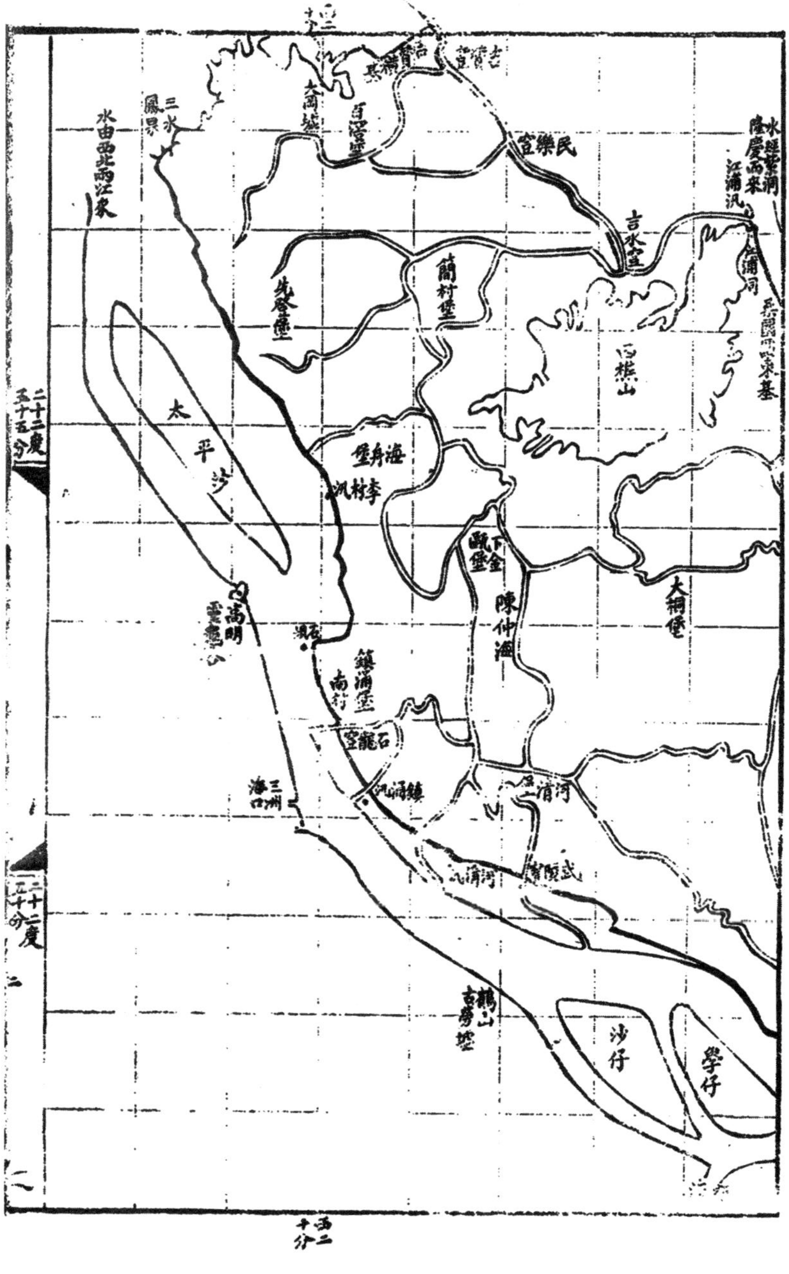
水由西北兩江來
太平沙
簡村堡
先登堡
海舟堡
李村汛
下金甌堡
陳仲涌
大桐堡
三洲海口
石龍
沙仔
學仔
二十二度五十五分
二十二度五十分
西二十分

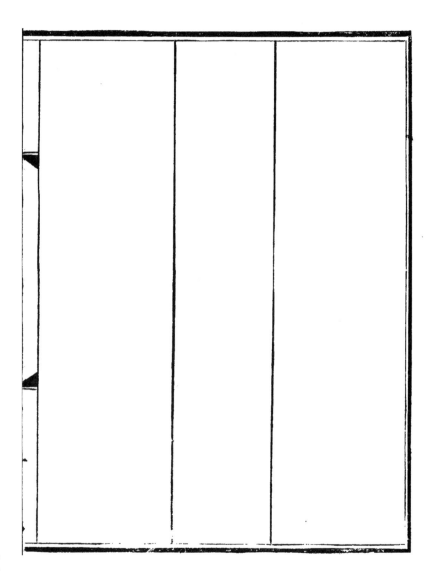

先登堡圖上 各圖比例縮爲二萬分之一

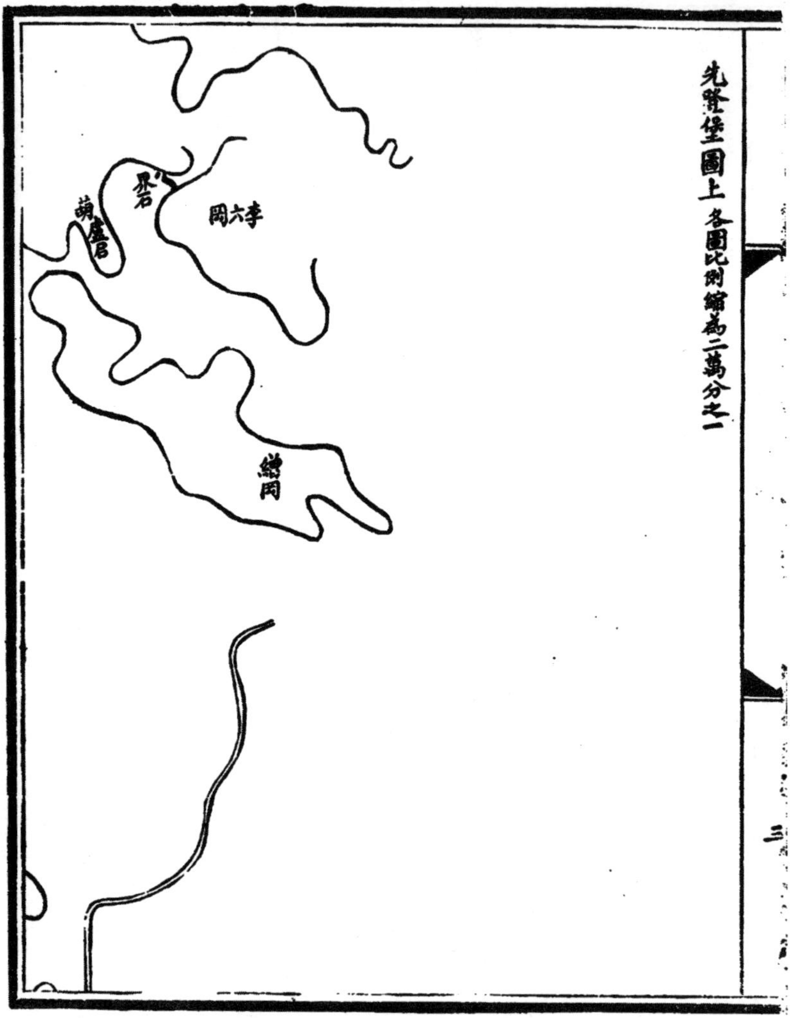

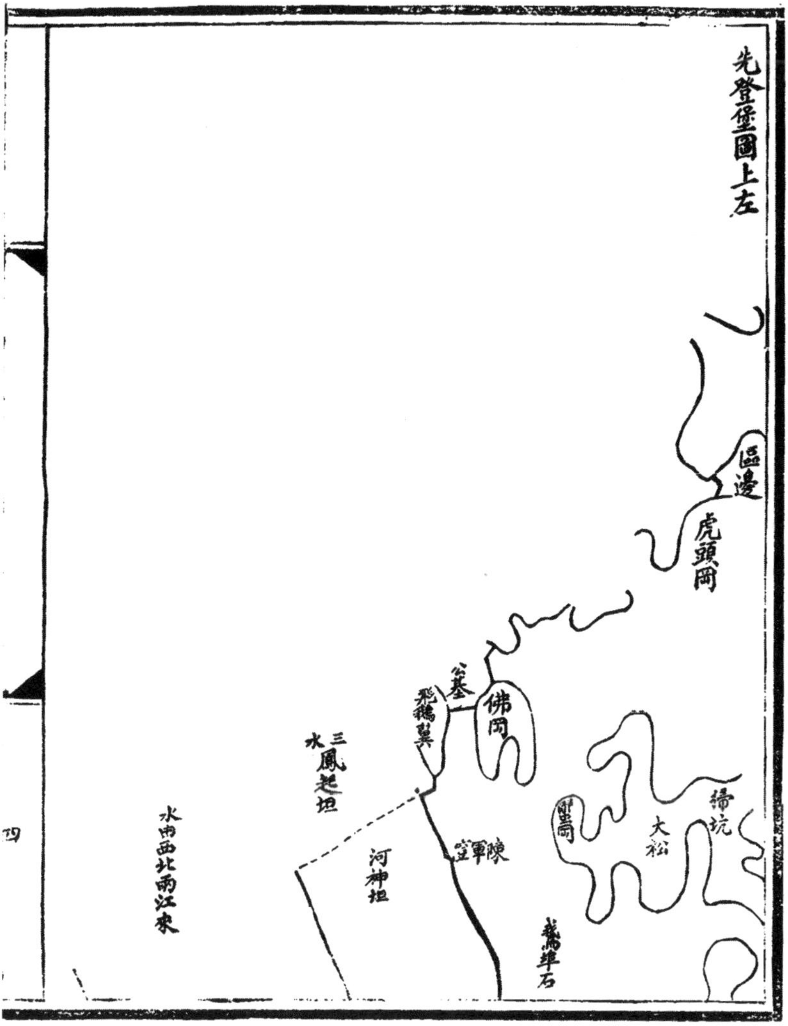
先登堡圖上左
區邊
虎頭岡
公基
飛鵝翼
佛岡
三水
鳳起坦
水由西北兩江來
河神坦
陝軍堂
大松
義高埠石
四

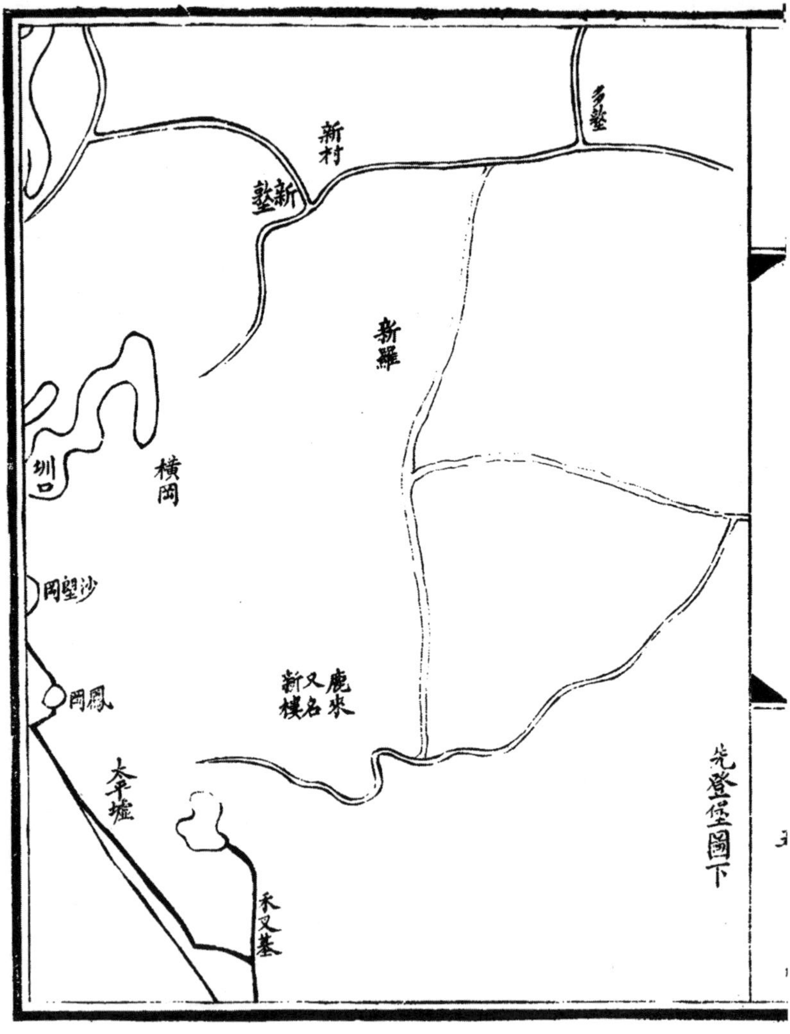
先登堡圖下
多滘
新村
新墪
新羅
圳口
橫岡
沙望岡
鳳岡
鹿來 又名 新樸
太平墟
禾叉基

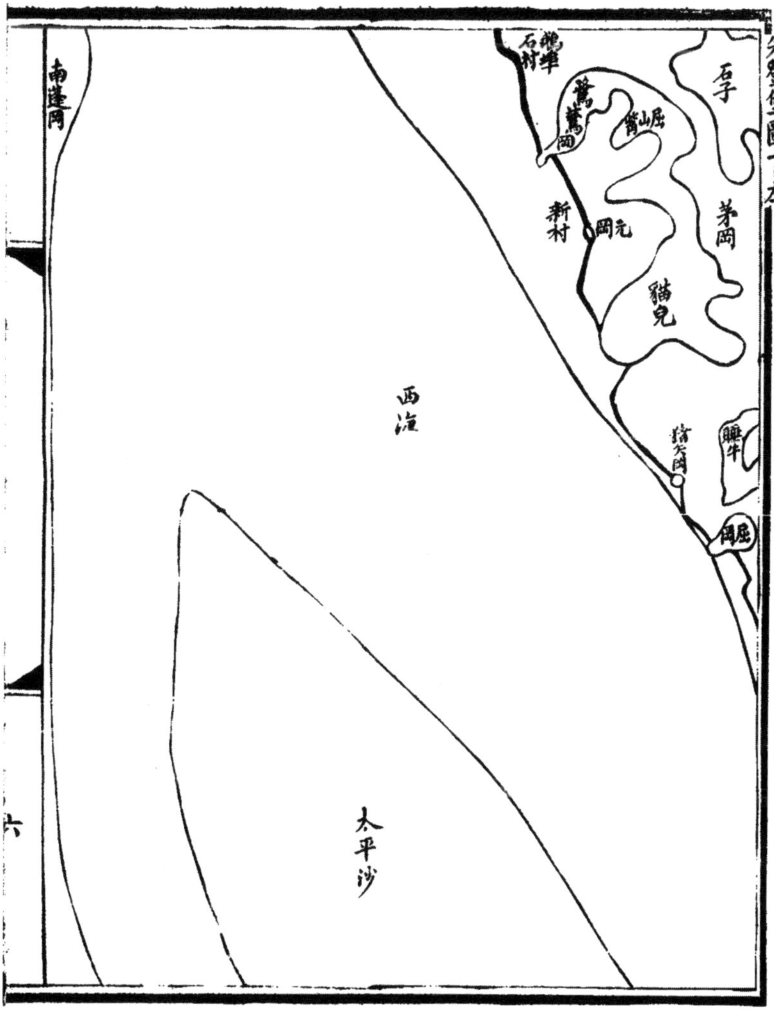
先登堡圖下左
南蓬岡
鵝埠
石村
鶯鷲岡
屈山背
石子
新村
元岡
茅岡
貓兒
西海
豬矢岡
屈岡
太平沙

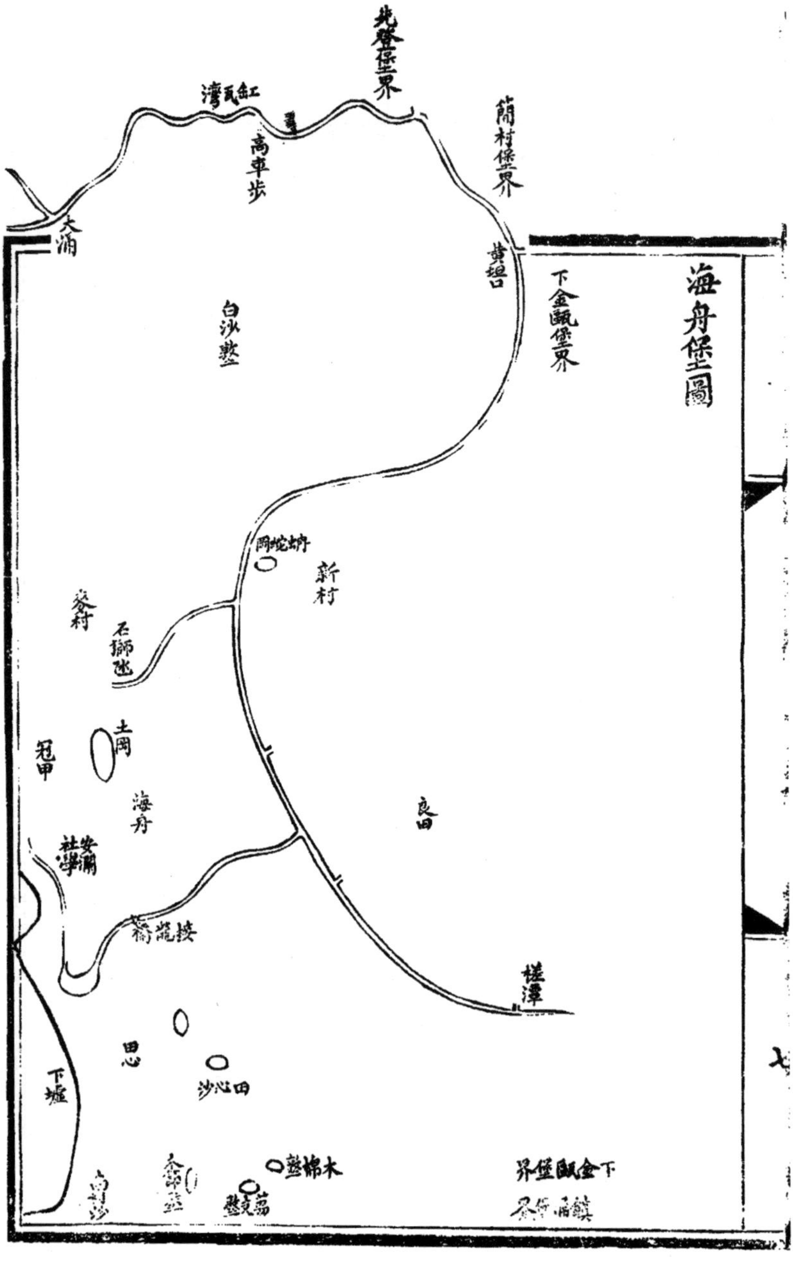
海舟堡圖
先登堡界
紅瓦灣
高車步
簡村堡界
大涌
下金甌堡界
白沙墩
蚺蛇岡
新村
土岡
海舟
安瀾社學
良田
接龍橋
思
田心沙
下墟
木棉墩
茘支墩
下金甌堡界

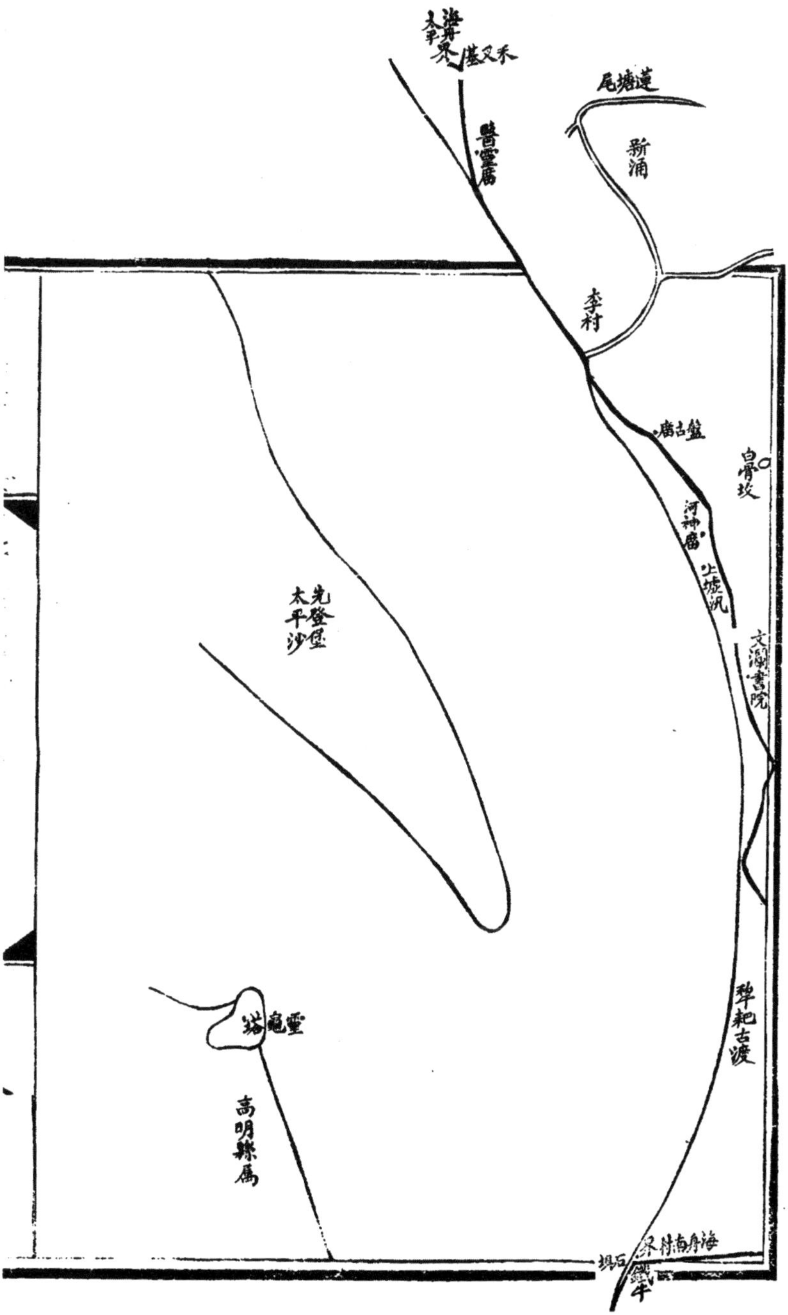
海舟太平界
禾叉基
蓮塘尾
醫靈廟
新涌
李村
盤古廟
白骨坟
河神廟
上墟汛
文瀾書院
先登堡太平沙
犁耙古渡
靈龜塔
高明縣屬
海舟南村界
石垻
鐵牛

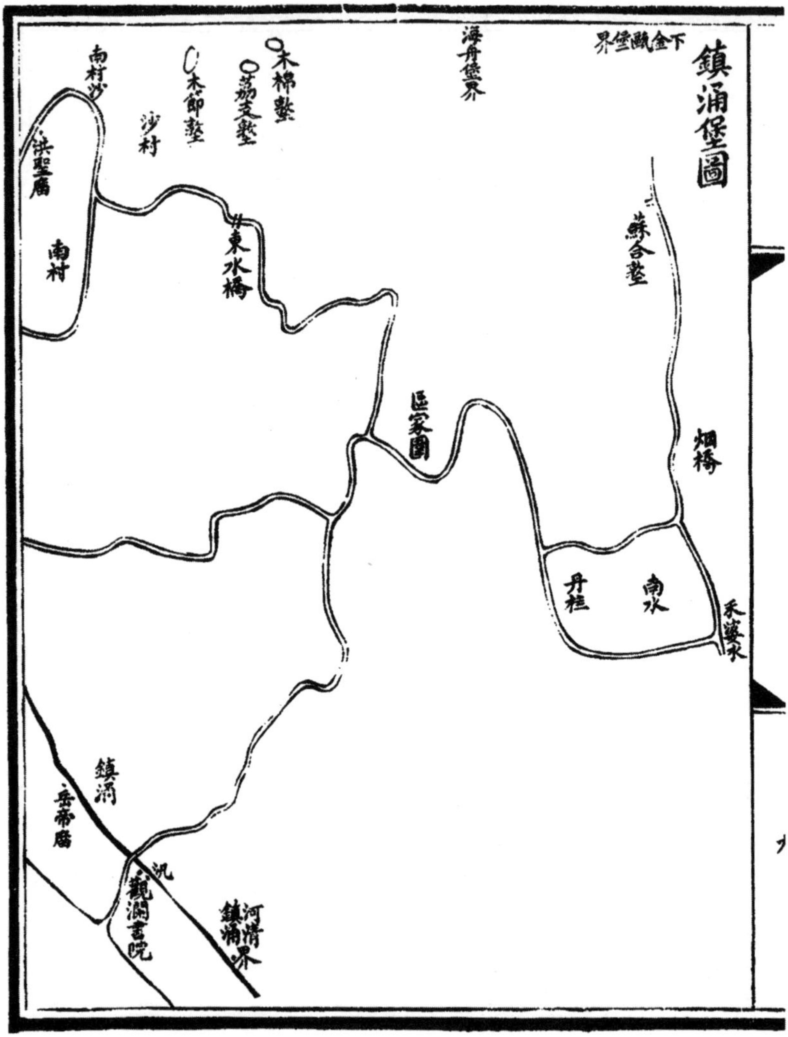
鎮涌堡圖
下金甌堡界
海舟堡界
木棉墪
荔支墪
木節墪
沙村
南村沙
洪聖廟
南村
東水橋
蘇合墪
區家圍
烟橋
丹桂
南水
禾婆水
鎮涌
岳帝廟
汛
觀瀾書院
河清鎮涌界

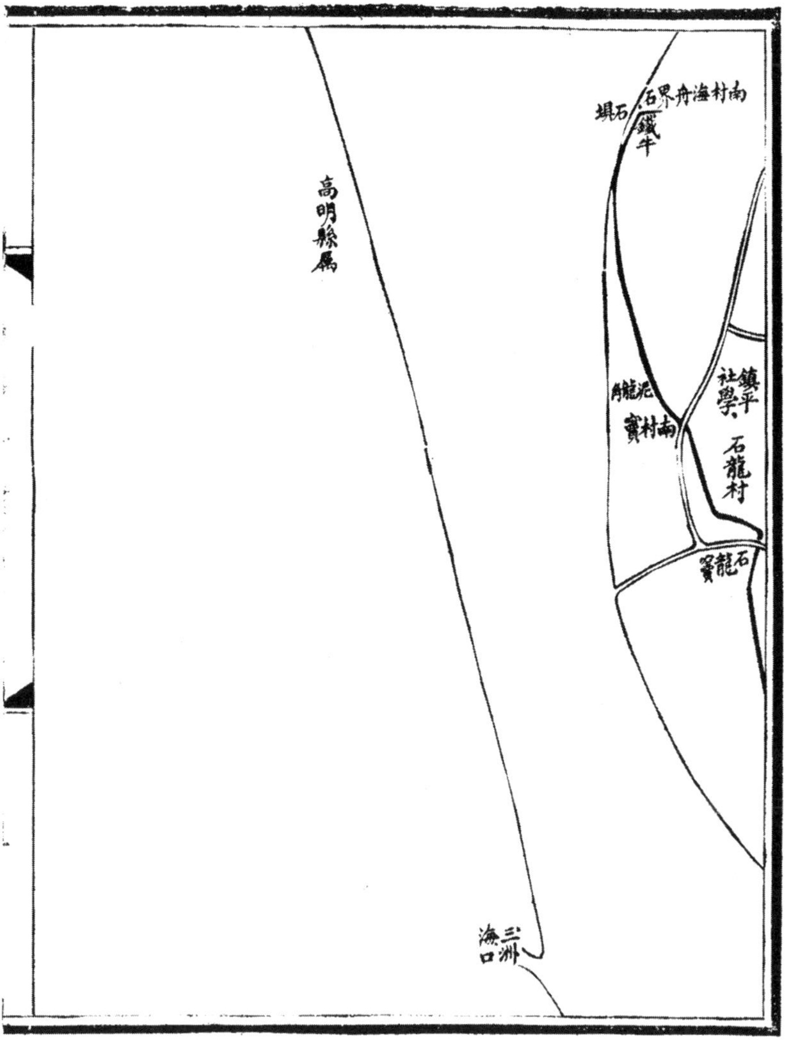
南村海舟界石
石埧
鐵牛
高明縣屬
鎮平社學
泥龍角
南村寶
石龍村
石龍寶
三洲海口

河清堡圖

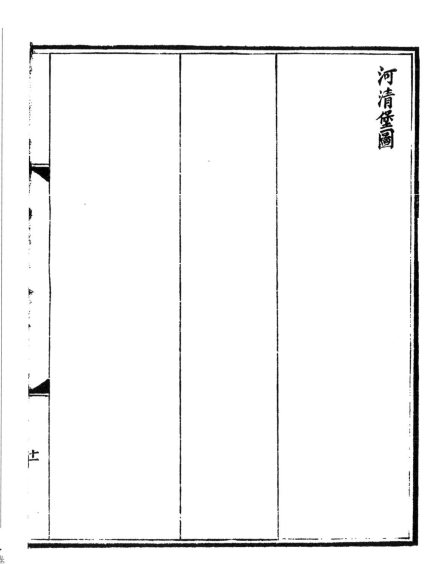

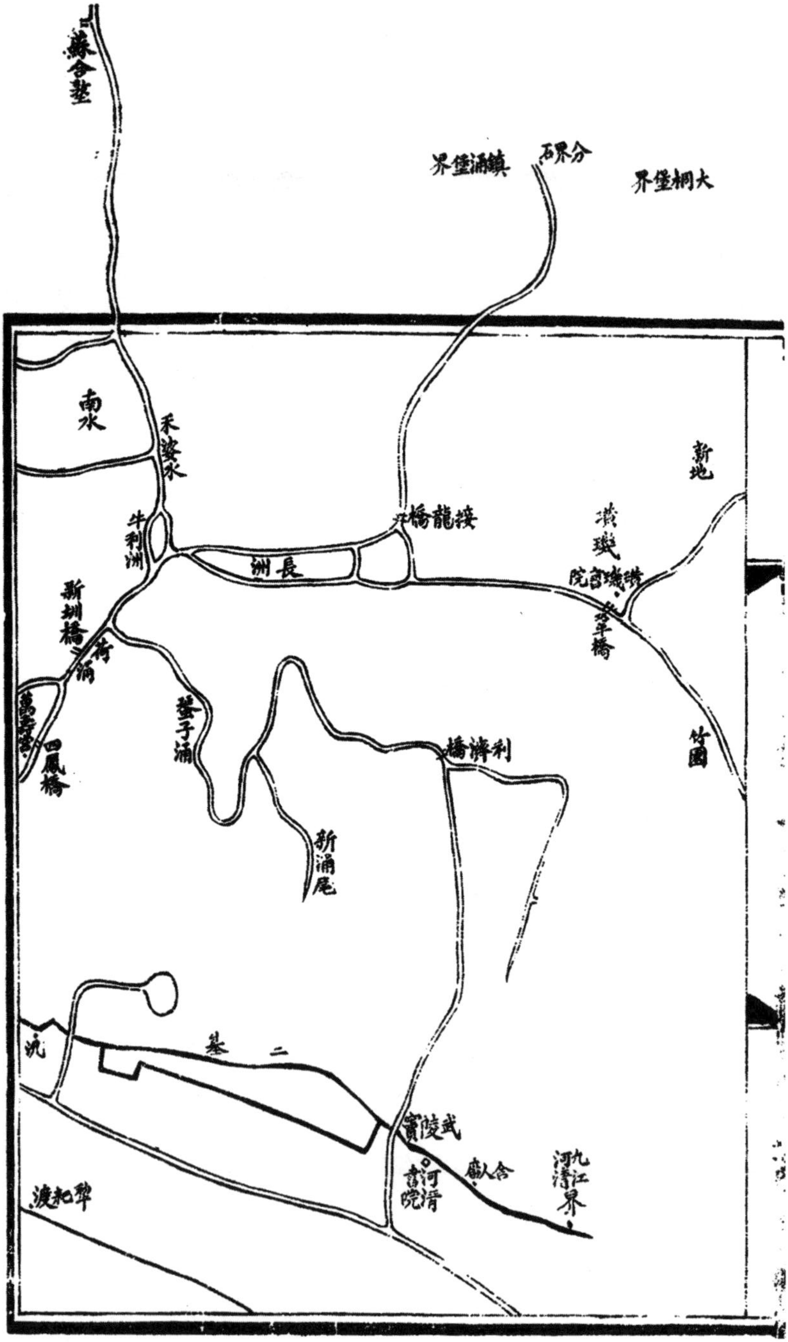

南水
禾婆水
牛利洲
新圳橋
荷涌
四鳳橋
蠶子涌
新涌尾
鎮涌堡界
分界石
大桐堡界
接龍橋
長洲
新地
講習院
竹園
利濟橋
九江河清界
河清書院
犂耙渡

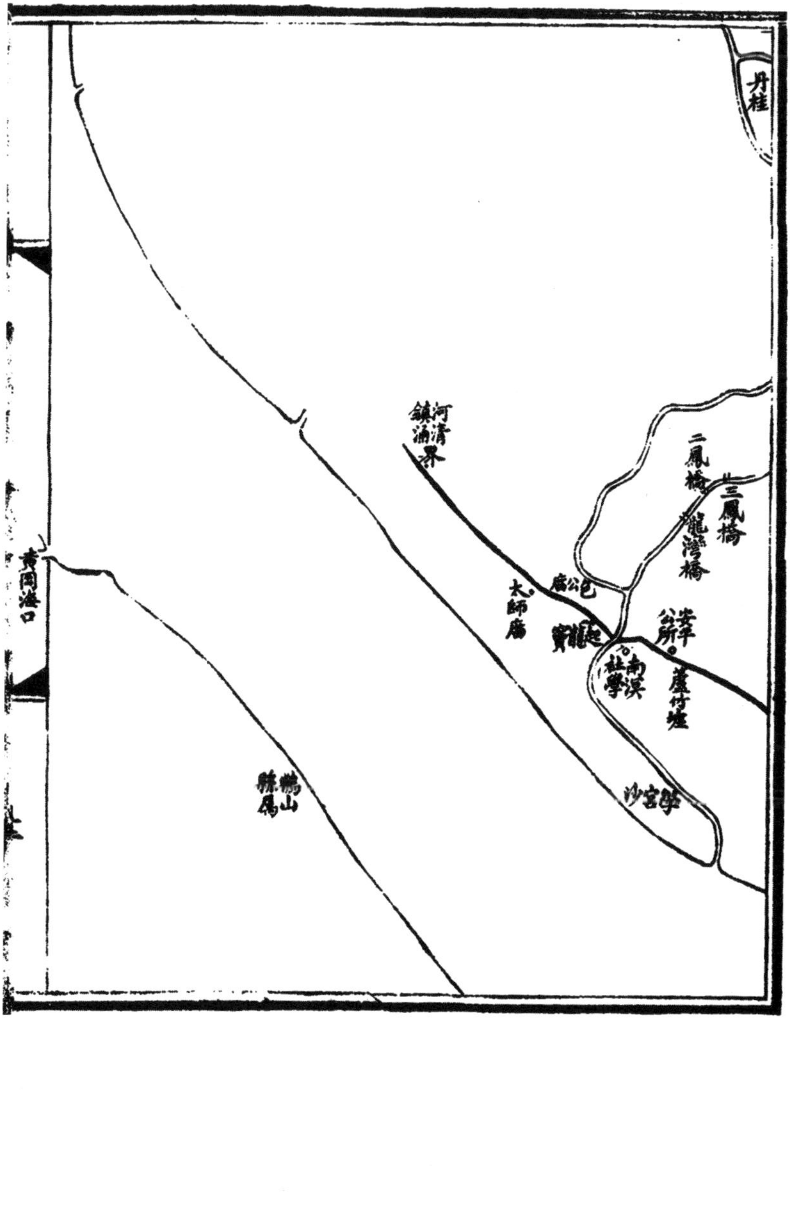
丹桂
河清
鎮涌界
二鳳橋
三鳳橋
龍灣橋
包公廟
太師廟
起龍寶
安平公所
南溪社學
蘆竹塘
學宮沙
黄岡海口
鶴山縣屬

九江堡圖上

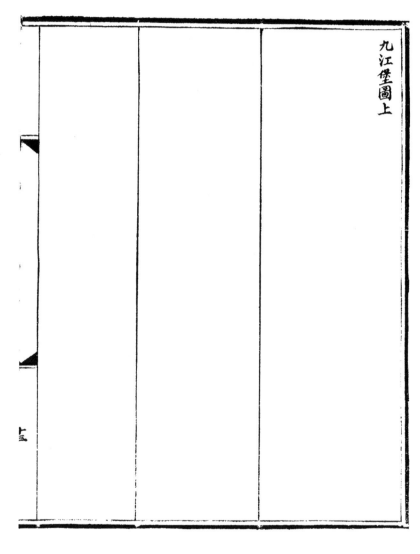

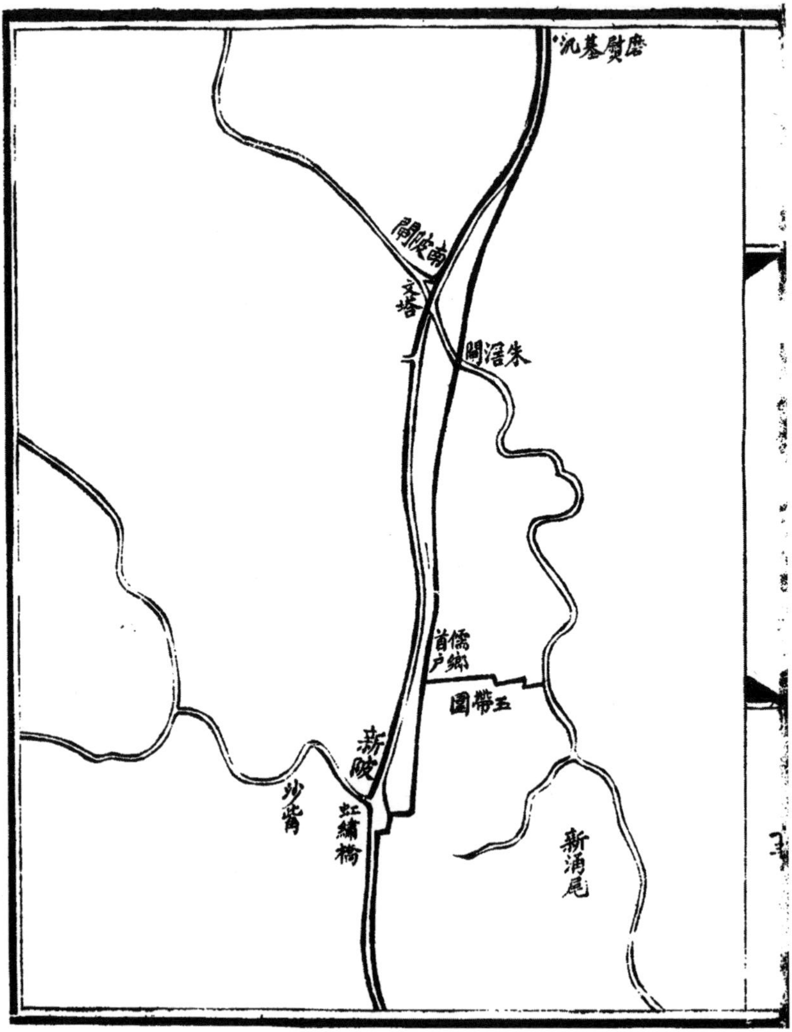
南陂閘
文塔
朱涪閘
儒鄉
首戶
五帶圍
新陂
沙嘴
虹綿橋
新涌尾

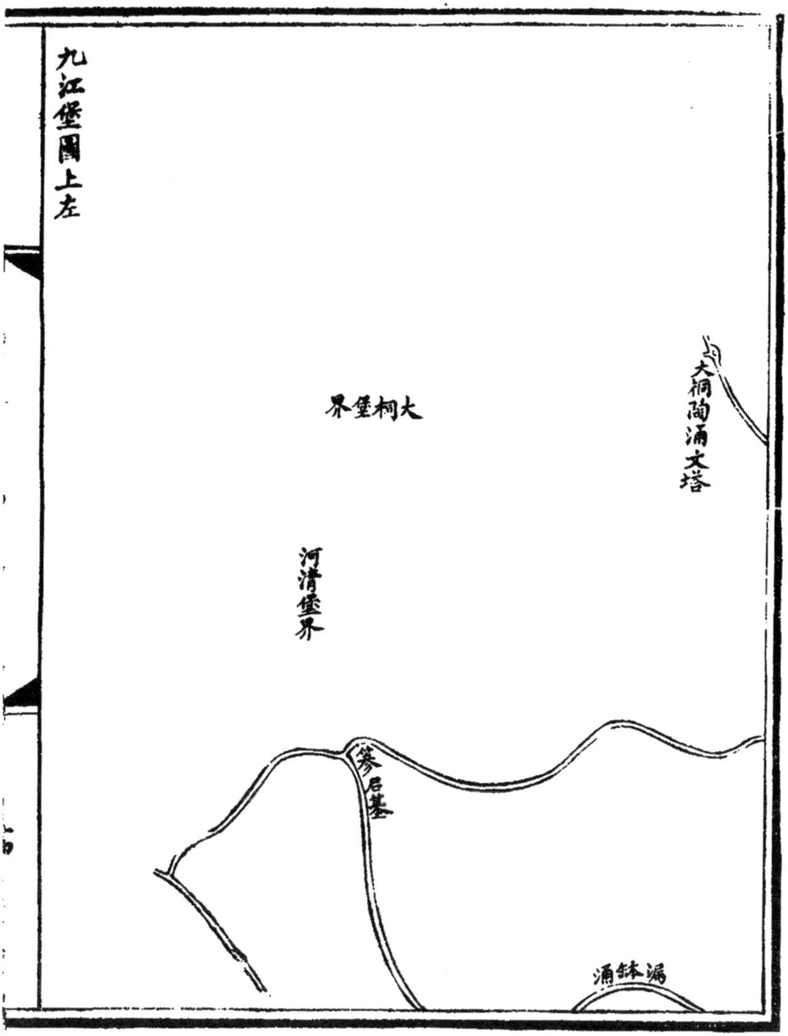
九江堡圖上左
大桐堡界
大桐陶涌
文塔
河清堡界
參君墓
漏鉢涌

九江堡圖中右

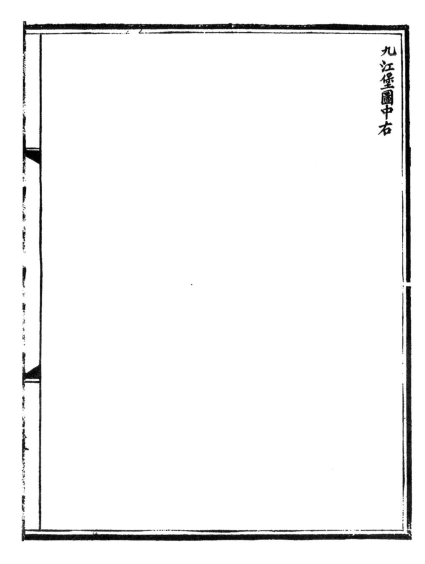

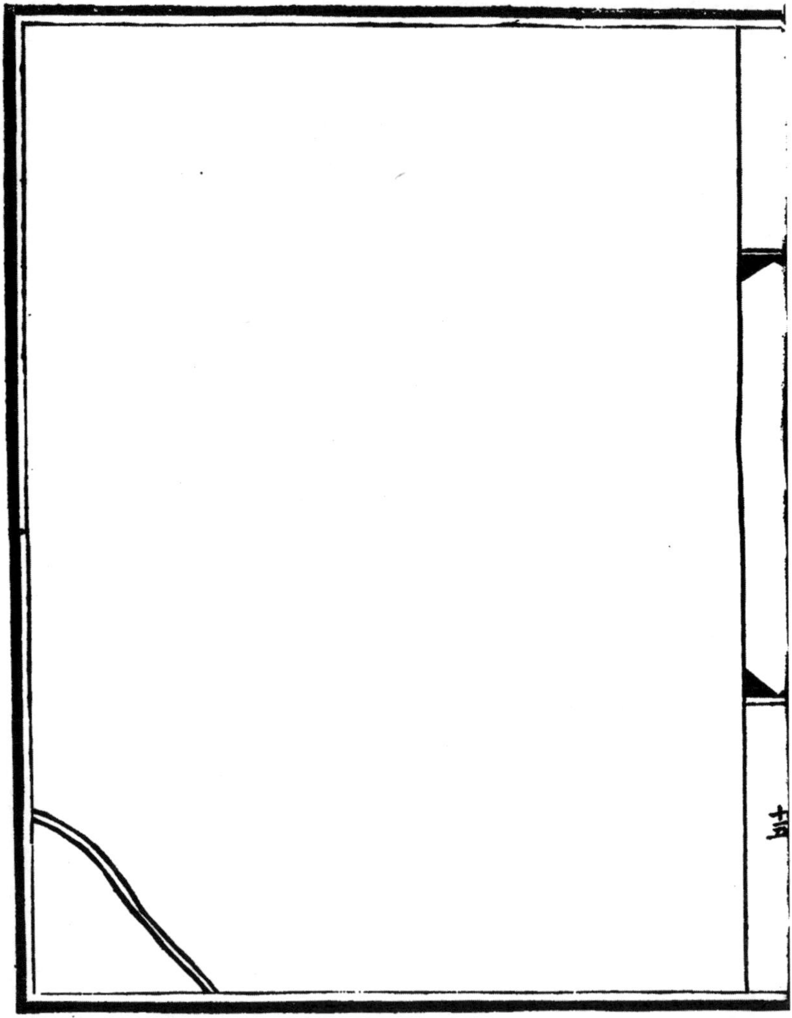
十五

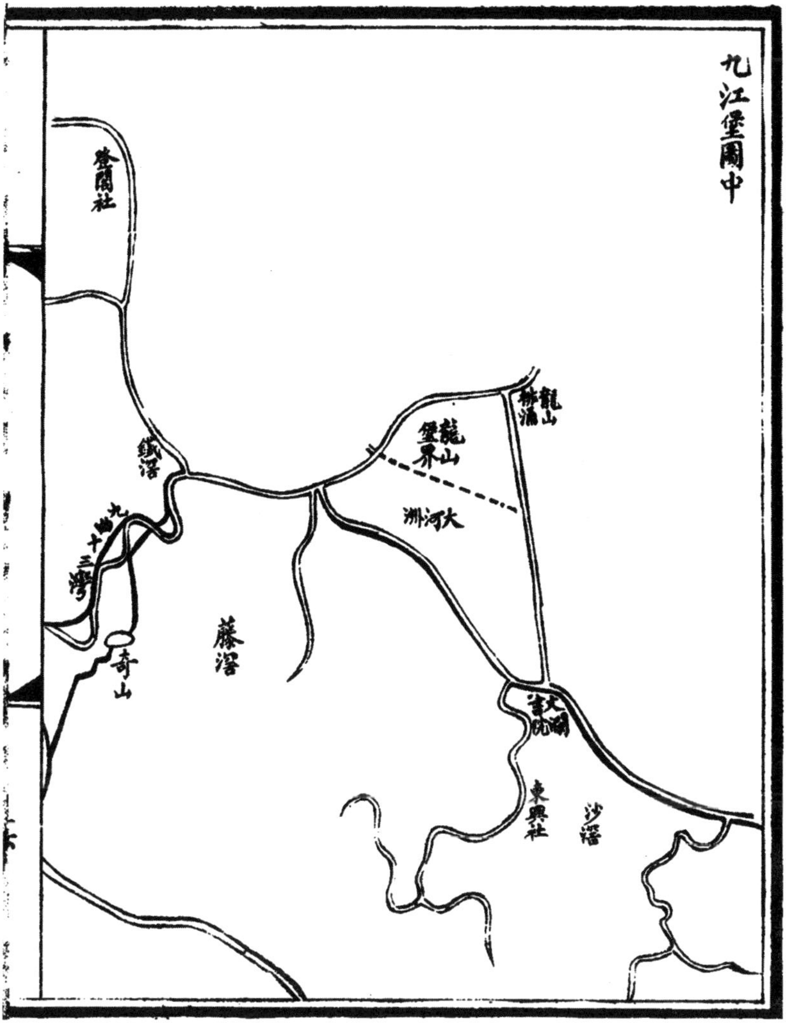
九江堡圖中
登閣社
鐵滘
九曲十三灣
奇山
藤滘
龍山堡界
龍山
大河洲
文瀾書院
東興社
沙滘

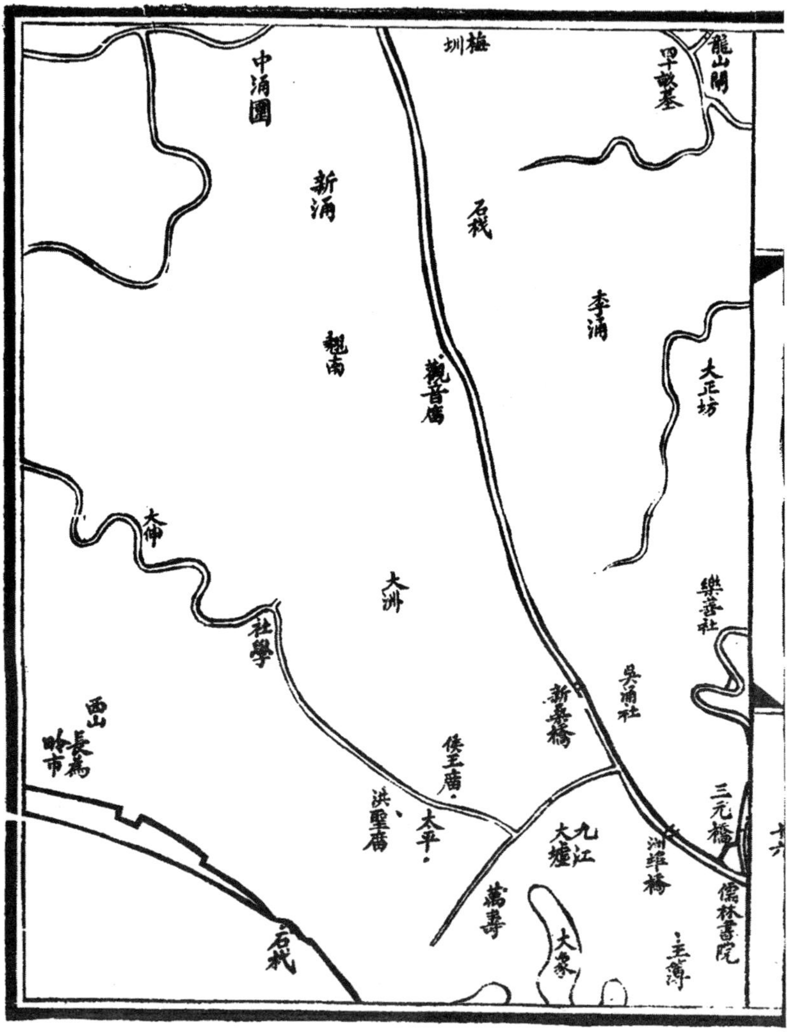
梅圳
龍山間
甲畝基
中涌圍
新涌
石栈
李涌
大正坊
觀音廟
大洲
社學
樂善社
吳涌社
新桑橋
西山
長嶌
岭市
侯王廟
洪聖廟
太平
九江
大墩
三元橋
洲畔橋
萬壽
儒林書院
大象
主簿
石栈

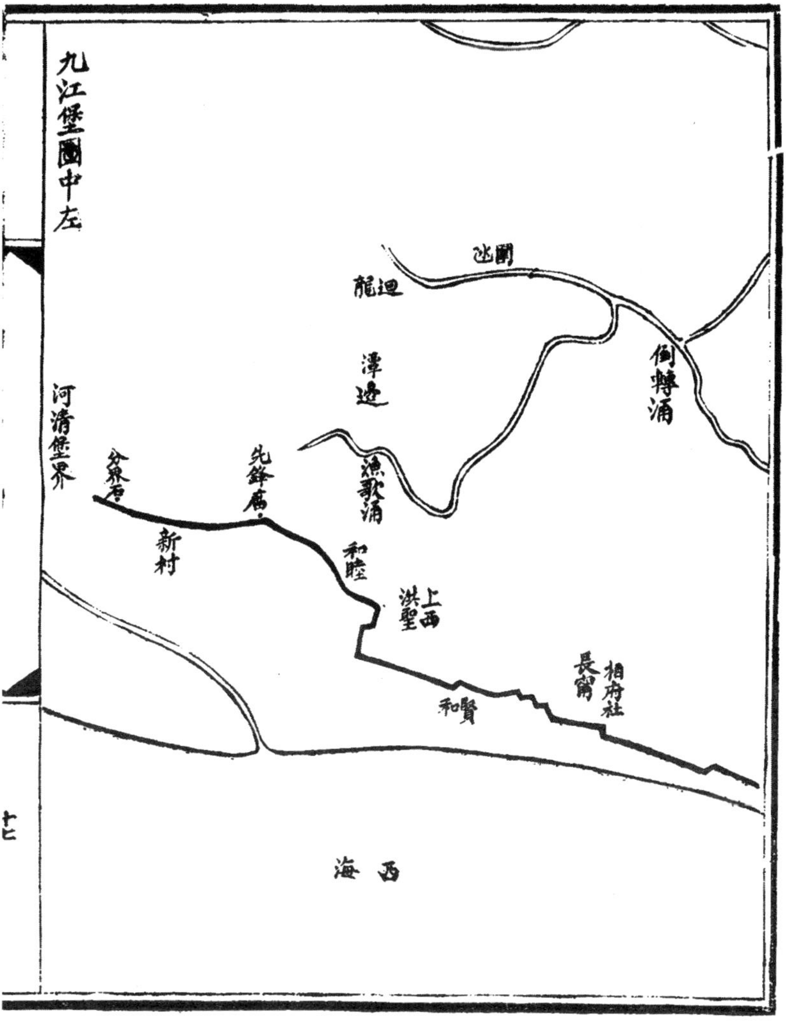
九江堡圖中左
河清堡界
分界石
先鋒廟
新村
漁歌涌
潭邊
迴龍
關凼
倒轉涌
和睦
上西
洪聖
長甯
柏府社
賢和
西海

九江堡圖下右

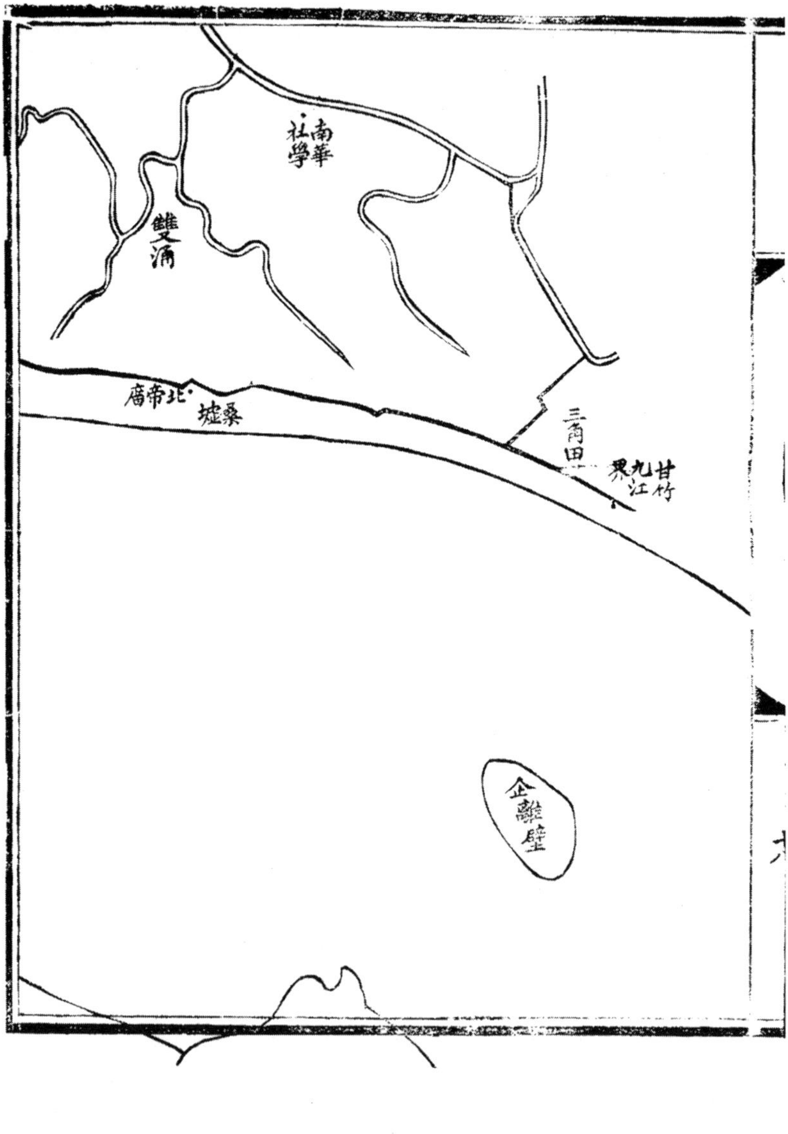
南華社學
雙涌
北帝廟
桑墟
三角田
甘竹九江界

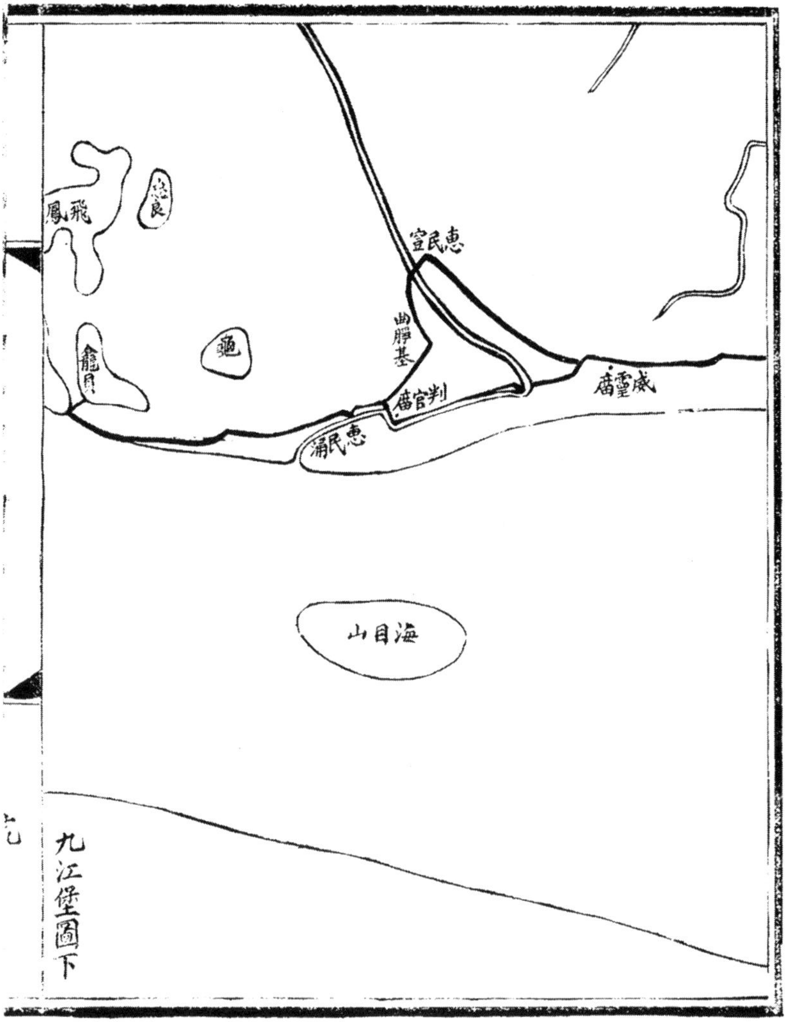

九江堡圖下

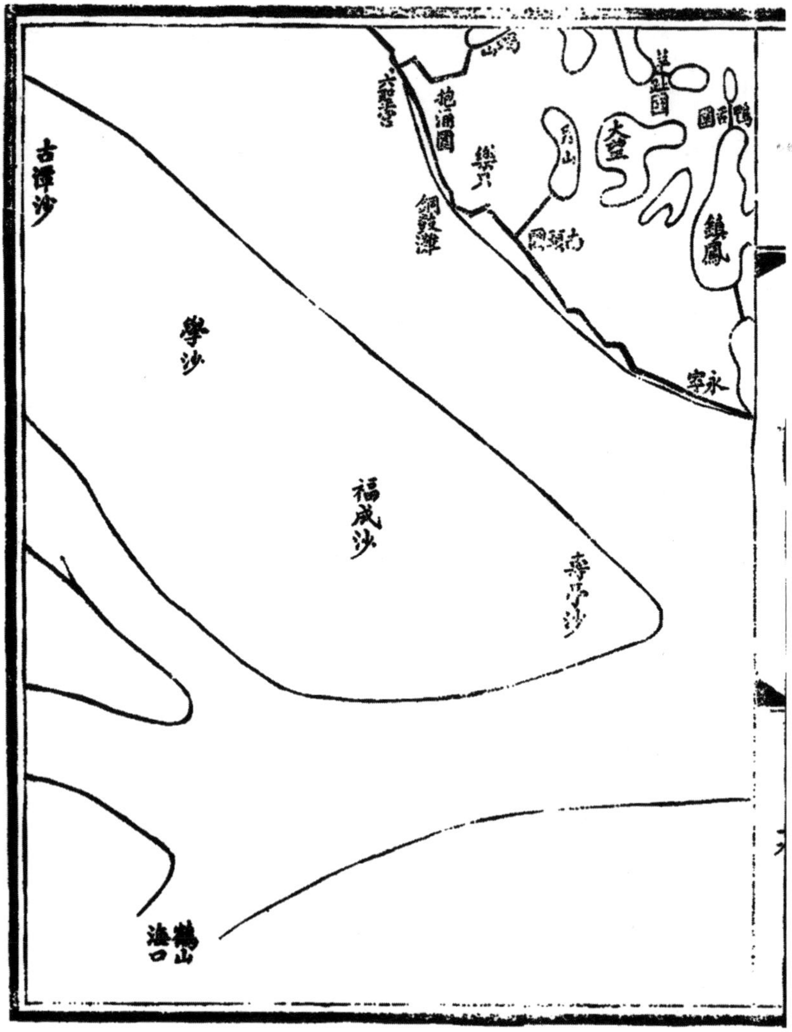
古潭沙
學沙
福成沙
抱涌圍
銅鼓灘
鎮鳳
永寧
鶴山海口

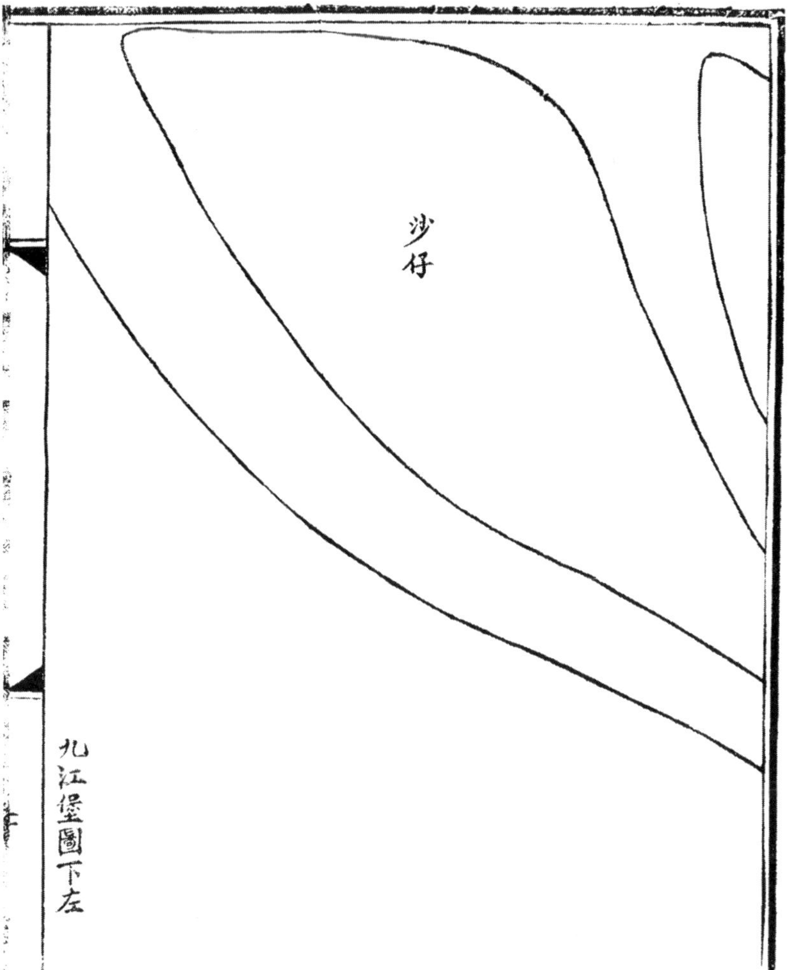
沙仔
九江堡圖下左

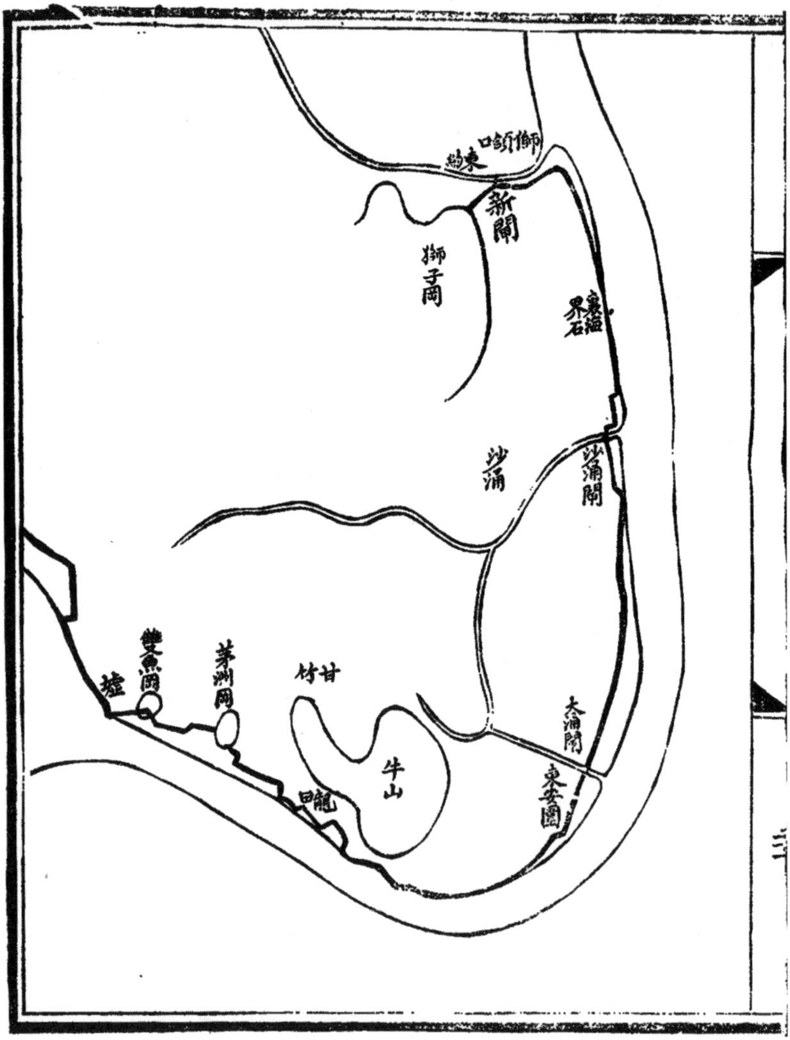
獅頷口
東約
新閘
獅子岡
東海界石
沙涌
沙涌閘
大涌閘
東安圍
甘竹
牛山
龍田
茅洲閘
雙魚閘
墟

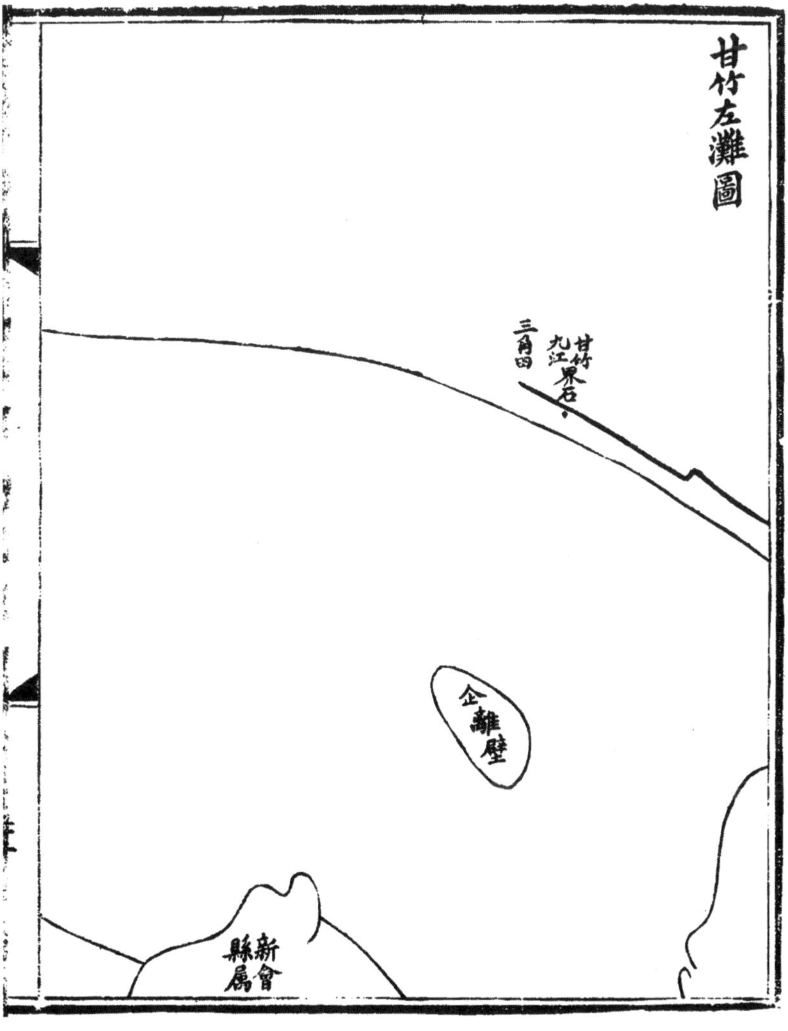
甘竹左灘圖
三角田
甘竹
九江
界石
企離壁
新會
縣屬

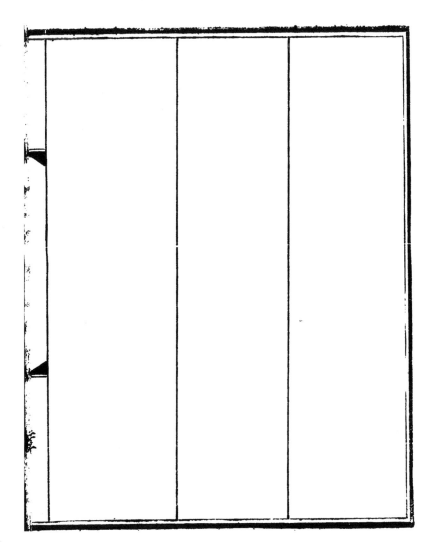

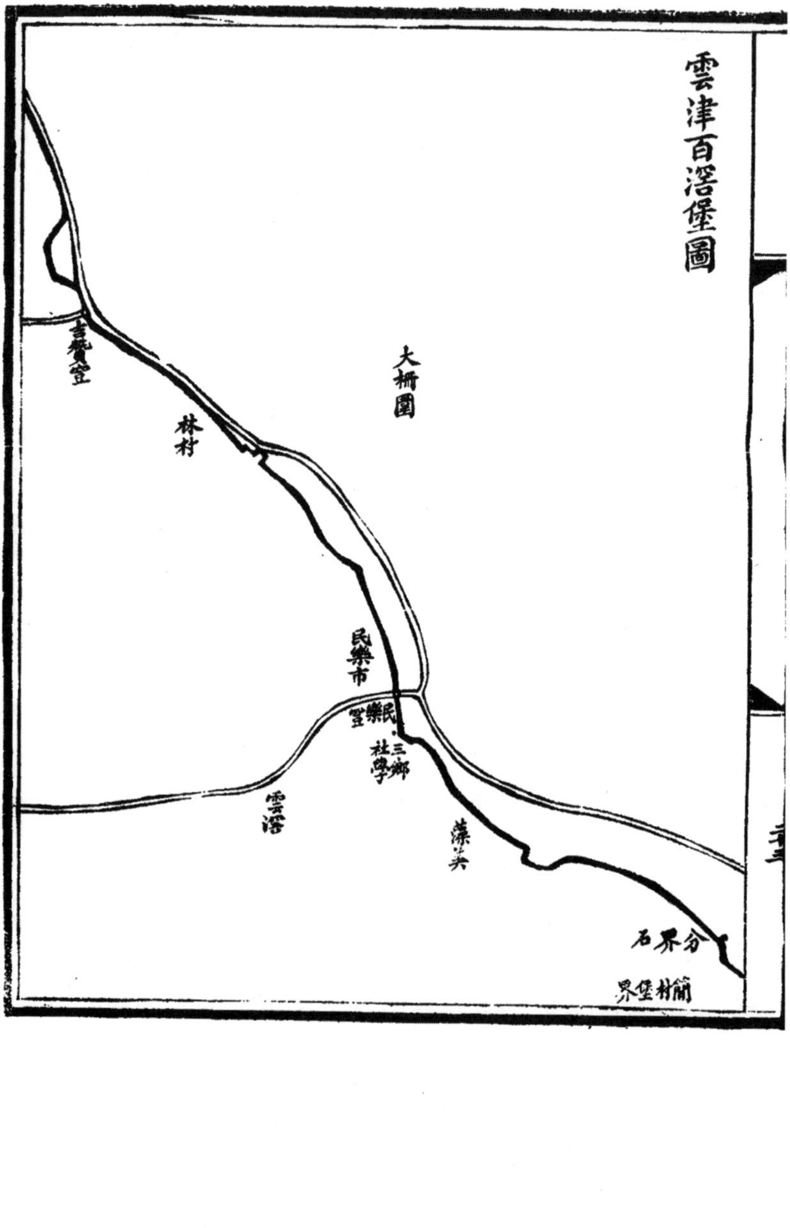
雲津百滘堡圖
大柵圍
吉贊窰
林村
民樂市
民樂窰
三鄉社學
雲滘
藻尖
分界石
簡村堡界

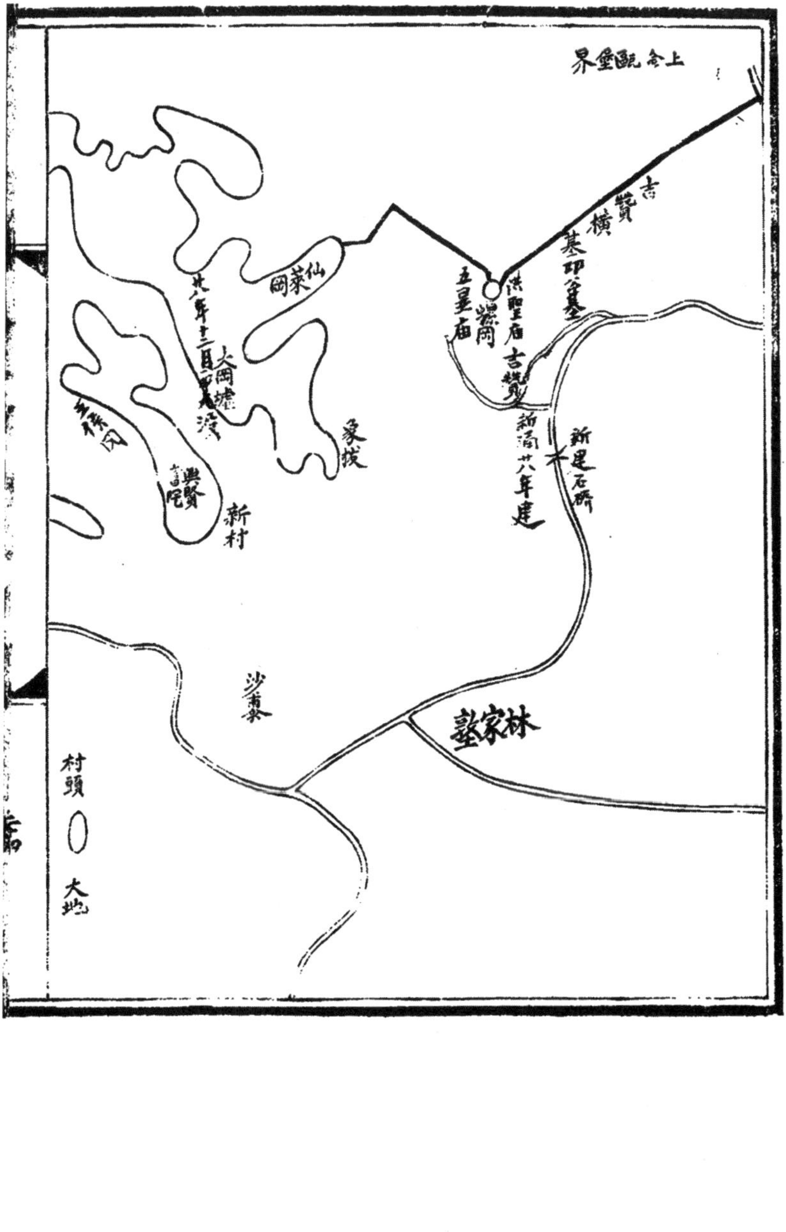
仙萊岡
吉贊橫基
五星廟
洪聖王廟
螺岡
新建石橋
象拔
新村
林家墩
村頭

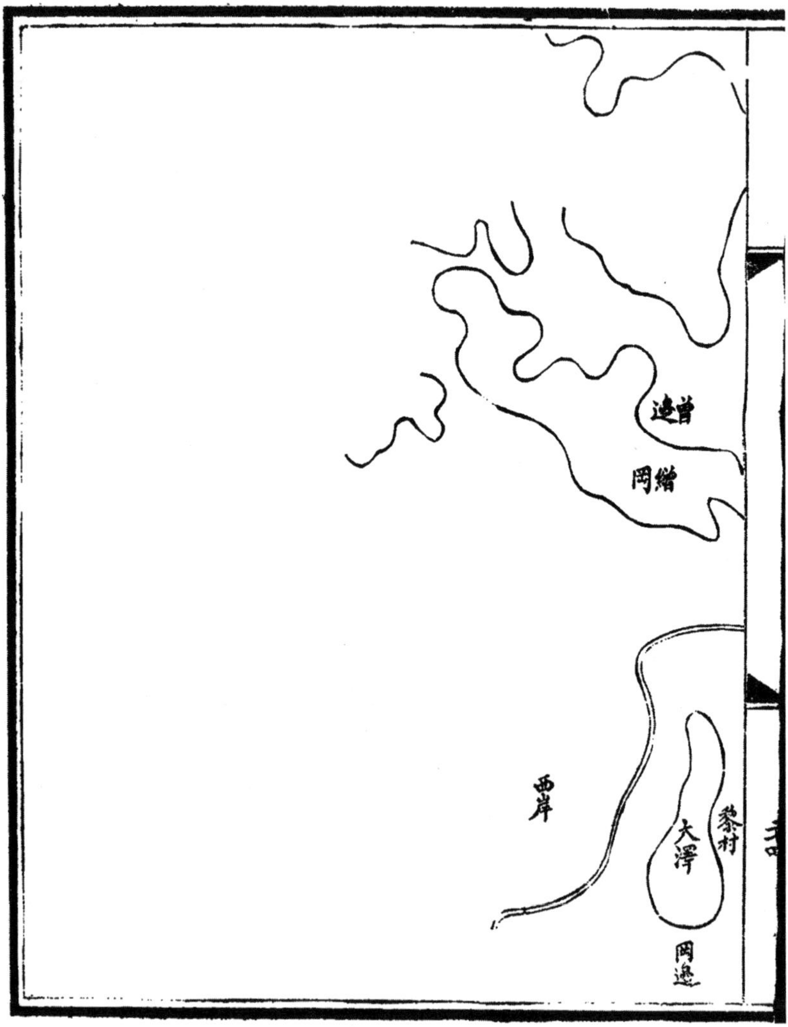
曾邉
縉岡
西岸
黎村
大澤
岡邊

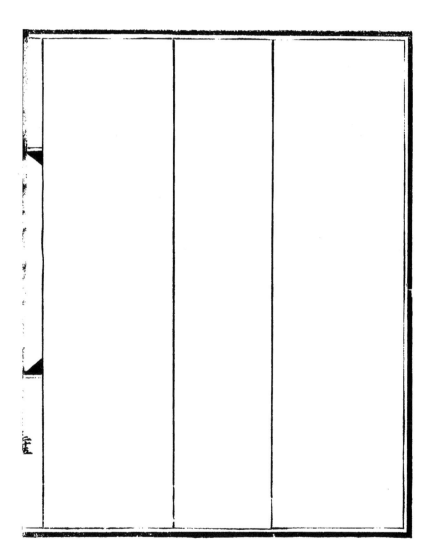

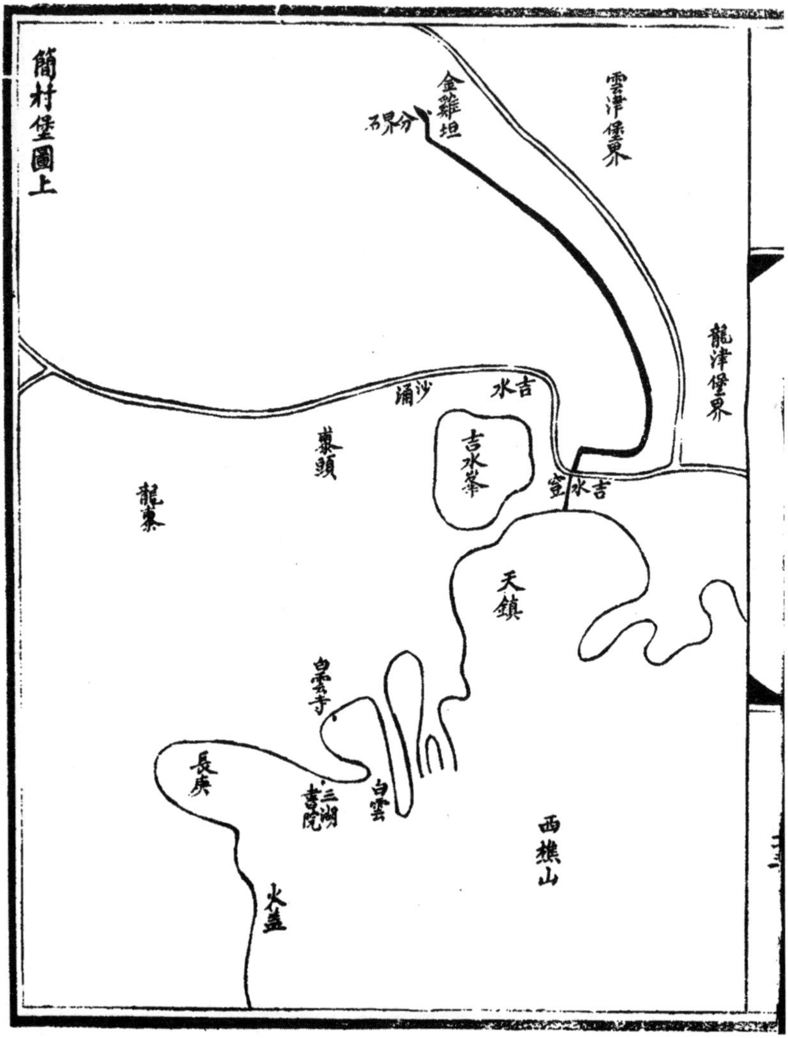
簡村堡圖上
金雞坦
分界石
雲津堡界
龍津堡界
吉水
沙涌
吉水峯
吉水窖
蓑頭
龍寮
天鎮
白雲寺
長庚
三湖書院
白雲
西樵山
火盖

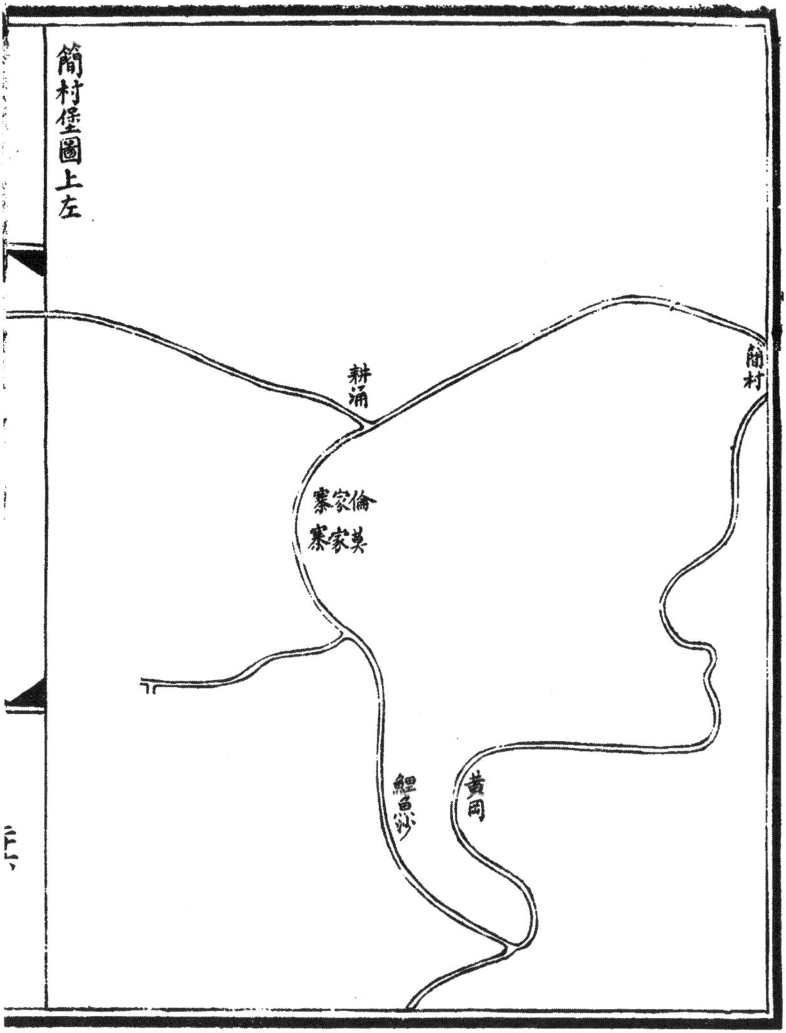
簡村堡圖上左
耕涌
簡村
倫家寨
莫家寨
鯉魚沙
黄岡

簡村堡圖下

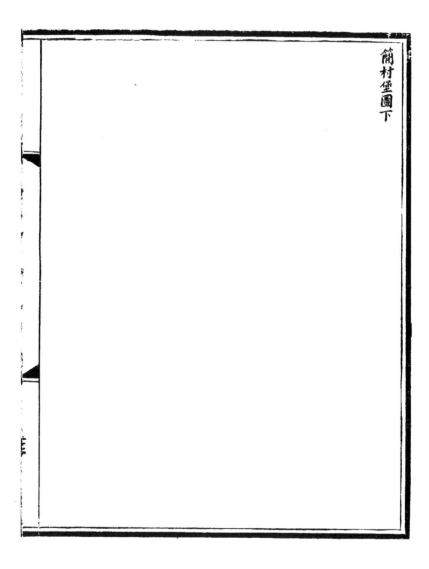

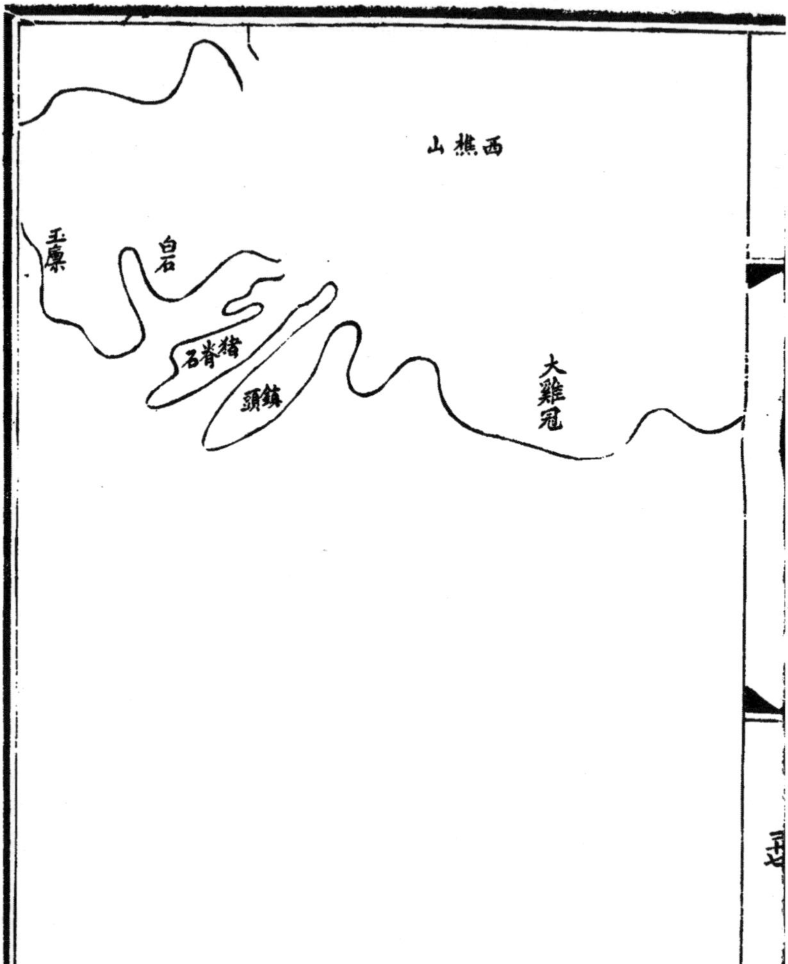
西樵山
玉康
白石
猪脊石
鎮頭
大雞冠

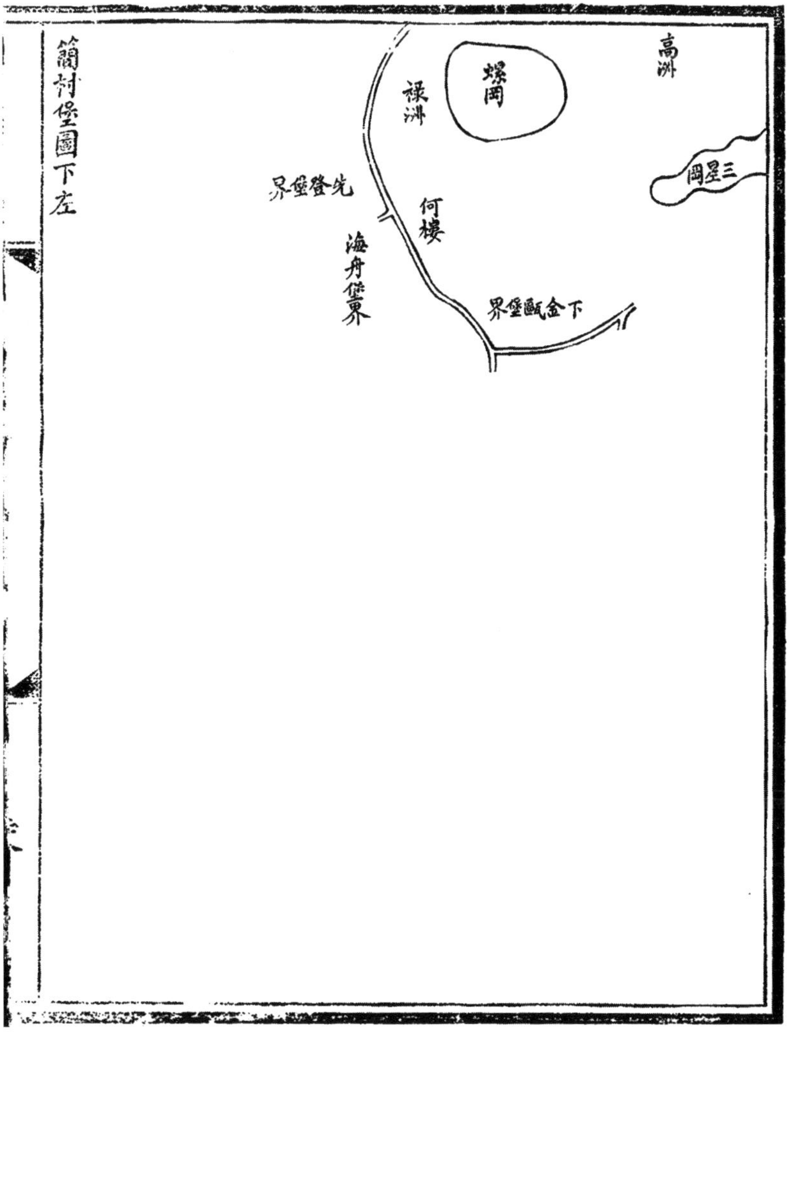

簡村堡圖下左

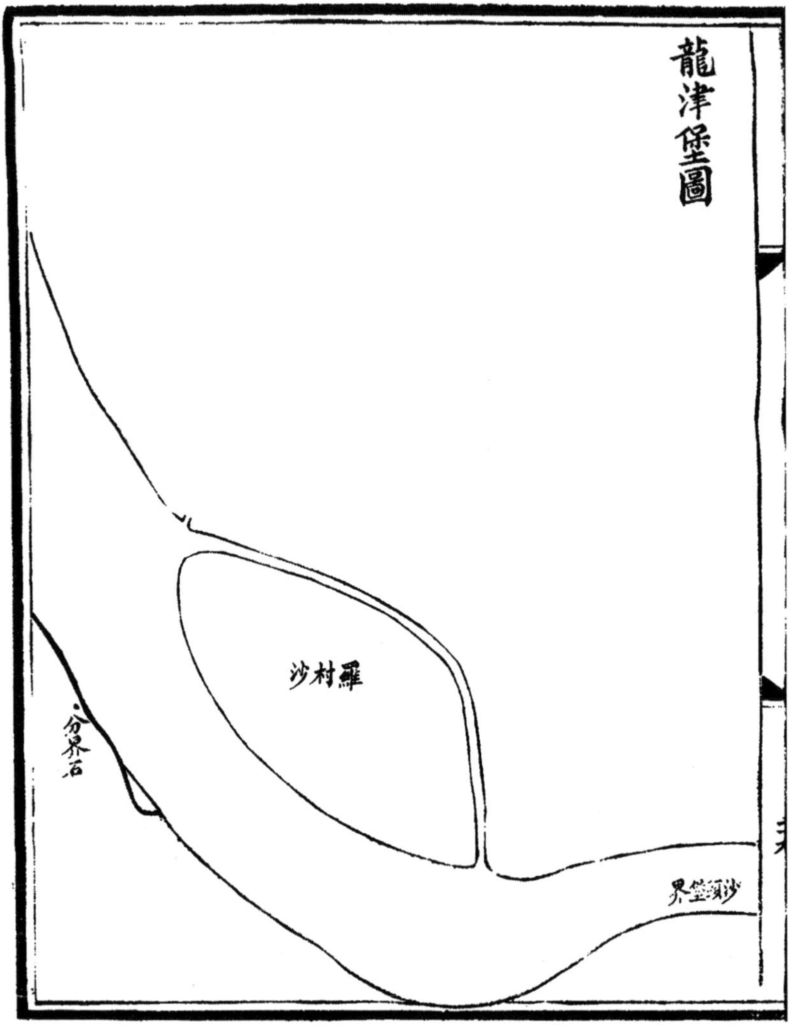
龍津堡圖
羅村沙
分界石
沙滘堡界

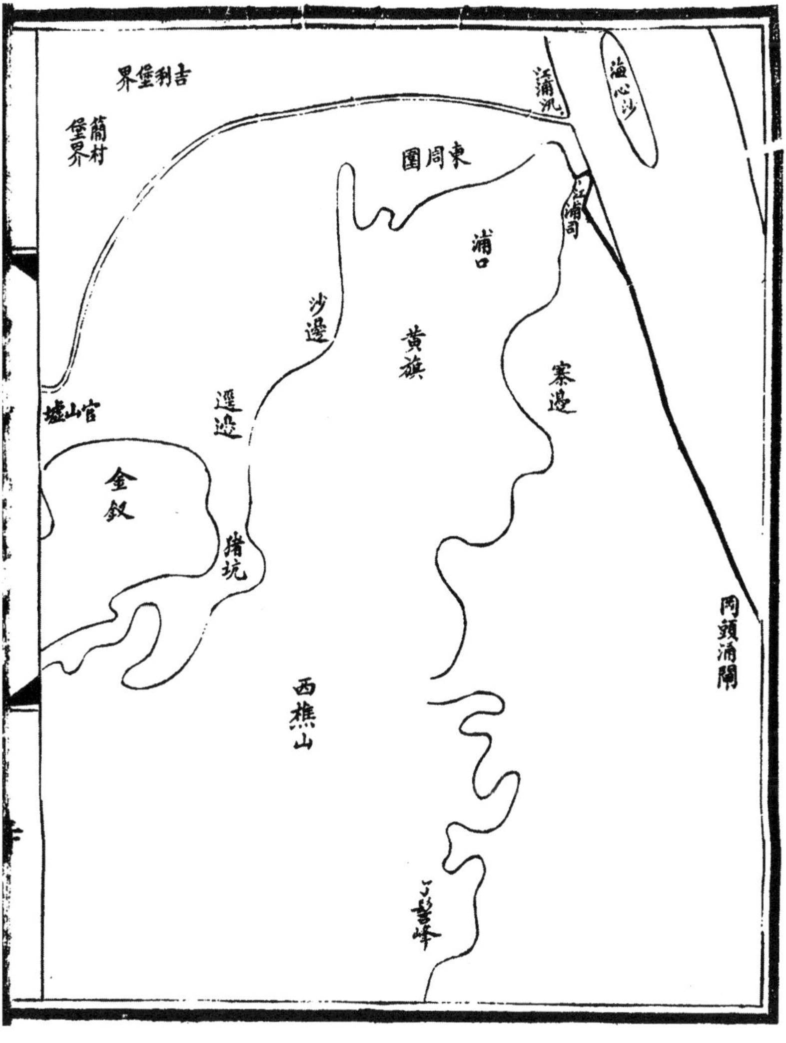
吉利堡界
蒲村堡界
江浦汛
海心沙
東周圍
江浦司
浦口
沙邊
黄旗
寨邊
官山墟
邐邊
金釵
猪坑
西樵山
兩頭涌閘
丁髻峰

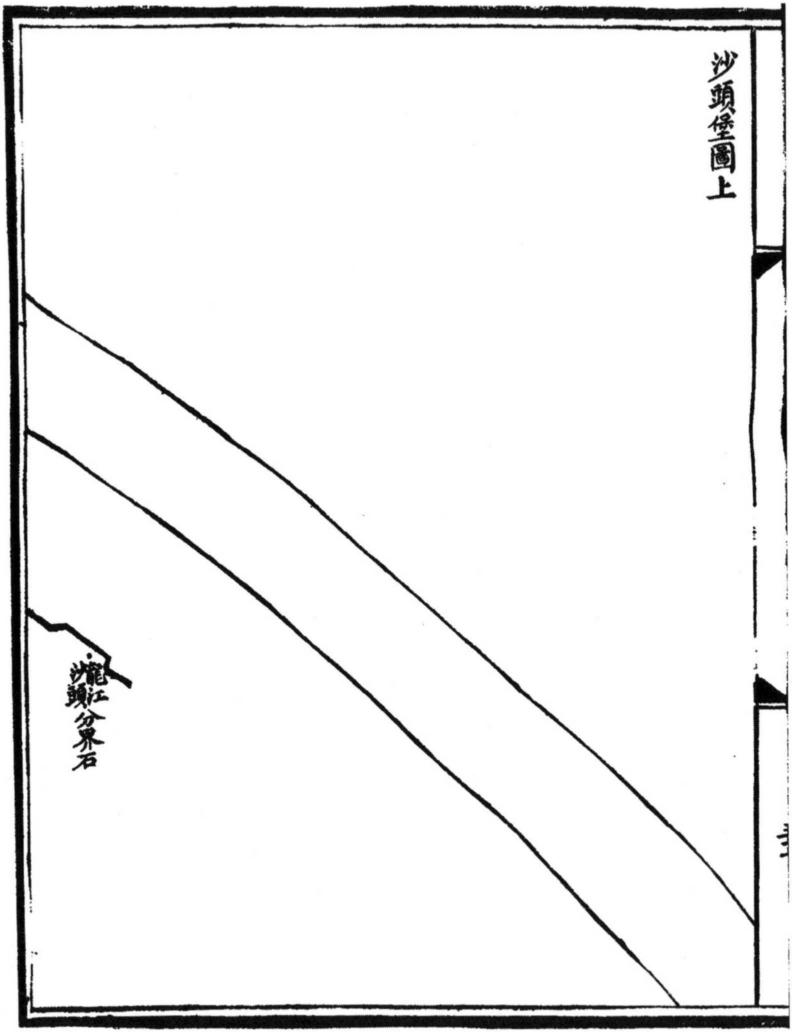
沙頭堡圖上
龍江沙頭分界石

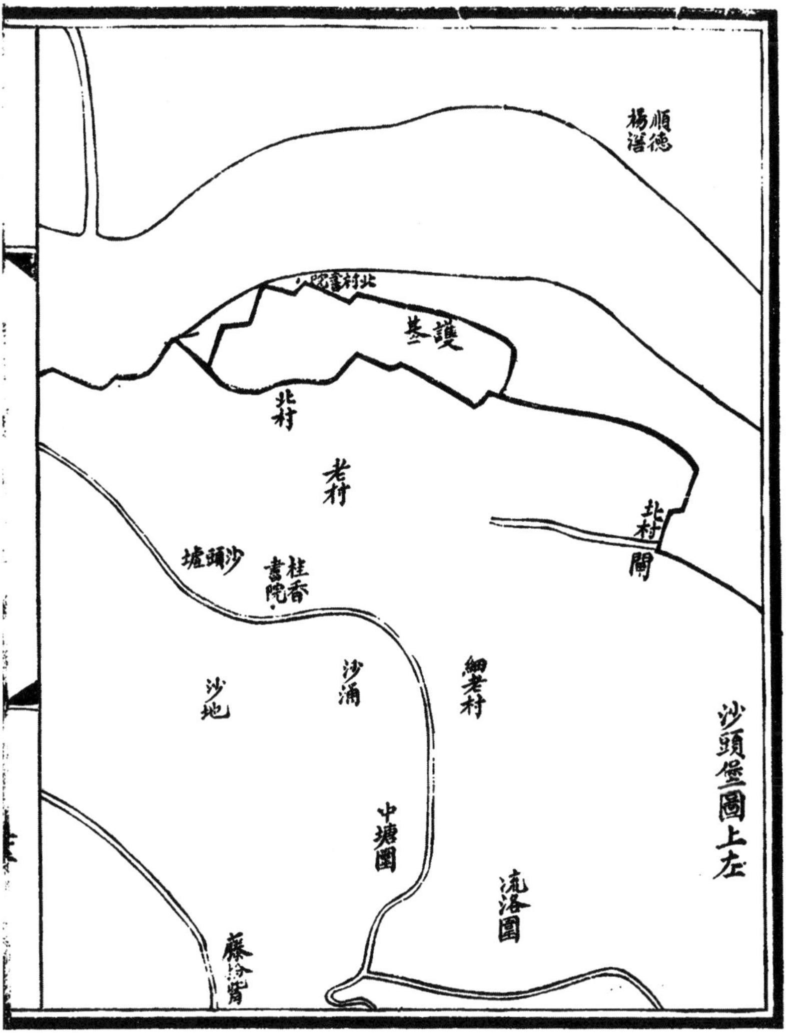
順德
楊滘
北村書院
護基
北村
老村
沙頭墟
桂香
書院
北村
閘
沙地
沙涌
細老村
中塘圍
流洛圍
沙頭堡圖上左

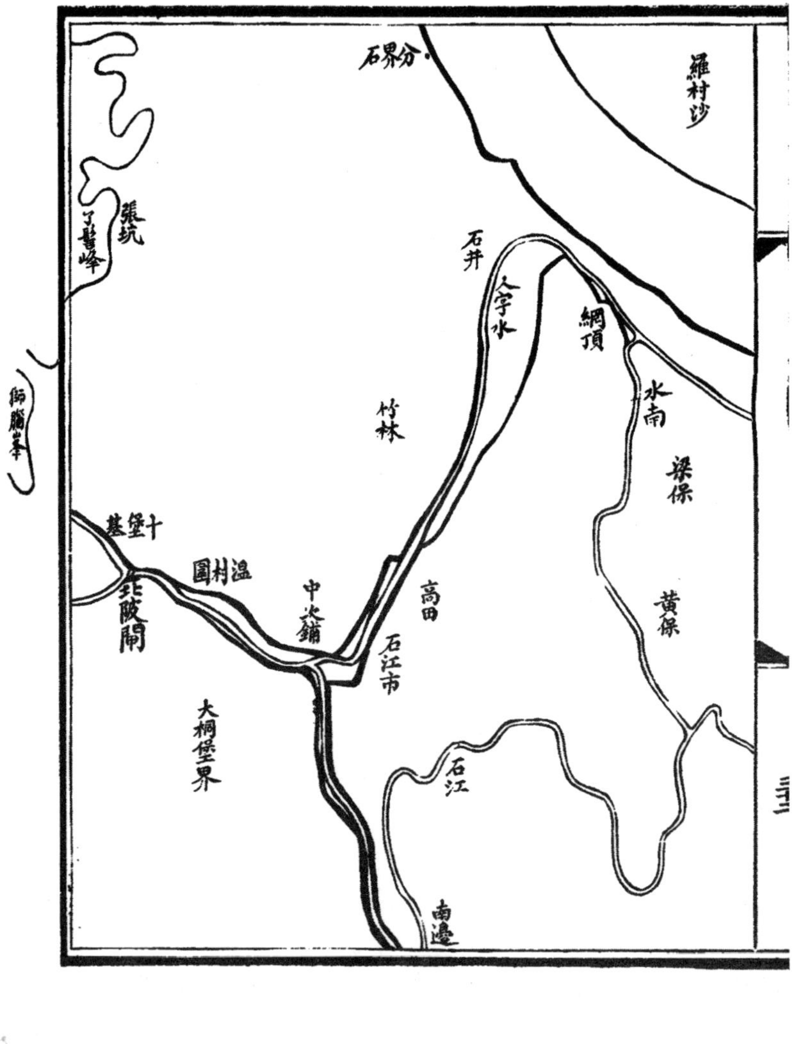

分界石
羅村沙
張坑
丫髻峯
獅腦峯
石井
人字水
網頂
水南
竹林
梁保
黄保
十堡基
温村圍
北陂閘
中火舖
高田
石江市
大桐堡界
石江
南邊

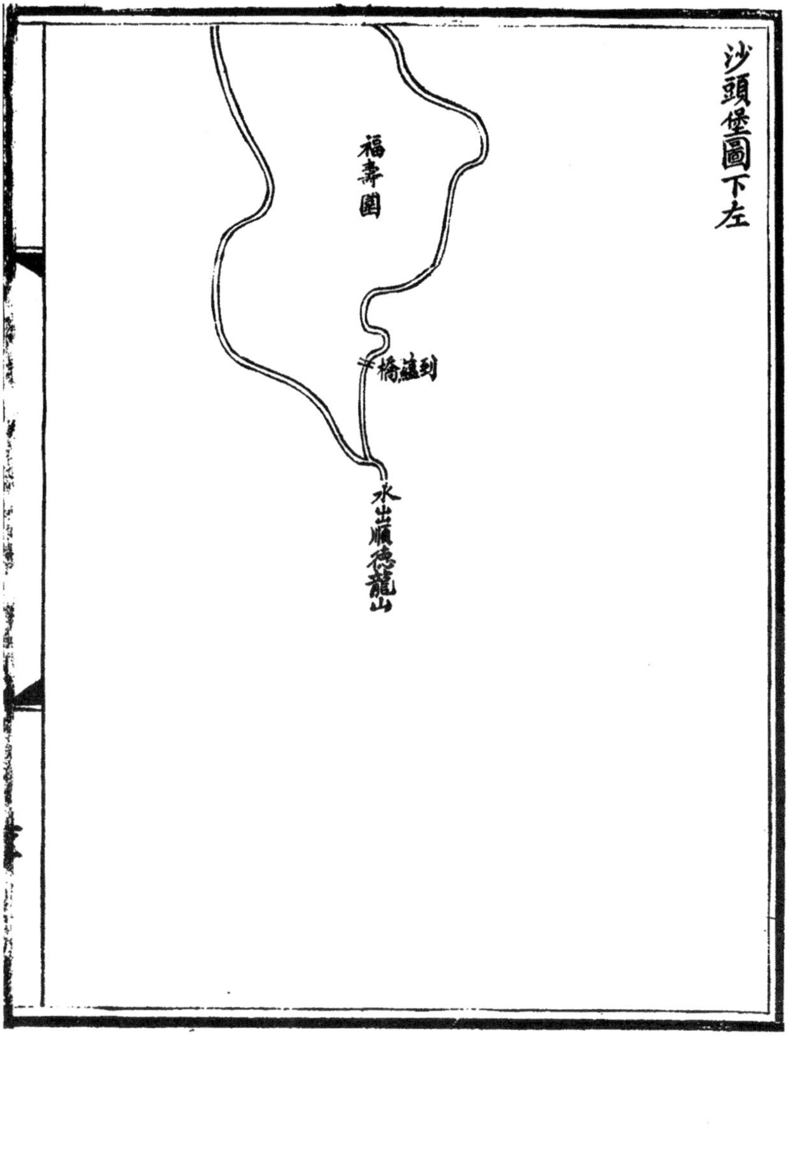
沙頭堡圖下左
福壽園
到滘橋
水出順德龍山

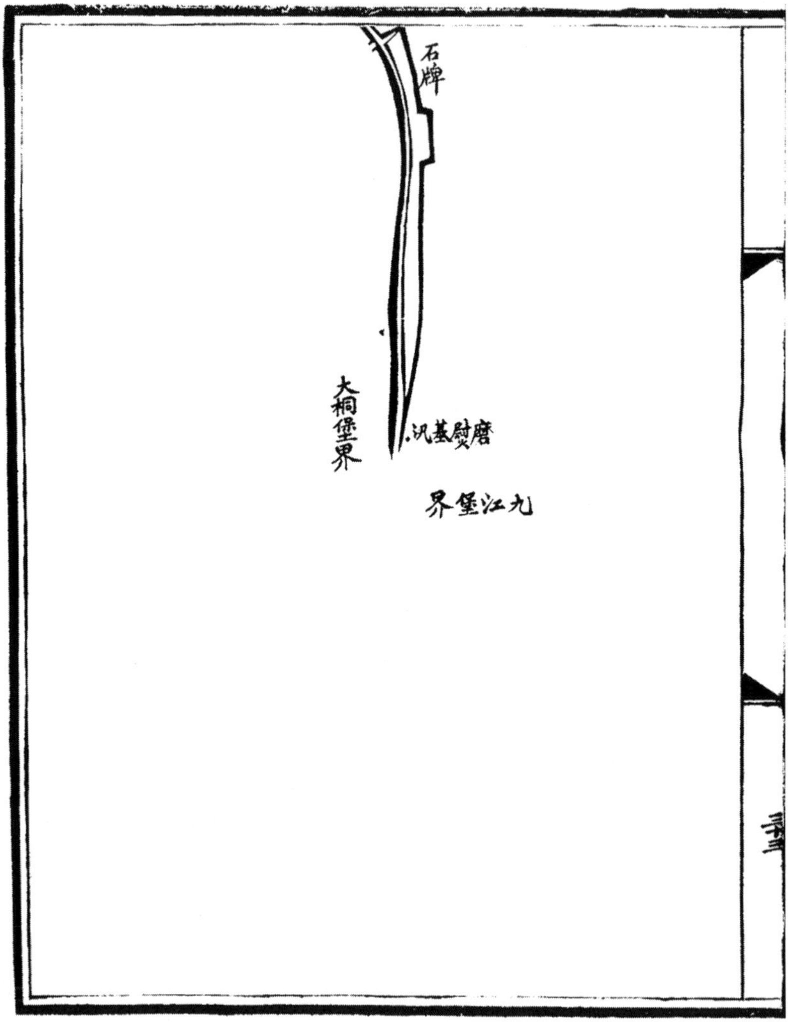
石牌
大桐堡界
磨熨基汛
九江堡界

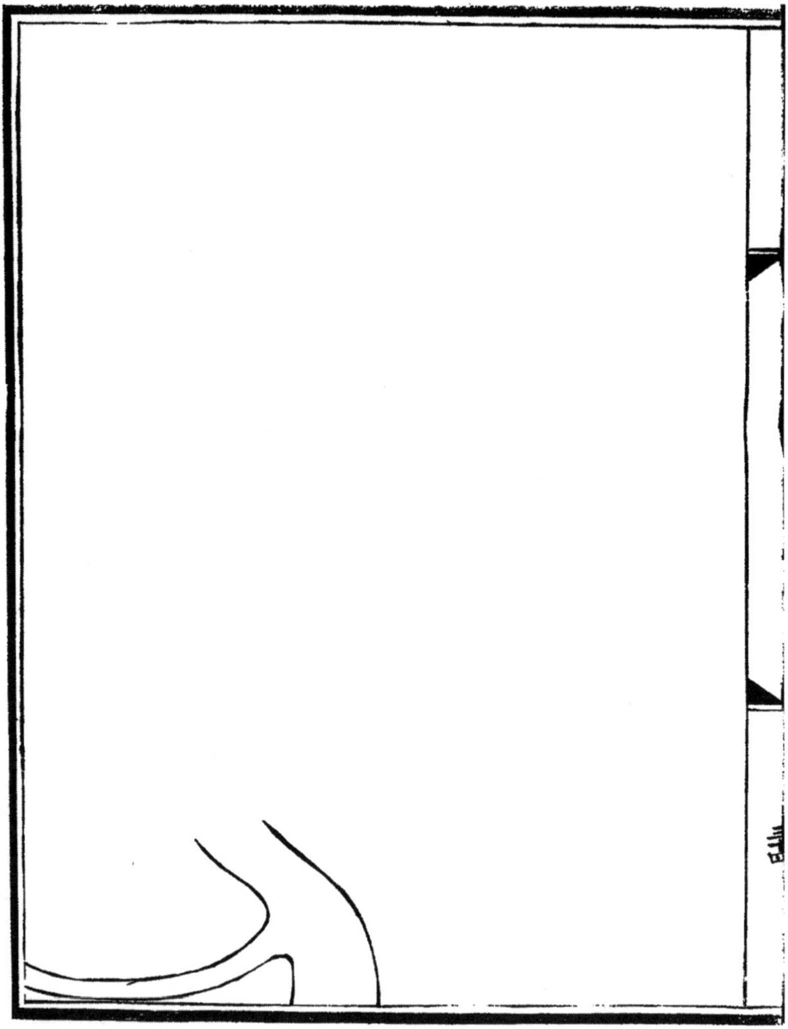

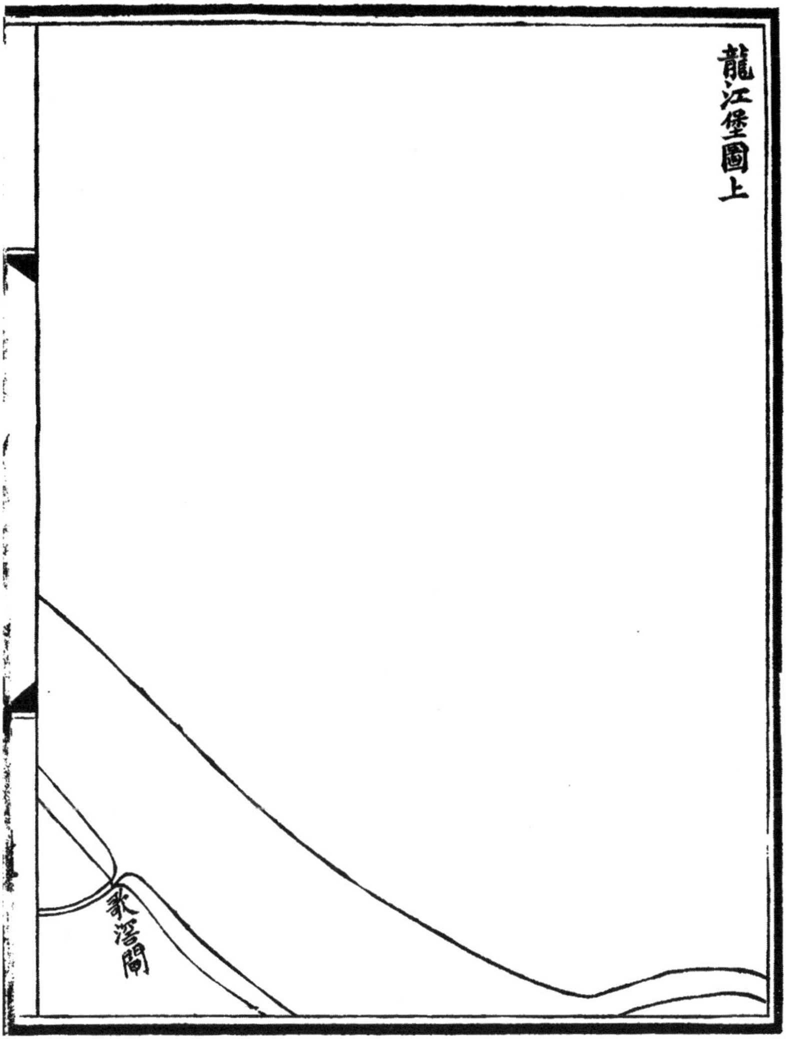
龍江堡圖上
歌滘閘

河澎尾

舊基界

界石

竹料緣縮嫩林

山屏錦

鯉魚岡

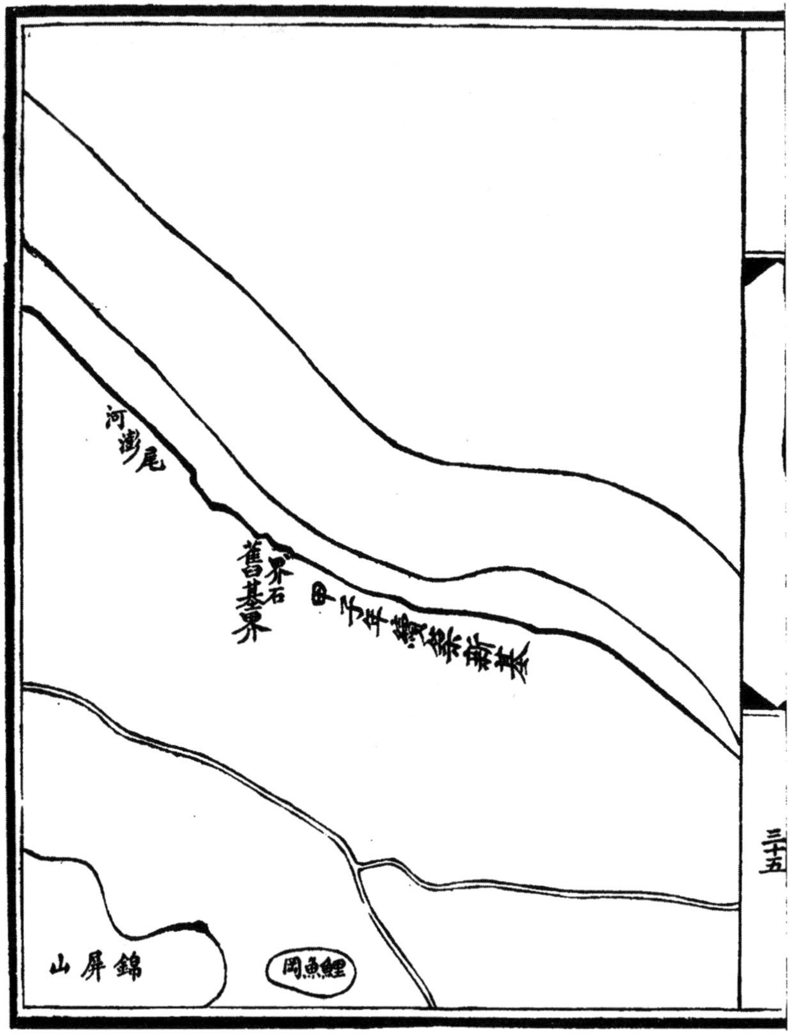

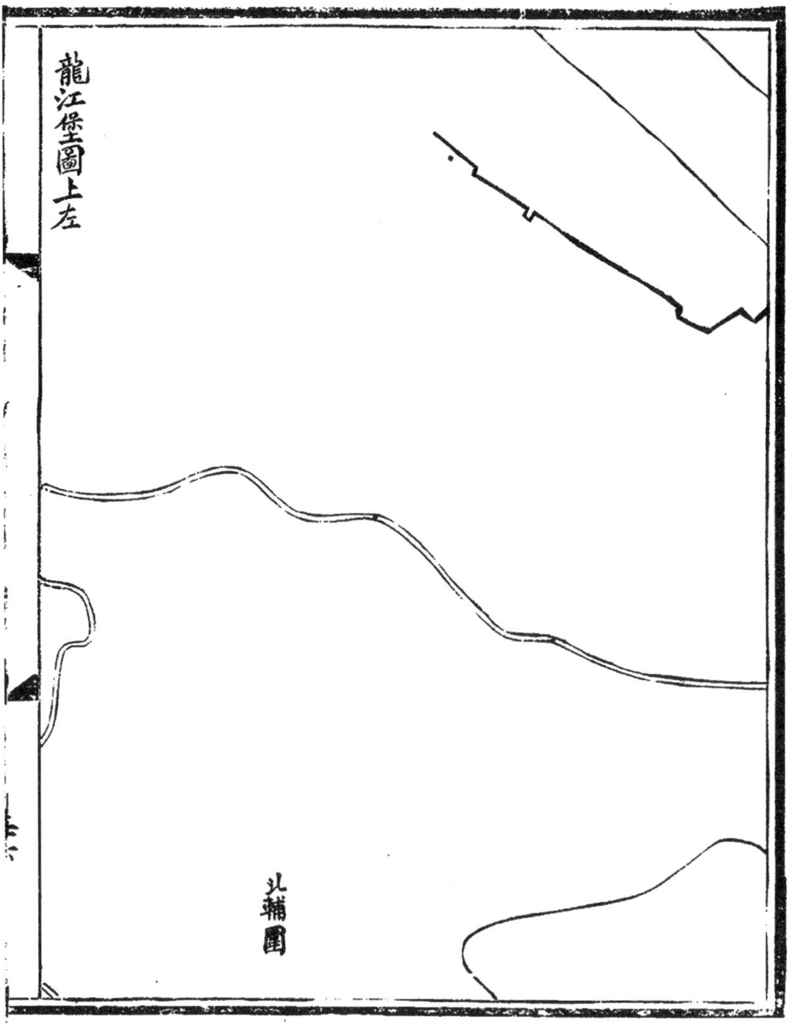
龍江堡圖上左
北輔圍

到蘊橋

龍江堡圖中右

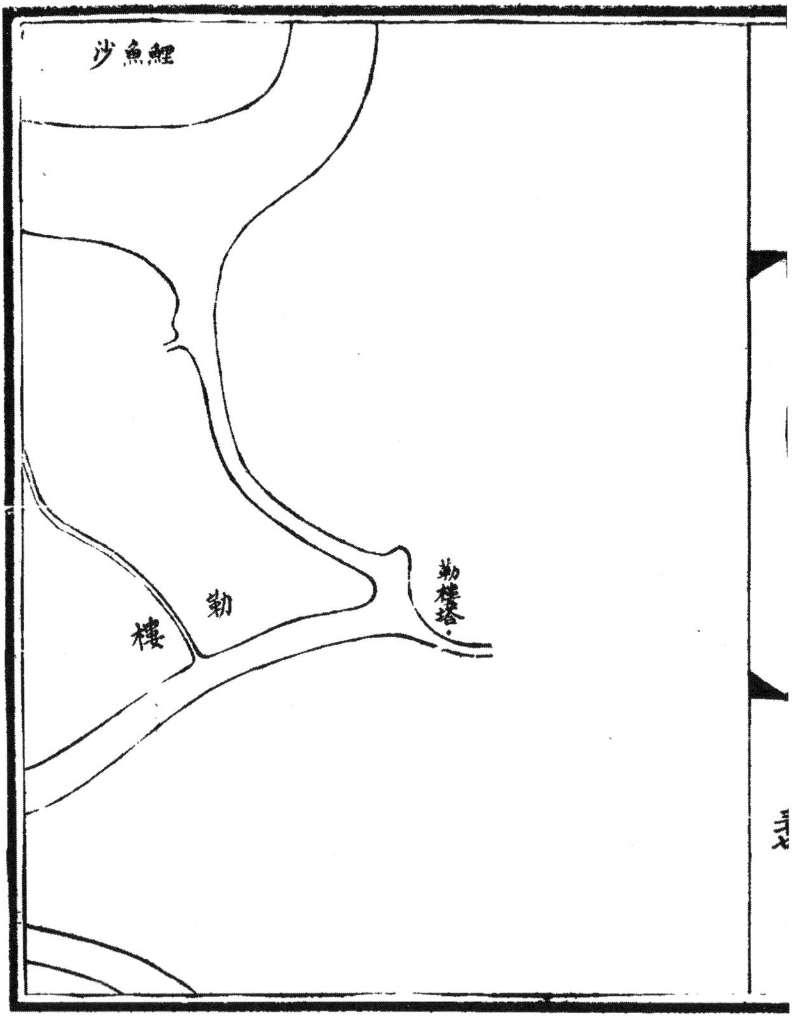
鯉魚沙
勒樓
勒樓墟

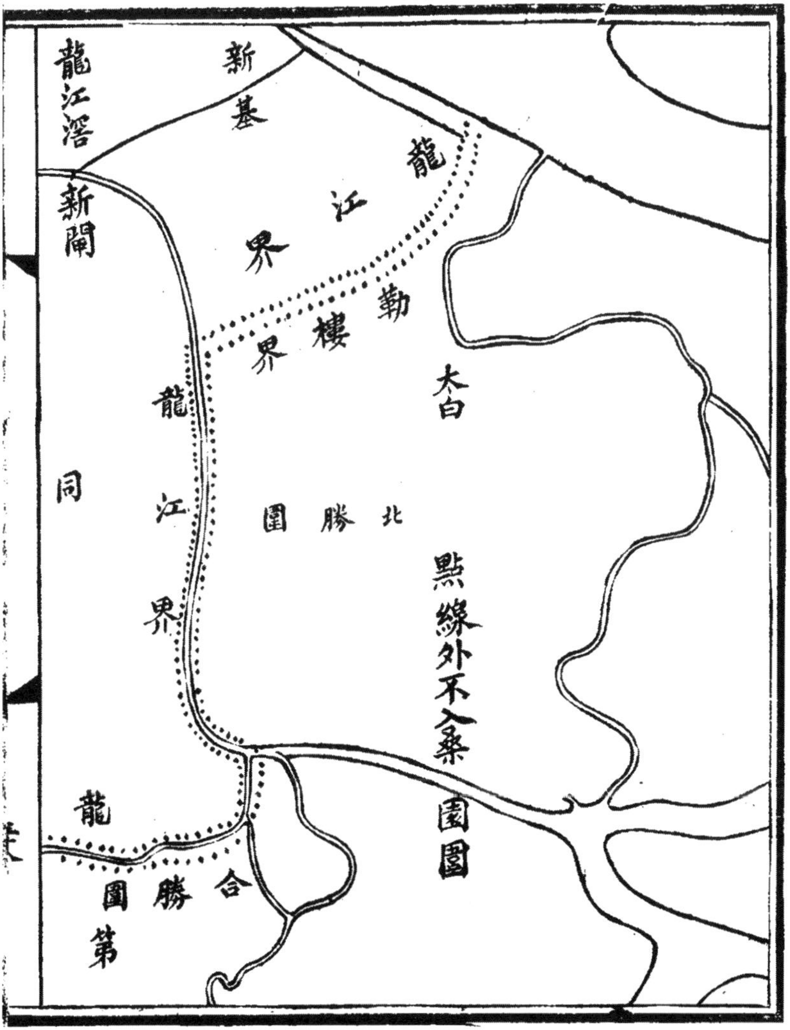
龍江滘
新基
龍江界
新閘
勒樓界
太白
龍江界
同
北勝圍
點線外不入桑園圍
龍
合勝圍
第

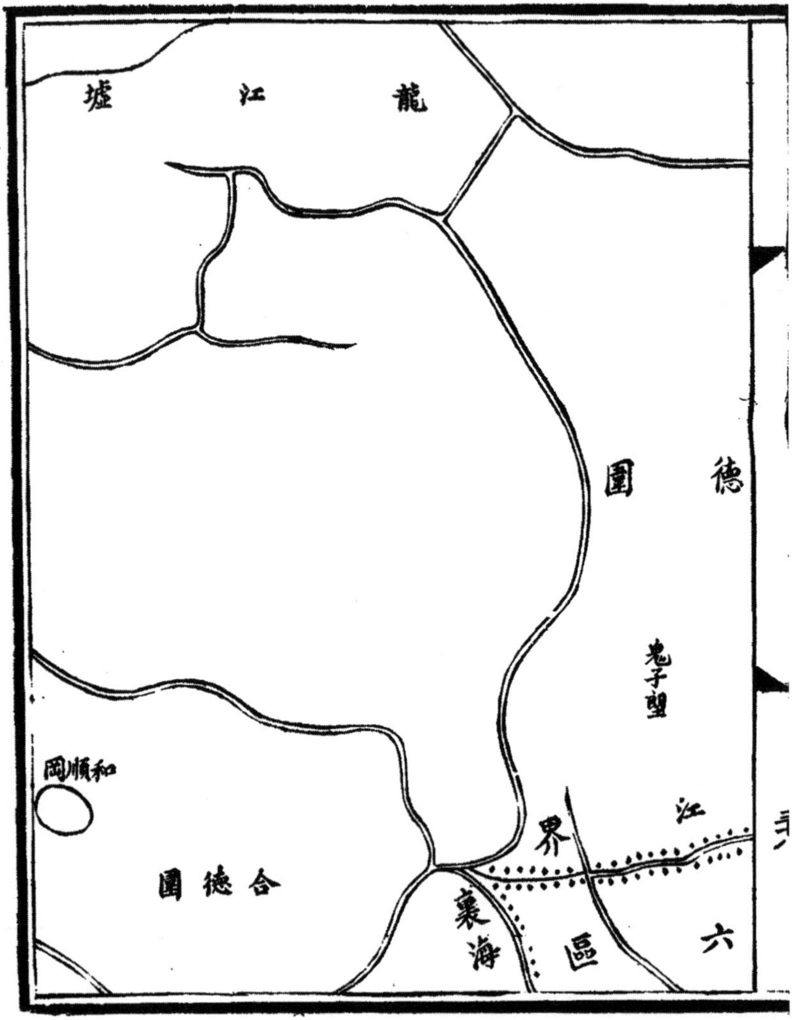
龍江墟
德圍
鬼子望
和順岡
合德圍
江
界
襄海
六區

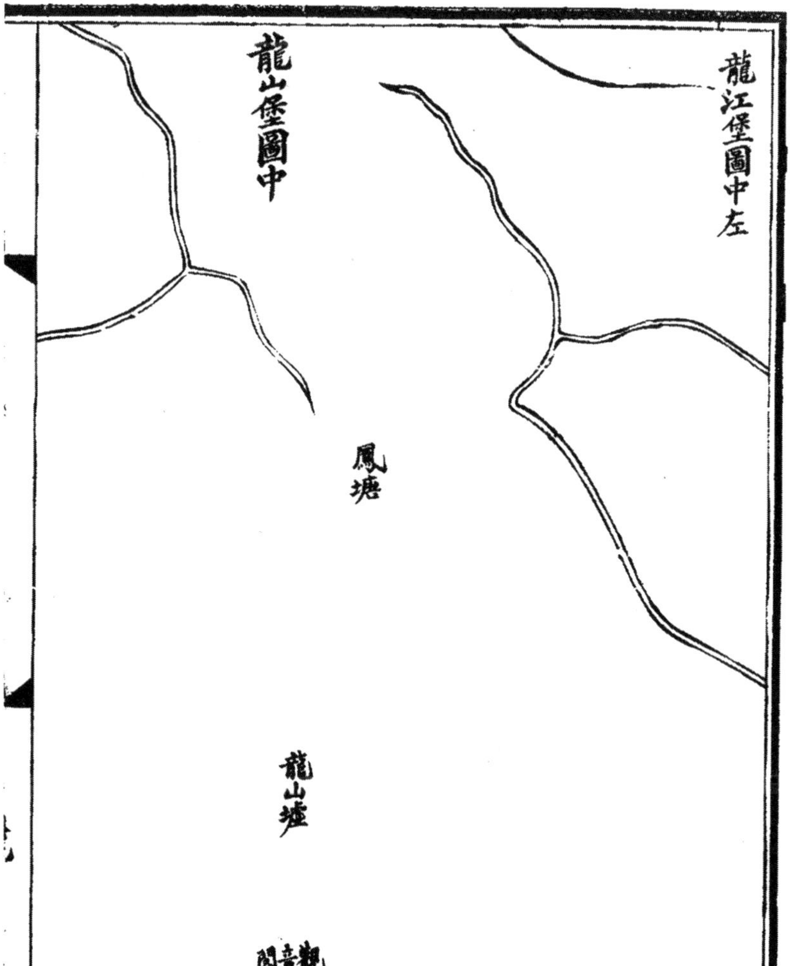
龍山堡圖中
龍江堡圖中左
鳳塘
龍山墟
觀音閣

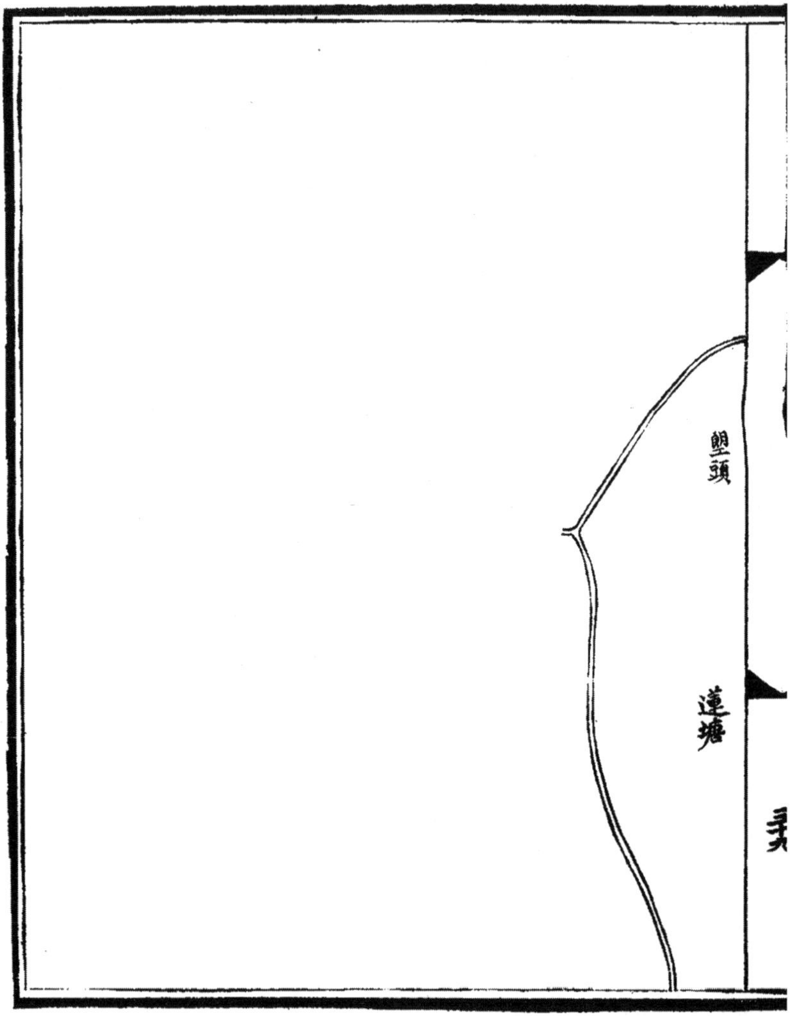
壆頭
蓮塘

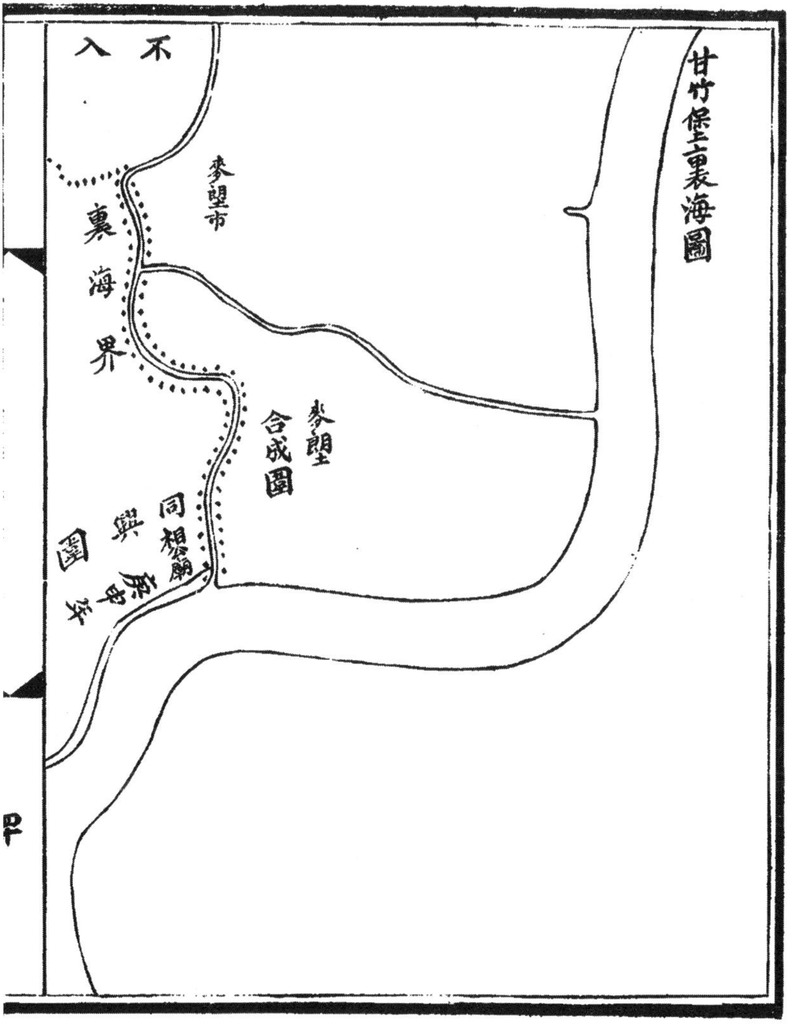
甘竹堡裏海圖
不入
裏海界
麥望市
麥望合成圍
同根廟
與
庚申年
圍

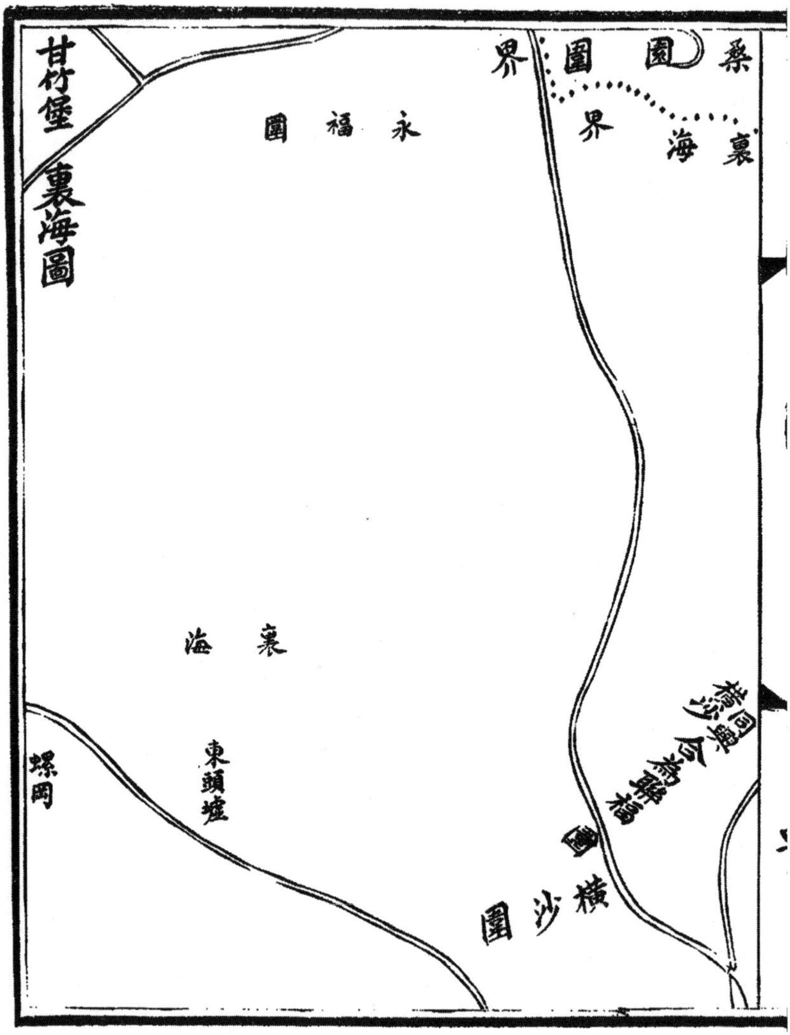

甘竹堡
裏海圖
永福圍
桑園圍界
裏海界
裏海
螺岡
東頭墟
橫沙同興合爲聯福圍
橫沙圍

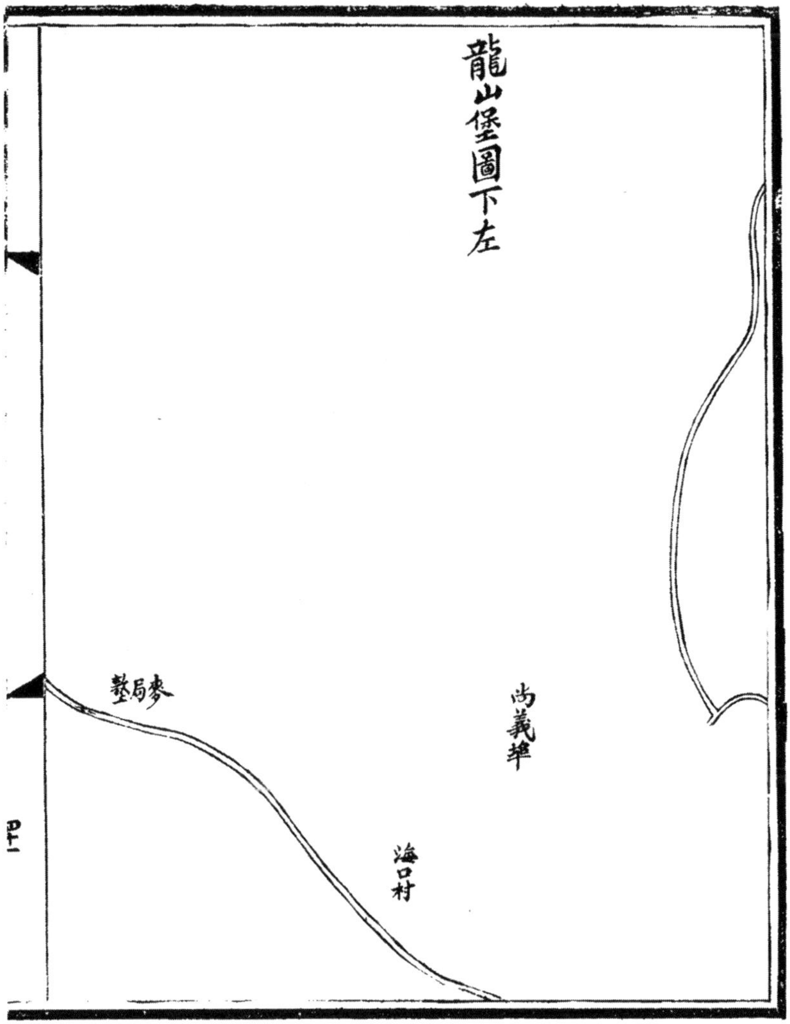
龍山堡圖下左
麥局墪
尚義埠
海口村

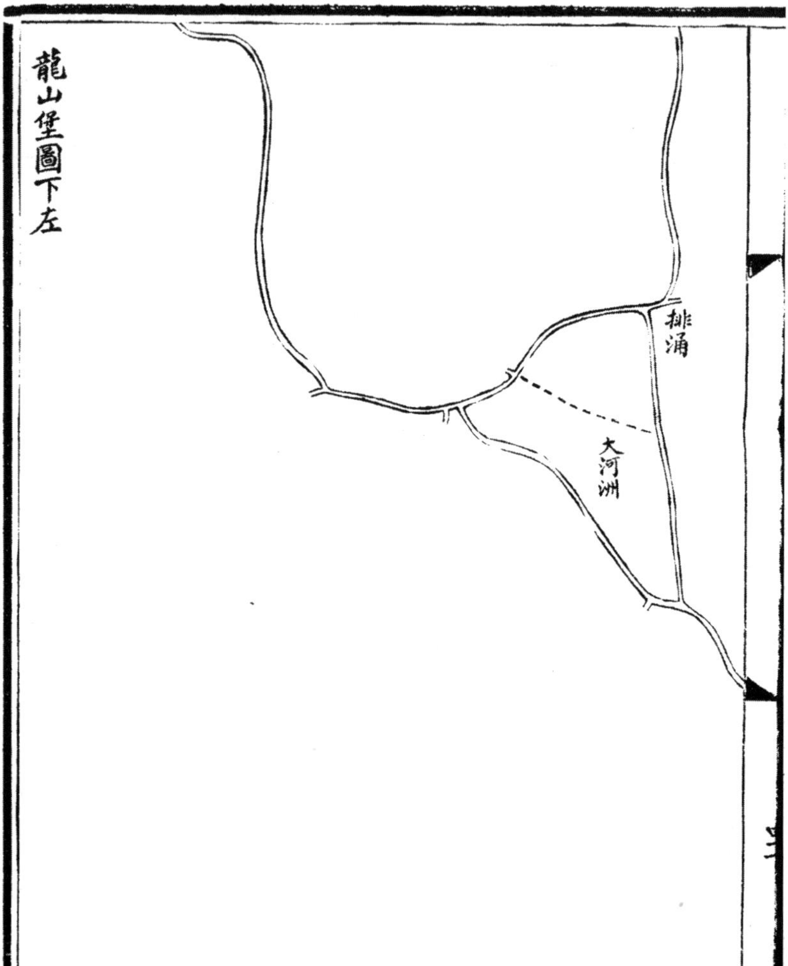
龍山堡圖下左
排涌
大河洲

民國四年歲次乙夘重修桑園圍岑伯銘先生以圍圖屬繪查舊圖無分率準望第以意爲之殊失裴氏六法之旨庚午之圖可云翔實矣惜祇有總圖而無分圖今爲是圖以限於經費僅將大基略爲測量其餘各地皆從别圖補入疏略之處識者當自諒之計成總圖一分圖十一粗線爲基雙線爲河道山則隨其曲折之形以單線聯之比例縮爲二萬分之一云爾

潘濬川䟦

北基

按舊志載仙萊岡及吉贊橫基二段其實百滘堡之繒邊鄉山鎛倘有旱基一段三水界接連飛鵝翼後山倘有旱基二段舊志見修築門而圖說未載又上金甌之區村後山乙夘大修後在山坳買地創築新基今併列爲北基共七段

飛鵝翼後山坳旱基一段長二十三丈五尺九寸

遞東隔一山咀旱基一段長四十一丈二尺五寸

按舊志嘉慶二十五年庚辰創築長四十餘丈惟基段

九江裕行街宜昌印務承刊

日續增高丈尺日續增長此基屬三水地歸先登經管

舊志有案詳修築門

區繒邊山罅旱基長三十三丈

舊志未載

區村後山坳仰天螺旱基長十丈零零六寸

戊午年創築該地契附後

自仙萊岡山脚起至吉贊五顯廟止長一百八十一丈五尺

按舊志長一百五十二丈乙卯基決署有圖築故丈尺

增長

橫基自吉贊山脚起至杜滘基頭止長三百二十丈

乙卯大修吉贊橫基無改變因加高基面吉贊山脚築

長二丈九尺二寸

西基

先登堡

馬蹄圍自三水飛鵝山右翼起至陳軍涌竇面止長九十

二丈七尺五寸

按舊志長八十九丈五尺遞年歲修由李周二姓分管

經府飭縣勘明豎立石界有案乙夘大修加高基面飛

鵝齎山咀築長三丈二尺五寸

自陳軍涌起至海舟分界止內鵝埠石茅岡圳口稔岡橫

岡鳳巢鄧林各姓戶基共長一千一百五十五丈

按舊志長一千一百四十一丈一尺迄今基界分明乙

夘大修勘得實溢基一十三丈九尺緣甲寅蘇萬春基

決舊管基二十六丈五尺新基長三十六丈九尺（蘇萬春占基二十六丈六尺圳口占基一十丈零三尺）

又鵝埠石至鳳巢各段接連岡阜基面加高則山脚斜

坡無不續長但各段以山爲界雖有溢基無從推諉故
但誌其總數不復逐戶區分焉

海舟堡

自先登分界起至鎮涌界止共長壹千四百九十壹丈七
尺

按舊志管基壹千三百零壹丈癸巳圖說載壹千四百
二十壹丈已不相符乙卯勘基量得壹千四百九十壹
丈溢基太多再逐段覆勘自李村至麥村龍潭各段所
差無幾惟龍潭至南村禾义基溢壹百七十餘丈想該

九江谷行街宜昌印務承刊

段決口最多圍築後未經丈勘之故

鎮涌堡

自海舟分界至河清界止仍舊共長壹千零壹十二丈

河清堡

自鎮涌界起至九江分界止外圍長壹千壹百壹十三丈

三尺

又內圍自太吉社起至太盛社止長三百零九十八丈七

尺

九江堡

自河清分界起至甘竹分界止外圍長三千二百七十七丈四尺七寸

又內圍洪聖約長一百二十丈零九尺四寸

延和約至蝸岡脚長八百六十一丈九尺六寸

象岡至馬岡長二十七丈八尺

馬岡至蘆葫山長二十四丈七尺五寸

蚌岡至龜岡長三十三丈

鑪岡至鳳岡長四十八丈二尺六寸

惠民竇外曲䏶頭長三百六十九丈二尺六寸

九江谷行街宜昌印務承刊

共內基長一千四百八十五丈九尺七寸

按舊志內圍長二千玖百零五丈七尺外圍長一千七百一十八丈四尺乙卯公議修外圍不修內圍故先列外圍總數至內圍舊志未清晰今清丈計分七段皆屬桑園圍古隄故分別詳載內圍係河清九江所有別堡皆無又九江管基責成附基業主基塘隨時變賣管基隨時不同與他堡各姓戶永久管基有異舊志不逐段分別管基戶姓實緣於此

甘竹堡

自九江界三角田起至甘竹灘雙魚山脚止長四百七十二丈七尺

按乾隆甲寅志甘竹堡會基長二百六十丈不詳起止癸巳志因之己丑志載自九江分界起至甘竹灘止長二百六十丈起止分明矣而丈尺仍以訛傳訛考甲寅志首載黎貞穀食祠記陳博民塞倒流港自甘竹灘築隄越天河抵橫岡（天河疑即倒流港橫岡今先登堡地）廣東志府縣志明黎春曦九江鄉志皆同是甘竹基由九江界至甘竹灘確鑿無疑乙卯大修清丈自九江界三角田起至分界

九江谷行街宜昌印務承刊

樹止長壹百五十丈自分界樹起至阜盈墟口止長壹
百七十五丈二尺自阜盈墟起至甘竹灘雙魚山脚止
長壹百四十六丈八尺與舊志不符惟志書雖有訛誤
基叚丈尠自明令將自九江至甘竹灘逐段詳載庶不
至仍舊志之誤焉

東基

百滘雲津二堡

自杜滘與横基頭分界起至簡村分界止長一千四百九
十三丈

按癸巳志二堡基共長一千四百五十二丈乙卯大修基址未有改變淸丈約溢四十丈惟二堡基段交錯頗難申畫舊志已有明言且二堡取泥責成基主故管基尺寸斤斤謹守今淸丈微有不同而丈尺仍照前志俾管基悉由舊章焉

簡村堡

自雲津吳聰戸基起至西樵山脚止長五百六十五丈五尺乙卯大修基段無改實量得五百六十玖丈九尺五寸因西樵山脚築長數丈也

龍津堡

自江浦司起至五鄉舊基止長一百六十丈

又自五鄉舊基起至沙頭界止長四百六十三丈

沙頭堡

自龍津分界起至梅屋閘門止長七百一十玖丈玖尺

自梅屋閘門起至拱陽門止長五百零一丈

自拱陽門起至龍江分界止連圈築新基長六百六十五丈圈築決口長一百一十二丈

按乙卯大修勘得龍津堡實長六百零四丈長零六寸沙

頭堡實長二千零二十二丈計龍津堡幾縮二十丈沙

頭堡盈二十餘丈附志備考

龍江堡

自沙頭分界起至河澎尾止長四百九十五丈

按舊志該堡基長四百八十五丈乙卯圍出外坦改築

新基故基段增長

區村後基買受田契附

民國丁巳歲夏歷四月吉日買受仰天螺基底田契叁

紙

九江谷行街宜昌印務承刊

一紙區村鄉區明奎將先人遺下崗田一坵坐在深水坑启東至關華眞地西至區祖華地南至少波祖地北至松塘祖地憑中人區村西鄉區廉說合將此田讓與桑園圍修築新基之用原叚價銀叁拾伍元該粮稅永遠仍由讓主自辦俱在價內

一紙區村鄉區慶林加林將先人少波祖遺下秧田一坵坐在深水坑启東至敏慎堂岡田西至區天寶堂岡田南至敏慎堂岡田北至區明奎堂岡田憑中人區村西鄉區廉說合將此田讓與桑園圍修築新基之用

價銀伍拾元𠃍兌足該粮稅永遠仍由讓主自辦俱

在價内

一紙區村鄉關華眞將先人遺下田一坵坐在深水坑

𡰱東至仰螺岡南至敏慎堂地西至區明奎地北至

仰螺岡 憑中人區村西鄉區廉說合將此田讓與桑

園圍修築新基之用價銀五拾大元𠃍兌足該粮稅

永遠仍由讓主自辦俱在價内

九江谷行街宜昌印務承刊

續桑園圍志卷三

沿革

圍有崩決基有變遷數百年來亦多故矣前事之不忘後事之師也自有圍以來工役之興不知凡幾其或因或創前人之所經營者必經審度而行後人未可輕議也因地制宜遠害興利是在實心任事而慎重出之耳志沿革

九江谷行街賓昌印務承刊

考桑園圍創築於宋徽宗時奏請於朝者張公朝棟奉命興
役者何公執中二年隄成即分別界址屬各堡各甲隨時
葺理越叁年上流大路峽決水勢建瓴下圍中無間堵仍
淹浸張公乃相度地勢最狹處築吉贊橫基叁百餘丈
明洪武二十玖年丙子九江陳博民塞倒流港因是工役上
自豐滘下至狐狸以迄甘竹東繞龍江上至叁水涌數十
里沿堤增築高五尺厚稱之半載工竣
萬歷四十年壬子九江文學朱秦請移築海舟堡基謂此處
逆障洪流爲河伯所必爭須退數十丈别創一堤方可免

患通圍定議計畝助築百丈有奇基成後七年舊基潰

道光十叁年癸巳海舟堡十二戶叁丫基決壹百叁拾丈焉

德耀村盡冲成潭跨湖圍築長五百丈

十四年甘竹堡牛山基陷順德生員吳文昭以牛山基段甚

脚冲卸屢被西潦撼擊𥓌下成潭旋築旋卸不能鞏固因

相度形勢擬在南約涌內改築裏圍添設水閘在水閘兩

旁築至山麓不受波濤冲擊堵塞桑園圍下關衆議允協

稟准照辦

道光十五年五月西潦漲湧漫溢沙頭九江河淸雲津簡村

九江谷行街宜昌印務承刊

等堡圍基坍決十餘處俱該基主業戶自行築復沙頭圍基一千八百丈餘一律加高三尺龍江圍基四百餘丈亦並時加高

同治六年丁卯築沙頭堡北村外護基六百丈北村內塘外涌礙難加高培厚故有是舉主其議者舉人潘以銅岑鳳鳴陳文瑞生員關俊英也

玖年庚午冬舉人何文卓大修泥龍角泥龍角在南村前爲桑園圍第一險工道光己酉何廣文子彬等貼近圍堤北邊築大石壩一道後遇歲修必添堆蠻石是年七月十六

夜有聲如雷大壩一夕傾圮殆盡牽動基身圻裂數丈僉
謂舊壩橫柱江中與水爭地日久積壓冲擊致然屆冬興
修凡圻裂處所槪舂灰墻堆石基脚隨水曲折作坡陀形
不復築壩而水勢順流迥殊昔日之湍激矣

桑園圍志

續桑園圍志卷四

修築

水性至柔而能摧剛練土成堤固而未可恃也改用石堤波濤沖激亦復不能持久甚矣水之湍悍可畏也夫建堤悍〔捍〕潦專恃修築以爲固土工石工前人著有成效顧掌自可率由或有前人所未及試其利害必待經歷而後見者是不可不知也西人之用士敏土堅逾於石用作基骨不患不固矣乃甲寅築茅岡決口用士敏土拌沙作基骨基成未幾陷裂不相膠粘分爲三段從夾縫灰墻不固有此

非錯過不知也向來築基未有以沙墊基底者以沙爲鬆浮也不知沙得水則融結壓以重土則穩實用法最善乙卯堵塞東基各決口特用此法而基皆穩固其效可覩是可爲法守矣明於其利達於其害是在究心綜核者志修築

民國三年甲寅十二月一日爲歲收專欵軍餉挪用未還
聯懇財政廳長嚴追列預算照本支息俾資修築圍基稟
共稟南順桑園圍基務公所在籍紳士前清吏部主事
郭乃心翰林院檢討周廷幹總理陳浦軒協理潘桂鏻
董事余葆德馮敬禹郭文修程秉琦余得𠈁李兆元賴
有秋賴振寰黃光賡任元熙傅朝陽張思燊李寶瀚梁
禹傳潘光祖李承祖等稟爲圍基歲修專欵軍餉挪用
未還聯懇追列預算照本支息俾資修築永杜水患事
竊桑園圍地跨南順兩縣東西隄共長一萬四千七百

餘丈其中村落桑塽最多前清嘉慶二十二年粵督阮
元奏撥庫欵銀八萬兩發商生息遞年歸本存息以備
歲修自是請領修費均蒙照撥迨咸豐光緒年間屢以
軍餉挪用而先後請領歲修多次或將提餘息銀照發
或在別項借給成案具在欵目可稽此皆前代之恩施
實賴官斯土者之關心民瘼民國肇造圍紳援案請領
歲修欵項亦蒙給紙幣壹萬元溯自道光甲辰迄今而
始見崩決者厥惟歲修專欵之力本年潦漲隄潰重以
坍卸低薄隨地皆然現當東隅既失急圖補救於桑榆

然勢險形長工鉅欵絀未易收一勞永逸之效況桑園圍當西北兩江之衝稍有崩潰微特人民生命財產概遭損失而糧稅輙蒙蠲緩幷關繫於財政前途與其經營已決之後糜費尤多孰若圖謀特久之方有備無患此咸光年間挪用歲修專欵所以急望照案籌還者也除現年修復全圍節經稟候　核撥外理合備文粘抄歲修成案聯懇　鈞廳查案核議追列預算將每年息銀肆千陸百兩專欵存儲備給本圍歲修之用則鞏堤基於永固垂聲譽於無窮二千餘頃之賦稅不患歉收

數十萬戶之生靈如感再造矣

粘抄呈桑園圍歲修專欵歷年籌撥成案

前淸嘉慶二十二年總督阮元籌議借欵生息以資歲脩摺文載在圍志卷一奏議門

二十四年圍紳何毓齡潘澄江等始領歲修息銀四千六百兩

道光十三年總督盧坤請將歲修本欵分別扣抵攤徵以紓民力摺文載在圍志卷一奏議門

二十四年布政司傳繩勛籌撥歲修息銀詳文載在

圍志卷七撥欵門

二十八年總督徐廣縉籌撥歲修息銀摺文載在圍志

卷一奏議門

咸豐三年總督葉名琛籌撥歲修息銀摺文載在圍志

卷一奏議門

同治四年御史潘斯濂請設法籌還提用歲本（修本）修息銀

片文載在圍志卷一奏議門

七年總督瑞麟奏報動撥歲修息銀修築完竣摺文載

圍志卷一奏議門

八年巡撫李福泰續撥歲修息銀壹萬元案

十二年巡撫張兆棟籌撥歲修息銀摺文載在圍志卷

一奏議門

一光緒庚辰歲續給銀陸仟餘兩

一光緒乙酉歲給銀壹萬兩

一光緒壬辰歲給銀捌仟兩

一光緒丁酉歲給銀壹萬肆仟伍佰捌拾兩

一光緒丙午歲給銀弍萬兩

一光緒戊申歲給銀壹萬兩

一民國二年給紙幣壹萬元

謹將桑園圍應修決口及各基段工程開列清摺呈請

察核

計開

修復決口工程

一茅岡蘇萬春戶基崩決長三十七丈高二丈濶五七丈二丈

平均四丈六尺六寸約每丈實泥九十二井二每壙

地一井用泥二井每井泥價八毫計每丈基用銀一

百四十九元壹毫二角修築決口計基五十丈用銀

九江谷行街官昌印務承印

七千四百五十六元

一杉椿每丈基用一百條排列成梅花樣每條壹丈六尺杉尾徑四寸每條約銀弍元弍角計伍拾丈須杉椿伍仟條共銀壹萬壹仟元另打椿工每條伍毫共銀弍千伍百元共銀壹萬叁仟伍百元

一竹圍高六尺長五十丈每丈壹元內外基脚均用計壹佰丈共銀壹佰元

一基骨濶二尺高二丈長五十丈計二百井每井英泥石仔四十元共計捌仟元另運費肆佰元

一泥橋鏨具棚廠散工等項共計費用銀壹仟元

一用鍊基牛工陸百工每工壹元共陸百元

一基底粗砂壹千弍百元

修築各基段工程

一西基鵝埠石公基水溢八寸應加高壹尺長壹百壹十五丈弍尺估計用泥弍百柒拾陸井共估價銀弍百弍拾元零捌角

一周氏拜月基卅卸滲漏長拾伍丈培牛尾陸條用泥叁佰陸拾井估價銀弍百捌拾捌元加樁柒百伍拾

九江谷行街台昌印務承刊

枝銀柒百伍拾元

又滲漏二處長共叁拾丈舂基骨壹百弍拾井該灰石工銀叁千陸百元加椿壹千伍百枝銀壹仟伍佰元

一竹樹脚與然祠前滲漏二處長弍拾丈舂基骨捌拾井該灰石工銀弍仟肆佰元

又卸裂八丈培厚壹尺估計用泥叁拾弍井估價銀弍拾伍元陸角加椿壹千玖百枝銀壹千玖佰元

一周家社後先鋒廟木棉樹後坍卸滲漏共長壹拾捌丈舂基

骨柒拾弍井該灰石工銀弍仟壹百陸拾元加椿九百枝銀玖百元

一五岳廟右滲漏長八丈舂基骨叁拾弍井該灰石工銀玖佰陸拾元加椿四百枝銀肆百元

一區國器戶基長四十二丈（竹樹頭太尉廟後）二段俱滲漏長（八丈九丈）共壹拾柒丈舂基骨陸拾捌井該灰石工銀弍仟零四十九元加椿捌百伍拾枝銀捌百伍拾元又培牛尾三條估計用泥壹百捌拾井銀壹百肆拾肆元

一太平列聖廟左桑市前滲漏各一處計長共拾壹丈

舂基骨肆拾肆井該灰石工銀壹千叁佰弍拾元加
椿陸百枝銀陸佰元
一龍坑基長壹百丈滲漏叁處應培牛尾叁條用泥壹
百捌井估價銀壹百叁拾肆元
一李村九十甲住場基（龍門巷至古巷）基長壹佰肆拾丈內滲漏
長二十七丈舂基骨壹百零捌井該灰石工銀叁仟
弍百肆拾元加椿壹千叁百伍拾枝銀壹仟叁百伍
拾元
一三門基（益隆店至敦仁里口）滲漏長拾壹丈關帝廟前瀉漏長

伍丈共長拾陸丈舂基骨陸拾肆井該灰石工銀壹千玖百弍拾玖元加樁捌百枝銀捌百元

一南離拱宸門樓至盤古廟水溢九寸長弍拾玖丈濶一丈加高壹尺估計用泥伍拾捌井該工銀肆拾陸元肆角

一麥村社後水溢二尺六寸加高叁尺長拾陸丈闊弍丈肆尺估計用泥弍百叁拾井銀壹百捌拾肆元

一海舟基冠甲水溢柒寸長玖寸濶壹丈肆尺加高壹尺估計用泥弍拾陸井估價銀弍拾元零捌角

又新墟水溢捌寸長拾丈春基骨肆拾井該灰石工

銀壹仟弍百元加椿伍百枝銀伍佰元

一南村基石角咀至火秧樹脚水溢柒寸滲漏坍卸長叁拾丈濶

壹丈捌尺加高壹尺估計用泥壹佰零捌井銀捌拾

陸元肆角舂基骨壹百弍拾井該灰石工銀叁千陸

百元加椿壹仟伍百枝銀壹千伍佰元

一石龍村基水溢壹尺捌寸長柒拾伍丈濶壹丈叁尺

加高弍尺估計用泥叁百玖拾井銀叁百壹拾弍元

又曾家祠前見龍里滲漏共長叁拾丈舂基骨壹百

弍拾并該灰石工銀叁仟陸百元

又村尾基水溢壹尺陸寸加高弍尺長壹拾弍丈闊壹丈估計用泥肆拾捌并銀叁拾捌元肆角

一鎮涌基滲漏二處（永平里口 中和社下）長（十丈 十一丈）脊基骨捌拾肆并該灰石工銀弍仟伍百弍拾元基脚低陷均應加椿壹千零伍拾枝銀壹仟零伍拾元

一土地[illegible]廟至文閣底基水溢壹尺叁寸長二拾五丈濶壹丈弍尺估計用泥壹百弍拾并估價銀玖拾陸元

一河清堡西十二坊基長叁百捌拾丈低陷水溢基面

壹尺捌寸宜加高弍尺闊平均約計壹丈叁尺估計
用泥壹仟玖百柒拾陸井銀壹千伍百捌拾元零捌
角另培厚壹尺伍寸估計用泥弍千弍百捌拾井銀
壹捌百弍拾肆元加椿柒仟伍佰枝銀柒千伍佰元
又社學下至侯王廟口基長拾叁丈闊壹丈水溢弍尺伍寸宜
加高叁尺估計用泥柒拾捌井銀陸拾叁元肆角基
底低陷宜培厚壹尺估計用泥伍拾弍井銀肆拾壹
元陸角加椿陸佰伍拾枝銀陸百伍拾元
一河清堡東自書院後起至舍人廟基長柒拾丈闊平均計叁丈

一尺低陷極單本年驚險搶救最爲首險基段宜加高培厚加高弍尺估計用泥捌佰陸拾捌井培厚弍尺估計用泥伍佰陸拾井取泥太遠在伍百步以外每泥壹井工銀弍元伍角共銀叁千伍佰柒拾元又基脚卸陷應用英泥舂固共估價銀叁千壹百元

又舍人廟以下至九江基界共長叁佰丈闊壹丈弍尺太低陷單薄水溢壹尺陸寸宜加高弍尺培厚弍尺估計共用泥叁仟捌百捌拾井銀叁千壹百零肆元

又（豐寧里永安門榮昌里葵扁巷）巷尾基滲漏卸裂共弍拾肆丈

舂基骨玖拾陸井該灰石工銀弍仟捌百捌拾元加

椿壹仟弍百枝銀壹千弍百元

又武陵廟橫基本年傾卸搶救甚屬危險長伍拾丈

濶玖尺應培厚弍尺加高叄尺估計用泥陸百柒拾

井銀伍百叄拾陸元基底卸陷宜用紅毛泥舂固共

銀玖佰元

又元吉社至南山祠後橫塘基三華書舍至集慶坊

共計壹百弍拾丈濶壹丈水溢壹尺陸寸宜加高弍

尺估計用泥肆百捌拾井共估價叁佰捌拾肆元

一九江堡基西方先鋒廟前至上下洪聖約水溢基面卅卸共長壹佰丈活壹丈弍尺應加高弍尺培厚弍尺共估計用泥壹千弍百捌拾井共估價銀壹千零弍拾肆元

一九江六聖宮左便基被水鑽通約叁拾伍丈舂基骨壹百肆拾井該灰石工銀肆仟弍百元加椿壹千伍百枝銀壹仟伍百元

一吉水里閘頭受水冲激最爲危險宜壘魚頭石伍百

萬斤估價銀柒仟伍佰元

一張家路口基長弍拾丈濶壹丈弍尺水溢基面壹尺

捌寸加高弍尺培厚壹尺伍寸估計用泥弍百壹拾

陸井估價銀壹百柒拾弍元捌角

一九江南方將軍廟前至崗頭大道基長伍拾丈北帝

廟右便至鳳崗社前長肆拾丈再向西學憲祠及先

鋒古廟前長柒拾丈濶壹丈弍尺均水溢基面壹尺

陸柒寸宜加高弍尺培厚壹尺伍寸估計用泥壹仟

柒百弍拾捌井估價銀壹千叁百捌拾弍元肆角

一九江南方六甞祠前至城隍廟右便基長伍拾伍丈
崗咀社至彭家基長叁拾叁丈豬行後至桑市長伍
拾丈濶壹丈叁尺均水溢基面壹尺伍寸宜加高弍
尺估計用泥伍佰柒拾陸井銀肆百陸拾元零捌角
又彭李宅前土地廟前滲漏坍卸長叁拾伍丈舂基骨壹百肆
拾井估價銀肆仟弍百元加樁壹仟柒百伍拾枝銀
壹仟柒佰伍拾元
一東基百滘堡吉贊里丼公基傾卸長五拾丈宜培築
該灰石工銀壹千壹百弍拾元加樁弍仟伍百枝銀

九江谷行街官昌印務承刊

弍仟伍百元

一雲津堡程佑新基（上社大巷）低陷共長肆拾丈濶壹丈弍尺宜加高壹尺伍寸估計用泥壹佰肆拾肆井銀壹百壹拾伍元弍角

一林村鄉潘姓基滲漏拾丈舂基骨肆拾井估價銀壹仟弍百元加樁伍百枝銀伍佰元

一林村鄉陳姓基低陷長弍拾丈濶壹丈弍尺宜培厚壹尺加高弍尺估計用泥壹佰陸拾捌井銀壹百叁拾肆元肆角

一雲津堡藻美鄉潘姓基割脚滲漏長拾丈基脊骨肆拾井該灰石工銀壹千弍百元并壘魚頭石伍拾萬斤共銀柒百伍拾元加樁伍百枝銀伍百元

一藻美鄉吳聰戶基滲漏拾丈坍卸拾丈宜培厚壹尺伍寸估計用泥壹百弍拾井銀玖拾陸元脊基骨肆拾井該石灰工銀壹仟弍百元加樁伍佰枝銀伍百元

一簡村堡基低陷單薄伍拾丈闊壹丈宜加高培厚各壹尺伍寸估價用泥肆百伍拾井銀叁佰陸拾元

一龍津堡三甲顏姓基低陷長肆拾丈濶壹丈弍尺宜

加高弍尺估計用泥壹百玖拾弍井銀壹百伍拾叁

元陸角

一龍津堡鍾贊鳴崔日昇戶基低陷長叁拾丈闊壹丈

加高叁尺估計用泥壹百捌拾井銀壹百肆拾肆元

又江頭涌烏狗樹石龍田滲漏共長伍丈舂基骨弍拾井該

灰石工銀陸百元加椿弍百伍拾枝銀弍佰伍拾元

一沙頭堡草馱廟旁基單薄蟻穴內塘危險已極長叁

拾丈用站石五層護脚培泥至基面用石肆佰丈

紅毛泥春圍估價銀伍千元加椿壹千伍百枝銀壹千伍百元

又廟前受水冲激壘魚頭石伍拾萬斤銀柒百伍拾元

一沙頭舊渡頭基低陷長肆拾丈活闊壹丈伍尺宜加高培厚各壹尺伍寸估計用泥肆百弍拾井銀叁百叁拾陸元

一沙頭北村崔樂耆何觀海廟前坍卸十丈八丈宜培厚壹尺估計用泥壹百肆拾肆井銀壹百壹拾伍元弍角春基骨

九江谷街行宜昌印務承刊

柒拾弍井該灰石工銀弍仟壹百陸拾元加椿玖百

枝銀玖佰元

一沙頭北村先鋒廟前賨石卸裂低陷拾丈舂基骨肆

拾井該灰石工銀壹仟弍百元加椿伍百枝銀伍百

元

一北村六約尾崩口長弍丈伍尺深柒尺活平均弍丈

宜築復用壹丈陸椿四層計弍百枝估計用泥柒拾

伍井取泥在肆百步以外每井約弍元用大石陸拾

萬護基脚共估工銀壹仟弍百伍拾元

一沙頭河澎尾崩口長弍丈伍尺宜築復照上用工料
銀壹仟弍百伍拾元
一龍江堡車比決口長拾丈平均濶弍丈伍尺估計用
泥陸百井白鶴灣決口長伍丈平均濶弍丈伍尺深
壹丈弍尺估計用泥叁百井渡頭決口長玖丈平均
濶弍丈深伍尺伍寸估計用泥壹百玖拾捌井吳面
涌決口長伍丈平均闊弍丈弍尺深壹丈壹尺伍寸
估計用泥弍百伍拾叁井厘料 ⊘ 決口長玖丈弍尺
深捌尺平均闊弍丈估計用泥弍百捌拾捌井𨰨槽

凼決口長捌丈濶壹丈伍尺深肆尺估計用泥壹拾

壹井帽塘基決口長叁丈活壹丈捌尺深壹丈壹尺

估計用泥壹百壹拾玖井共計決口七處用泥壹仟

柒百陸拾玖井叉丈弍杉椿弍千肆百伍拾枝共估

價銀叁仟捌佰陸拾伍元叁角

分計數修復決口工程共估價銀叁萬弍千弍百

伍拾陸元

分計數修築各基段工程共估價銀壹拾壹萬肆

仟捌佰肆拾肆元玖角

合計數應修決口及各基段工程估價銀壹拾肆
萬柒千壹佰元零玖角
按順德縣長成公憲詳文係據呈首翰林院檢討周
廷幹呈轉詳其餘文同茲不贅

民國四年乙卯造具預算正總理岑兆徵副總理程學源

關勝銘稟請撥欵修築

稟稱爲修圍工鉅民力未逮謹造具預算擬請鑒核迅予撥欵維持事竊以本圍地跨南順兩縣爲粵中四大圍之一基長一萬肆千柒百餘丈田土弍仟柒佰餘頃不幸霪潦爲灾連年崩決圍內損失殊重情形極慘早在仁台洞鑒之中前承撫慰使道尹知事各委員親到勘災並諭以從速集卝籌議及時修築董等敢不恪遵現在業已施工迭策進行祇緣圍大工鉅需費浩繁自揣

九江谷行街自昌印務承刊

民力實有未逮計此次全圍決口五十處兼以基身多
數裂卸照舊修復已需費弍拾萬零肆千弍百零壹元
弍角壹分又圍衆迭次集議僉謂水勢年有增加本年
前後兩次潦水均足潰決有餘且均水逾圍面壹弍尺
或至三尺以上逆料非增高培厚不足以弭將來鉅災
但增高三尺培厚伍尺應需費柒拾弍萬伍千零弍拾
捌元弍角玖分本圍當兩江要衝險工較多非多用石
分配圍身鬧𥗽難期完固則石料一項又需費壹拾柒
萬弍千陸佰陸拾元統計全圍修固一切支欵共應需

費壹佰壹拾萬零壹千捌百捌拾玖元弍角玖分此係
核實預算當此連年災害元氣大殘徧地災民救死不
贍自揣全圍之力未能勝此鉅工董等竊計日前議定
各種畝捐舖捐丁捐又屬緩不濟急無以應目前要支
而各堡各鄉極力分担籌墊亦祇得二十萬零伍千元壹
爲衡較相差甚鉅董等日夜焦思惕息難安轉瞬春令
水潦又至設以欵絀施工未竟爲禍何堪設想惟有造
具預算粘呈顲請仁台大發慈悲俯念兩縣人民生命
財產所托迅撥鉅欵特予維持庶大工或可告成闔圍

戴德龐既謹稟代理廣東巡按使龍

計附呈預算表乙扣

桑園圍志乙套

批

據稟已悉候行賑務善後局復勘明確函商救災總公

所酌核辦理預算表及志書均存此批

民國四年十二月卅一日撥

民國五年二月呈請巡按使履勘及時趕築

呈爲照章修築並無誤認謹粘圖案懇請飭委會縣照案址勘明以憑趕築免誤要工而累全圍事緣桑園圍連跨南順兩縣地廣人稠中分十四堡藉東西兩基以爲保障每遇夏潦盛漲遠處搶救不及是以向章各基段歸附近各堡分姓主管遇有冲決及坍卸滲漏年歲小修責令該堡將歷年基坦出息自行修復若全圍大修則十四堡公推董事主權計畝捐租通力合作不分畛域去夏西北兩江並漲水溢基面叁尺有奇決口多至四十餘處人畜淹沒

屋舍傾塌慘不忍言秋後潦水漸退正擬籌欵修築適奉

治河兼籌賑處譚督辦有此後修築基圍務必加至本年

水量之高度以免再行漫溢之佈告經集衆議遵照全圍

加高叁尺先修決口續擬分段加高忽奉　巡按使鈞批

黃公堤既向歸黃姓管理如有坍塌滲漏自應查照向章

仍歸黃姓籌修該桑園圍董何得誤認侵築致滋訟蔓候

行粵海道轉南順兩縣照案轉諭遵照等因查桑園圍志

黃公堤原九江陳博民於明洪武間伏闕請築由廿竹灘

築堤越大河抵横江絡繹亙數十里有穀食祠記可據其

事並載郡志迨萬歷間該堤冲決黃岐山易之以石鄉人戚其德因名黃公堤實即桑園圍基侵故乾隆五十九年陳布政司大文委九江主簿稽會嘉江浦巡檢呂濼督監生李肇珠等全圍修築西岸自南邑鵝埠石起下至順邑甘竹灘止東岸自南邑仙萊鄉起下至順邑龍江河澎尾止有廣州府案奉布政司札開示諭為據歷次大修均循照向章此次不能獨異總理等承圍推舉專理修基事宜並非與人爭利循照向來界址並無誤謬侵築奉批前因迫得暫行緩築謹粘圖案呈請　憲台察核但工程浩

大爲日已促轉瞬西潦即來則闔圍糧命攸關大局何堪
設想再四思維惟有懇 恩查照前案履勘明確俾得及
時赶築免誤要工而貽後患實爲德便

廣東巡按使批第四零七八號

一件據南順桑園圍修基總理岑兆徵等禀照章修築並
無誤認謹粘圖說飭委照案會勘以憑赶築由
查此案前據紳士黃慕湘等以黃公堤向係黃姓管理等
詞具禀業經批飭查照向禀辦理在案現禀小修則就近
自理大修則合力通籌究竟所陳是否實情該黃公堤現

應如何修築仰候飭粵海道督同南順兩縣履勘并召集該地方紳董妥商辦法詳候察奪至修理圍堤係屬公益事業各宜顧念水災痛苦蠲除成見從長計議以奠民生毋稍偏執致誤善舉是爲至要仰即知照此批

民國五年三月八日批

續桑園圍志卷五

搶救

西潦盛漲人有戒心晝夜巡邏遇有卸陷即傳鑼搶救此故事也然握要尤在平日預備沿堤基主業戶各有沙坦魚利歲收所入置辦杉椿竹笪麻包等件分貯鄉約神廟祠堂安置乾燥地方隨時料理立爲定規無使損失各鄉同一辦法無論何鄉遇警遠近到處皆可借用事後照數償還如此則呼應自靈即不至臨時束手此先事預防之計也至於工役之赴救弊竇實多必得

江谷行街伯昌印務承刊

公明幹綀之員爲之約束指揮方能收其實效而不至
滋生事端貽累大局此臨時制變之宜也志搶救

民國九年五月日議定傳鑼搶救簡章

一遇有搶救時期當年值理在該地點設立工人報名處

一鳴鑼搶救須有字據報明情形并給該地方圖記或該鄉局片或用該地方箇人名義方爲有效

一各堡搶救必須設人管帶自造名册或自備腰牌襟章統率工人到搶救地點向當年值理報名以得分工施救

一各堡搶救工人須聽當年值理指揮務宜和衷共濟如有彼此意見不合切勿爭執致誤要工

一搶救工人打樁及挑泥等各自携備器具不許携帶槍枝以

桑園圍志

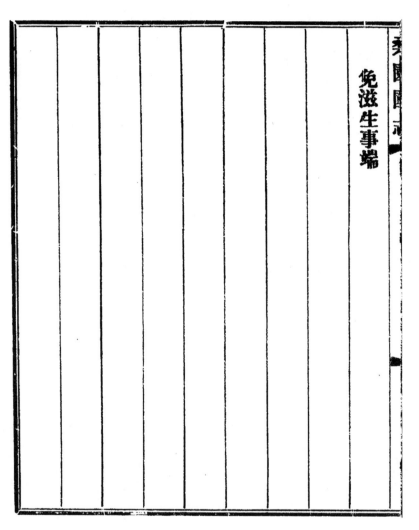

俛滋生事端

搶救

光緒十九年癸巳七月南村竇報險搶救數日

光緒三十四年戊申五月茅岡基鵝阜石基龍坑基搶救數日

民國三年甲寅五月廿六日搶救鵝阜石基茅岡圳口基河清基九江沙溪基至閏五月初一日茅岡蘇萬春基決十餘丈

五月廿七日九江子圍沙咀虹秀橋基決數丈至廿九日基主救復

五月廿九日九江子圍沙咀金花廟基決數丈

四年乙夘五月廿六日搶救先登鵝阜石茅岡龍坑海舟

河神廟上原仲祠前鎮涌關帝廟河清舍人廟外基一

帶九江趙大王廟上至六月初一日仙萊岡吉贊横基

崩決東基決口四十餘處西基墮二百餘丈趙大王廟

上基初一崩決初三救復甘竹東安圍水反冲出決數

十丈

六年丁巳茅岡新村竇因土人取魚將竇門撬開四月廿

一日西潦大至不能復塞水勢奔騰頃刻附近水深數

尺該堡鳴鑼告警全圍搶救西基所墊欵壹千餘元救

復該墊欵基主尚未交出

七年戊午四月西潦盛漲廿二日九江沙口判官廟下第

二口塘一連三口基脚卸墮六聖宫後塘基脚卸墮吉

水里下張永孚堂塘基脚卸墮由西基所率工墊欵搶

救該墊欵經業主交回

廿四日沙頭河澎尾基卸墮該堡圍保局與西基所借銀

伍佰餘元搶救復完其欵尚未交出

九年庚申四月廿七日雲津堡藻尾潘姓基拆墮拾餘丈

九江谷行街伯昌印務承刊

基所墊欵派人督工搶救該墊欵基主尙未交出

五月十一日吉贊竇大漏閘板將折基所派人用泥將竇孔填塞該欵基主尚未交出

附刊誤校正表

卷數	頁數	行數	字數	刊誤	校正
卷二	三頁	十行	三字	飾	飭
卷二	七頁	十八行	十七字	長	丈
卷三	二頁	十四行	二十字	銅	錮
卷四	一頁	五行	一字	悍	捍
卷四	二頁	六行	二十字	瀚	瀚
卷四	三頁	四行	十四字	特	持
卷四	四頁	六行	十八九字	本修	修本

桑園圍志

卷四	八頁	八行	十三字	九寸	十九丈
卷四	九頁	十三行	二字	漏千字	
卷四	十四頁	五行	十四字	活	闊 連篇多以活代
卷四	十八頁	十六行	末字	撥	發
卷四	十九頁	二行	廿二字	按	案
卷四	廿頁	十七行	十一字	稟	章

篇中誤字承印願爲補正恐仍有遺漏故列此表

續桑園圍志

厚德堂存

二

續桑園圍志卷六

蠲賑

圍決告災凡水所淹及之區人之瑣尾流離誠不堪言狀矣官斯土者苟不知撫綏賑恤豈非魚其民而索之於枯魚之肆乎所賴當道大吏痌瘝乃心封章入告俾民仰邀渥澤庶慶其蘇耳前志備載列朝遇災大吏奏聞皆如所請或免糧或減租或緩征或借口糧或給修費

殊恩渥沛亦云至矣降及後世惟知朘削自奉不復以恤民
爲心明知水旱成災民艱粒食猶復迫於星火四出催
科窮民無告有訴之於天已爾其將如之何哉志蠲賑

甲寅賑欵

民國三年圍決南海縣知事陳公嵩澧賑銀壹千伍百陸拾玖元

領救災公所銀壹萬壹仟元

領籌賑處銀弍萬玖仟伍百柒拾叁元

領自治研究社銀柒仟元

乙卯賑欵

民國四年圍決領省城救災公所銀陸萬肆千元

領南海籌賑處銀弍百元

九江谷行街宜昌印務承刊

續桑園圍志卷七

欵撥 撥欵

廣肇兩府大小百數十圍而桑園圍獨有歲修專欵此由
皇仁之優渥致然而要非賢公卿鄉先達之力不至此歲修專欵自嘉慶二十三年奏准借帑生息始其領歲修息則自二十四年始嗣因盧伍捐建石堤既臻鞏固無庸歲修由是暫停領息將此欵撥入籌備堤岸項內聲明別圍許其借動徵還存庫爲桑園圍歲修本欵及至道光十三年海舟堡十二戶三丁基決請領庫銀四萬餘兩築復決口自

後每興役呈請息欵必蒙發給而搢紳出而董理者亦類能失慎矣公以力衛桑梓其所以支持至七十年之久者非偶然也此欵前因軍興提用經蒙

諭旨飭大吏籌還迄未如數塡足惟呈請入奏立沛

恩施無或違者此以見

朝廷之德意終不可諼即此欵之終不可泯滅亦可知矣

國變之初曾經領過息銀一萬員猶知此欵在官無可假借也後再有請則不應矣繼自今其能保全與否誠不可知然盡人事聽天命固吾人責也是豈可諉之於數哉志撥欵

民國三年甲寅九月十一日南海縣長　公　據情轉

詳巡按使　公財政廳長嚴公迅撥歲修專欵詳文

詳爲大圍圳決亟需修復懇迅撥歲修專欵以資培

築而維粮命事竊桑園圍地跨南順兩縣東西隄共長

壹萬肆千柒百柒拾餘丈障禦西北兩江潦水素稱險

要戶口百萬賦稅弍千柒百餘頃爲十四堡粮命所關

倘遭崩潰工鉅費繁非民力所能担負故自前清嘉慶

二十二年奏撥帑欵發商生息以備歲修歷年潦水漲

發圍身不無滲漏迨光宣年間颶風爲災潦水泛溢互

相衝激歷經稟請估勘並蒙照給歲修銀両各在案民
國肇造援案請領修欵僅給紙幣壹萬元稍加修葺方
幸勉強支持詎本年六月江潦暴漲至二丈餘紳民按
段分巡晝夜督率救護如西基之先登海舟鎮涌河清
九江等稍低薄處水溢基面由八寸至二尺有奇基脚
每多疏鬆滲漏東基之沙頭龍江等處或被崩決或已
坍卸正在奮力搶救間而水勢洶湧激射益烈至六月
二十三夜西基茅岡觀音山下水自圍低噴起隄石冲
倒遂決三十餘丈搶救無效一片汪洋瞬成澤國房屋

倒塚婦孺呼號蕩折離居死塲枕藉其桑蠶損失之數已在三千餘萬緣圍內多是桑基魚塘蠶業甚衆非別圍盡是禾田者比况當蠶造最旺之際不獨現有魚桑概被漂沒而數月淹浸桑根過半枯死卽令補種難望收成桑蠶之利全無租稅安有所出災民百萬何處謀生卽有殷富同遭損失財產已空窮於應付此誠七十年來所未見而十四堡所同哀也乃若樹椿攔水踴躍爭赴一切工料等費業耗銀叁萬餘元舊存圍欵提支已罄決口原基尚未施工塡築全圍踏勘舉凡決陷坍漏低薄稍遇水漲在在可危查道光癸己崩潰曾蒙給

銀叁萬兩近來工料價值比前數倍加增去年新會天
河圍修築工程亦非弍叁拾萬金不克蕆事現擬將全
隄按叚修築估價需銀壹拾肆萬柒千壹百元零玖角
總之東西基堤既形長而勢險則修築經費自當取多
而用宏若非領有大宗欵項及時通修終不足以竣大
工而杜後患幸值欵仁憲飢溺關懷凡對於已決之圍
請欵修築者均蒙批准補助桑園圍既有存庫歲修專
欵子母積累計逾弍拾萬金當更蒙格外撥給理合備
文連同應修基叚清摺一扣歷次領欵成案二紙志書

書一部聯懇　憲台俯念民力維艱工程浩大一面派
員履勘詳請　巡按使准將本圍存庫歲修專欵息項
撥銀壹拾萬元給領并咨會　籌賑處將捐欵大加補
助以爲修築之資此外如有不敷除按畝起科留抵修
復各子圍未便重抽外惟有募捐不足繼以變產圍內
士民勉力籌集務使工必堅實欵不虛糜庶樂土可居
安瀾永奠圍內百萬生靈將沐　鴻施於靡既矣
計粘領欵成案二紙并附應修基段清摺一扣隨繳
志書一部

南順桑園圍基務公所在籍紳士前清吏部主事郭
乃心翰林院檢討周廷幹修基總理岑文藻協理潘
桂鑅鄧善麟董事余葆德郭文修馮敬禹李兆元李
實瀚程秉琦傳朝陽梁禹傳任元熙賴有秋張思燊
賴振寰余得偁李承祖老潔平黃晃賡
連署人南海縣九江堡紳董關秉虔關景亮關鴻肇
陳藻芬馮懷清張樹棠吳耀邦岑伯銘黃湯池梁鹵
旒關澄獮曾古愚沙頭堡紳董崔朝杰馮朝熙盧維
照盧奭崔德元崔登瀛崔珪崔鑾老朝良盧翔盧柱

生大同堡紳董郭博文郭協和郭博厚郭弁群郭而
壽郭而沐程以俊程租彝程學源程元戴鴻熹戴曾
謙戴曾詒陳廷芳陳文陳壽康傅崇光傅燊麥鼎新
李進堯李蔚如李郁煌李慕韓河清堡紳董潘廷誥
潘元普潘桂鑣潘伯榮潘文譜潘龍驤潘慶堪潘敬
祥潘敬祐潘朝林潘汝霖潘廷謌潘蔭宇潘明潘本
燊潘本炘潘耀華潘國光潘燿南陳耀燊陳翰藻胡
仕規胡仕榜胡仕前黎堃鏞涌堡紳董何炳堃何學
彰何堯芬何翰堯梁憲顯任其渠何毓楨何煒何佐

九江谷行街宜昌印務承刊

彥海舟堡紳董李仕良李宗邦李樹恭李榮科李文
訓梁秩西梁蔭懷梁廣倫李莪士李榮圭李幹才梁
惠臣李秩三余芑廷麥少林李誠光梁鉅明李次垣
百滘堡紳董潘斯凱(潘禹)禹潘臣潘伯實黎芷湘黎承鎏
潘偉樵潘伯樑潘逸雲潘廷蔭潘譽韶潘譽華潘敬
潘伯颺潘佐儉潘維瑤潘應賡潘樹勛區子沅潘仲
明先登堡紳董符仕龍符葆心張燮垣蘇頌清蘇維
樹蘇維樑蘇維瀚區恭範雲津堡紳董羅葆彝潘葆
銘(潘)應昇羅藻清潘肇元吳國可程友謙陳祖禧梁

金鑄梁幹芳張銘緫張荀龍張士毅簡村堡紳董陳
煜璣維啟光郭瓊修麥輝遠黃士棨黃澤樹陳瀟軒
陳廉伯陳黼庭金甌堡紳董岑挺生余懷謀關勝銘
石伯雅余伯典關子惺余漸逵順德縣龍山堡紳董
黎豫章溫重儀鄧學儲梁鳴琚馮啟熙盧玉瑚龍江
堡紳董張雲翼張佐元張超元張日耀張仲孝張廷
弼鄧藻彰鄧兆呂劉啟榮劉耀南康緝熙黃翰章黃
銳蔡鴻逵蔡綬宋蔡作賓蔡光彝薛明球薛鴻恩李
宸贊李日明劉奮周光宇蕭偉基尹藻鎏淩子雲張

九江谷行街伯昌印務承刊

賜康彭呂元鄧暢如陳智謀陸宗權簡樞南蔡文海

鍾偉臣甘竹堡紳董余倓建梁錦濤胡公詒張日南

等

謹將桑園圍歷屆請領歲修銀兩成案開列呈

電

一道光癸巳歲堤決圍閭援案稟蒙給銀叄萬兩

一道光甲辰歲堤決稟給銀壹萬兩

一道光已酉歲給銀壹萬兩

一咸豐癸丑歲給銀壹萬兩

一同治丁夘歲給銀壹萬兩

一同治己巳歲給銀壹萬兩

一同治癸酉歲給銀壹萬兩

一光緒丁丑歲給銀弍萬兩

一光緒己夘歲給銀捌仟兩

光緒三年巡撫張兆棟籌撥歲修息銀摺文載在圍志卷

一奏議門

五年巡撫裕寬籌撥歲修息銀捌千兩摺文載在圍志卷

一奏議門

六年總督張樹聲巡撫裕寬籌撥歲修息銀陸仟陸拾餘兩摺文載圍志卷七撥欵門

十一年總督張之洞籌撥息銀壹萬兩摺文載在圍志卷一奏議門

十八年總督李瀚章籌撥歲修息銀捌千兩

二十三年總督譚鍾麟籌撥歲修息銀一萬四仟五百八拾兩

三十二年總督岑春萱籌撥歲修息銀弍萬兩

三十四年總督張人駿籌撥歲修息銀壹萬兩

民國二年前都督胡漢民籌撥歲修息銀壹萬員

民國五年丙辰一月十日南海縣長陳嵩灃詳請廣東
財政廳長蔣公撥歲修欵項詳文
詳稱爲詳請事民國四年二月二十三日奉　鈞廳第
三十五號飭開查接管卷內奉　巡按使批本廳會同
籌賑處具詳遵批會同核議桑園圍稟請撥欵并將歲
修經費列入預算由奉批詳悉查此次補助該圍修基
欵項已據籌賑處摺報發還弍萬玖千伍百柒拾餘元
辦理倘屬平允至該圍請將年息肆仟陸佰両列入預
算專存備用又經該廳處核明與前清成案辦法相符

應准自四年度預算案起遞年照數編列用昭大信仰
該廳查照辦理並飭南海縣轉行該圍紳董知照等因
奉此當經轉飭該圍總理遵照茲據該圍總理岑兆徵
等稟稱敝圍連年慘遭水患決口甚多現當水涸冬晴
亟應及時修築惟工鉅費繁非得大宗欵項難期有濟
查歲修息銀既蒙核准自四年度起遞年支給備用用
敢稟懇轉詳准將四年分及元年分歲修息銀共壹萬
弍仟柒百柒拾柒元柒毫陸仙撥發下縣給領等情到
縣據此理合據情詳請　察核俯賜照數撥發下縣轉

給領用以濟要工實爲公便便

桑園圍志

民國五年丙辰三月十一日南順桑園圍修基總理岑兆
徵程學源關勝銘懇請財政廳長　給發歲修經費以
濟要工禀
禀稱爲歲修經費專存備用懇迅賜給發俾得祗領以
濟要工事竊南海順桑園圍歲修一項係於前清嘉慶二
十二年在藩粮二庫提銀捌萬兩發商生息每年得息
銀玖仟陸百兩以伍千兩還本以肆千陸佰兩爲桑園
圍歲修之用歷經奏報動支有案民國三年慘遭水患
基圍崩決禀縣詳請援案照給歲修息銀以爲善後之

計奉　前廳長第三十五號飭開奉　巡按使批本廳會同籌賑處具詳遵批會同核議桑園圍稟請撥欵並將歲修經費列入預算由奉批詳悉該圍請將年息肆仟陸百兩列入預算專存備用又經該廳處核明與前清成案相符應准自四年度預算案起遞年照數編列用昭大信仰該廳查照辦理并飭南海縣轉行該圍董知照等因奉此仰見列[illegible]憲克守成案軫念民生莫名感激現桑園圍連年崩決民窮財盡此次全圍加高培厚更屬工鉅用繁雖經黽勉籌備財力實有未逮伏查

歲修息項既蒙核准自四年度起遞年編入預算專存
備用前經禀由南順兩縣詳請發給在案兹爲日已久
未蒙准發迫得據情禀請　憲台迅賜核准將桑園圍
每年應領歲修息銀肆仟陸百兩由民國四年至五年
兩度合計伸銀壹萬弍仟柒百柒拾柒元柒毫陸仙迅
發下縣轉行給領以濟要工闔圍人民感德無旣謹禀
財政廳長蔣
廣東財政廳批第一千九百四十號原具禀人岑兆徵禀
爲修基需欵請將四年分歲修息銀發縣給領由

稟悉查此案前據南海縣具詳請將該圍四年分及元年分歲修息銀發縣給領等情當經批准將四年分歲修息銀肆千陸百兩仲合毫銀陸千叁佰捌拾捌元捌毫捌仙先行如數提支發縣給領在案仰該董等備具領狀赴縣請領俾資修築可也此批

民國五年三月　日

查該欵因政變未有給領

續桑園圍志卷八

起科

築圍以防潦所以衞田廬也而土地之所出其財用亦恃以保圍圍因修築而起科固其所也桑園圍每興大役籌措必以起科爲先着輕重公同議定衆情允協然後舉行甯七順三著爲成例所從來遠矣顧昔人舉事循公義而屏私情畛域不分和衷共濟是以事易集而功易成後人則惟求自便其私蔑視公義而不顧飾詞自外希圖免科甚至搆訟牽纏逞刁相抗終於勢窮力

竭而後當官呈繳其在畧明大義者非不知例無可遵
亦復觀望遷延忍而不能舍也世嘗説古今人不相及
其信矣乎乙夘科捐徵收至七八年餘欠尚十餘萬無
可收拾疲玩較甚於從前可謂每况愈下矣不知何以
挽回人心使知前輩相與了此公案也世有良有司可
與告語者乎吾將敷衽陳詞而使之聽直矣志趣科

光緒十四年籌集捐欵緣起

我圍捍禦西北兩江較他完固者賴有歲脩專欵也然與奪操之自上時勢不無變遷則善全之策所當預爲備矣光緒十四年歲在戊子圍中諸紳集議籌欵論丁科捐每一口銀壹錢實得銀壹萬零陸百伍拾伍両捌錢零捌厘佐以義捐人士復得銀捌仟陸百玖拾伍両合共實得銀弍萬零零叁拾壹両叁錢壹分叁厘發商生息所以預備不虞計至周也歷年積存本息銀柒萬柒千伍百陸拾捌両壹錢伍分玖厘經甲寅乙夘連年堤決提用及買舖與鐵路附股歷年碎用

存積一空此次集欵資生實即古人未雨綢繆之義例嘗登
錄俾後人得所覽觀踵其事而張大之謂非我圍之厚幸歟

進丁捐列

九江堡丁捐共收銀肆仟壹百肆拾壹兩伍錢弍分捌

厘

大同堡丁捐共收銀壹仟弍百玖拾弍兩肆錢玖分
沙頭堡丁捐共收銀壹仟柒百玖拾兩零陸錢
鎭涌堡丁捐共收銀叁百叁拾陸兩弍錢
河淸堡丁捐共收銀肆百叁拾柒兩壹錢

海洲堡丁捐共收銀叁佰叁拾柒兩壹錢

上金甌堡丁捐共收銀弍拾兩零肆錢

下金甌堡丁捐共收銀弍百叁拾伍兩玖錢

先登堡丁捐共收銀叁佰零玖兩柒錢玖分

百滘堡丁捐共收銀柒百零柒兩柒錢

簡村堡丁捐共收銀伍百伍拾玖兩壹錢

雲津堡丁捐共收銀肆百捌拾柒兩玖錢

共丁捐銀壹萬零陸百伍拾伍兩捌錢零捌厘

進入主捐列

九江堡儒林鄉馮玉樵祖入主捐銀壹仟兩

九江堡儒林鄉馮玉堂祖入主捐銀壹仟兩

鎮涌堡河清鄉陳體全祖入主捐銀壹仟兩

海洲堡李村鄉李昇佐祖入主捐銀壹仟兩

鎮涌堡南村鄉何福堂翁入主捐銀壹仟兩

九江堡儒林鄉朱沛之翁入主捐銀壹仟兩

九江堡儒林鄉馮玉田翁入主捐銀壹仟兩

九江堡儒林鄉岑紀虞翁入主捐銀伍百兩

共入主捐銀柒千伍百兩

進義捐列

甘竹堡左灘西約捐銀伍拾両

雲津堡雲端鄉關濟廣翁捐銀伍両

大同堡郭崇厚堂捐銀壹佰肆拾両

龍山闔堡認捐銀壹千両

龍江堡認捐銀柒百弍拾両

共義捐銀壹千玖百壹拾伍両

以上各捐除費用實收銀弍萬零零叁拾壹両叁錢一分三厘

存數列光緒十四年至十八年

一存陳吉瑚銀陸千兩

一存九江局收丁捐銀叁千壹佰弍拾兩零柒錢壹分捌厘

一存九江局收入主捐銀弍千陸佰兩

一存光緒十七年十八年續交九江局帶用銀伍千玖佰玖拾陸兩伍錢

玖分叁厘

一存大同局付大同當押銀壹千叁百肆拾兩

一存大崗墟永生當銀柒佰零柒兩柒錢

一存下墟元昌押銀壹百兩

一存龍山堡自行帶用銀壹千兩

一存龍江堡自行帶用銀柒百弍拾両

共存銀弍萬壹千肆百捌拾伍両零壹分壹厘

歷年收支開列

收數列

收陳吉瑚光緒廿三年還本銀陸千両

收陳吉瑚息銀壹千弍佰弍拾柒両肆錢肆分

收陳佀琴交出數尾銀柒佰捌拾捌両捌錢柒分伍厘

收大同當押還本銀壹仟叁百肆拾両

收永生當光緒十九年還本銀柒百零柒両柒錢

收省城同泰押光緒廿二年還本銀壹佰兩

收下墟元昌押光緒廿八年還本銀壹百兩

收各當押共來息銀弍百柒拾壹兩玖錢肆分肆厘

收九江局還光緒十四年至十八年本銀壹萬壹仟陸百壹拾柒兩叁錢壹分壹厘

收九江局還光緒十九年至廿八年本銀肆千弍佰玖拾捌兩玖錢伍分玖厘

收九江堡前後來息銀叁萬肆仟柒百捌拾捌兩玖錢叁分

收龍山堡還本銀壹千兩

收龍山堡來息銀壹仟兩

收龍江堡還本銀柒百弍拾兩

收龍江堡來息銀伍百零肆兩

收潘允成堂光緒廿二年至廿五年息銀壹千壹佰零叁兩

收潘允成堂還本銀陸仟兩

收潘允成堂來息銀陸仟兩

共本息銀柒萬柒仟伍百陸拾捌兩壹錢伍分玖厘

計開收本銀叁萬弍千陸百柒拾弍兩捌錢肆分伍厘

計開收息銀肆萬肆仟捌佰玖拾伍兩叁錢壹分肆厘

支數列

支值年手起用付大同當押銀壹仟叁佰肆拾兩

支潘允成堂光緒廿三年揭銀陸千兩

支光緒十九年至廿八年撥交九江賓生銀肆仟弍百玖拾
捌兩玖錢伍分玖厘

支光緒廿二年置興隆街舖一間銀壹仟弍百肆拾兩

支光緒廿二年置南門直街舖一間銀壹仟肆百兩

支置舖中佣稅契等費共銀弍佰捌拾叁兩玖錢柒分陸厘

支倣粵漢鐵路伍仟股交三期連費用共銀壹萬叁仟捌百

發弍拾叁兩壹錢又公箱做伍千股共壹萬股

支甲寅塞決口起用龍山本息銀弍千兩

支甲寅塞決口起用龍江本息銀壹千弍佰弍拾肆兩

支甲寅大修起用銀壹萬伍千三百玖拾弍兩柒錢捌分弍厘

支乙卯大修起用銀壹萬柒千柒百玖拾捌兩肆錢零捌厘

支民國九年起用潘允成堂本息銀壹萬弍千兩

支歷年管理丁捐酬金費用徵信等共銀捌百壹拾弍兩玖

錢叁分肆厘

支辛酉九江交出丁捐數尾銀伍拾肆兩

共支銀柒萬柒千伍百陸拾捌兩壹錢伍分玖厘

據陳侶琴交出數部及九江徵信錄修

總理岑兆徵呈請省長翟公道尹　公飭縣嚴追丁畝捐

呈稱圍工已竣欠戶疲延乞恩飭縣嚴追以維公益而免負累事竊南順屬桑園圍素爲二邑屏障乙卯年西潦漲發圍基崩决數百萬生命財產損失不堪言狀當時集議大修征收丁畝捐欵充修全圍經費經各堡紳耆公決决呈奉各憲批准立案舉定兆徵爲總理設局興修自開辦以來各鄉民深明利害踴躍輸將者固多而延玩不繳者亦復不少現全圍工竣南海屬各堡丁畝兩捐尚欠叁拾餘萬元順德屬之龍江龍山甘竹等堡

畝捐分文未繳丁捐所欠亦鉅刻計全圍負債廿餘萬
元無欵淸還查桑園圍綿亙兩邑各鄉民等田園廬墓
所在具有天良似應早爲捐納乃疲玩至此致使全圍
負累結束無從非仗霜威飭屬嚴追決難集事惟有仰
懇憲台分飭南海順德兩縣責成附圍各堡紳耆嚴厲
追收若敢仍前狡玩延不繳納者卽予傳訊辦理并查
封祠產變價抵償以淸全圍積欠而維公益實爲德便
披瀝具陳伏乞迅賜施行並候批示祗遵

總理岑兆徵再呈請省長張公飭縣督催丁畝捐

呈稱圍工早竣欠戶久延乞恩再飭縣令督催各堡紳耆嚴追繳納以免負累而維公益事竊南順兩縣征收丁畝兩捐充修桑園圍經費經各堡紳耆公決呈奉核准有案惟圍工早竣兩邑鄉民積欠丁畝兩捐爲數甚鉅亦經呈請指令兩縣嚴飭各戶迅卽繳納在案現查南屬各堡遵繳者源源而至而順屬龍山龍江甘竹等堡仍然玩視飭令屢次苦追置諸不恤刻計全圍負債弍拾餘萬日夕籌維淸償無力迫不得已再瀆求鈞座

俯賜迅飭順德縣令躬親下鄉督催各該堡早日遵納以清全圍積債而免負累全圍公益實賴維持不勝盼禱之至披瀝具陳伏乞察核施行

南順桑園圍總理岑兆徵致順德縣函

函稱竊桑園圍征收南順兩邑丁畝捐欵充修全圍經費經各堡紳耆公決呈奉各憲批准立案惟圍工早竣兩邑鄉民久延不納爲數尚鉅合計全圍負債弍拾餘萬總理等日夕籌維清償無力前曾據情直陳懇請執事暨南海縣令飾〔飭〕令各戶迅即繳納在案現查南屬各堡遵繳者源源而至而順屬龍山龍江甘竹等堡仍置諸不恤屢催遵繳竟無應者實屬疲玩已極用敢一再奉懇可否撥冗親臨各該堡嚴加諭責各鄉民素服聲

威必不如前之狡玩所欠捐欵可望速納全圍之債藉
以清償感荷大德無有涯涘區區下忱敬乞鑒納不勝
翹企之至

順德縣公署訓令　第六二一六號

案據裏海鄉南約保衛分局局董黄耀垣等呈稱竊裏海鄉地方處於西江及甘竹灘下游西潦一到即遭潦浸雖頻年水患各處多蒙其害匪獨裏海爲然第各鄉仍有堤基保障平常水患尚足以抵禦惟裏海之南約向無堤基因約内各坊皆山巒環繞其後每值潦水漲滿之時山水陡然暴發縱有圍基若非活動可能挑水出外者亦終歸無用故欲免水患幾無善策伏思修圍抽捐亦必須該處居民得有所保障斯捐欵乃能踴躍輸將若全無受益而强令一律抽捐此所以窒礙難行也仰尤

有進者自甲乙兩年水灾後省中大吏有將桑園圍內粮稅豁免惟當時佈告僅許裏海鄉緩征不能同繳豁免之列似乎裏海非隸屬於桑園圍內何以丁畝捐則一律抽收撥之情理似未能平茲又聞畝捐有帶粮抽收亦有窒礙之點緣圍內各戶之業必非盡在圍內散處別縣者頗多若照各戶實征帶收恐或有重抽之累現該圍之丁畝捐日間已有委員到鄉催繳但我南約諸多窒礙迫得將原由據實呈訴琴階伏祈察核將南約之丁畝捐恩免以紓民困實爲公便等情據此當經指令呈悉查基圍之設乃爲保障圍內所有人民生命財產起見據稱

該鄉甯約山巒環繞向無基堤不屬於桑園圍範圍之內是否屬實候令該圍總理查明呈復再行核辦總之圍捐應抽與否以該約所有人口產業是否在圍內以為斷設如住宅在圍內而產業在圍外祇應抽丁捐或產業在圍內而住宅在圍外祇應抽畝捐若併在圍內宜照章抽收自不得藉口抗延致礙公益仰并知照此令在詞除令復外合行令仰該總理卽便遵照指令事理查明妥辦具復毋稍徇延切切此令

中華民國九年二月十四日

知事陳大賓

呈順德縣控黃耀垣抗捐

具呈南順桑園圍總理岑兆徵等

爲呈復事民國九年六月十四日奉

鈞署第六二二六號訓令內開案據裏海鄉南約保衛分局局董

黃耀垣等呈稱云云除原文有案不贅錄外至合行令仰該總

理卽便遵照指令事理查明妥辦呈復毋稍徇延切切此令等

因奉此查黃耀垣等呈稱詞多狡辨志在諉卸丁畝捐議將所

陳各節縷析言之裏海鄉確在桑園圍範圍之內案圖可稽惟

桑園圍上游跨南三交界諸山築一橫檔基東西濱臨西北兩

江築有大隄圍内十四堡均受保障其下游不築閘竇仍留龍
江口歌滘口獅頷口以爲交通宣洩之便故圍内港汊紛歧各
築子圍以捍下游倒捲之水圍志所載子圍二十餘處彰彰可
考據稱南約向無堤基是該鄉不自築子圍盛潦時致遭淹浸
間亦有之現圍内九江沙頭龍江龍山各堡均有未築子圍其
丁畝捐仍一律抽收并不因無子圍减免至所謂各坊皆山巒
環繞山水暴發縱有圍基亦歸無用等語不思本圍上游南三
交界山巒綿亙十餘里西樵山亦在圍内豈無山水暴發何嘗
見有堤無用此丁畝捐不能諉卸一也又據稱甲乙兩年水災

後省中大吏有將桑園圍粮稅豁免惟當時佈告僅許裏海鄉
緩征不能同邀豁免之列似乎裏海非隸屬於桑園圍內何以
丁畝捐仍一律抽收一節但南約是否隸屬桑園圍裏海人婦
孺皆知何至因糧稅而始生疑問查桑園圍內南屬各堡糧稅
未嘗豁免甲乙兩年舊糧昨年多已繳納順屬龍江龍山甘竹
糧稅豁免與否
鈞署有案可查無庸再瀆總之糧稅與丁畝捐不同國稅繳免
官廳樂予恩施圍例破壞基務不可收拾此丁畝捐不能諉卸
二也又據稱畝捐帶糧抽收亦有窒礙一節查本圍向章均帶

糧征收成案照然備載圍志似未便因一鄉一約而壞十四堡自古相沿之公例此丁畝捐不能諉卸三也竊謂丁畝捐爲修圍籌欵萬不得已之舉乙夘年十四堡集議陳前南海縣長蒞會議決每丁捐銀壹元每畝捐銀式元爲全圍大修之費其畝捐照向章帶糧征收當時衆人熱心公益慷慨贊成迨辦事人極力墊欵築圍完竣負債纍纍藉收囘丁畝捐以還墊欵詎料裏海鄉自便私圖多方狡辨飭（飾）詞推諉敝公所惟有執行議案抽收丁畝捐以還公債至裏海係桑園圍範圍及圍志所載畝捐成案粘抄坿呈幷圍志全套寄上以備察核豁請

嚴飭該紳董黄耀垣等迅將丁畝捐照向章一律繳納無任狡

卸實爲德便茲奉前因理合備文呈復議呈

順德縣知事陳

中華民國九年　月　日

桑園圍志

謹將南約地點及畝捐成案子圍載在圍誌照列粘抄呈

電

一南約確在桑園圍範圍之內

見圍誌第二部卷二圖說門五十七頁桑園圍全圖獅頷

口之西南經線偏西一十一分緯線二十二度四十八至

四十九分

一畝捐帶糧抽收

見圍誌第三部卷八起科類第一二二頁

一南約稱無基堤係不自築子圍查桑園內有子圍者二十餘

九江谷街行宜昌印務承刊

處

見圍誌第五部渠竇門子圍類卷十三第九頁

茲將全圍粮戶圖甲開列

九江三十四圖

一甲 關陞　另柱 關譽　二甲 曾廣　另柱 曾三省

三甲 關仕榮　四甲 張明臣　另柱 張斌受　五甲 關仕隆

另柱 關福昌　六甲 梅魁先　七甲 關應運　八甲 岑艮富

另柱 岑繼祖　九甲 曾通理　十甲 朱廷相

九江三十五圖

一甲 黃運興　另柱 黃興友前無今有　二甲 蘇運隆　另柱 老榮芳

三甲 曾宏　四甲 關美　另柱 關上遷　五甲 李隆運

另柱 黃登　另柱 鍾和　六甲 陳一德　一柱 陳永昌

七甲 廖起昌　一柱 廖元　八甲 關仕興　九甲 關法

十甲 陳顯祖　另柱 陳元俊前無今有

九江三十八圖

一甲 陳世昌　一柱 陳楚鏡前無今有　一柱 陳大受　一柱 陳大業

一柱 陳承　一注 陳世山　一柱 陳碧州　一柱 陳大德

一柱 陳廣恩　一柱 陳世德　一柱 陳保　一柱 陳永隆前無今有

一柱 陳勝　一柱 陳多福前無今有　一柱 陳萬安　一柱 陳萬盛

二甲 張仁智　一柱 張彭太前無今有　一柱 張復　一柱 張同

一柱 張信　一柱 張崇萬　一柱 張永賢　一柱 張永寬

一柱 張英　一柱 彭效忠　三甲 明鐸　一柱 盧紹明

一柱 岑都　一柱 岑洞　一柱 岑善祖　四甲 鄭波石

一柱 朱紹源　一柱 朱繼昌　一柱 朱宣義　五甲 馮胡劉

一柱 馮平前無今有　一柱 馮德潤　一柱 馮新盛　一柱 馮化生

一柱 馮球　一柱 馮嗣京　一柱 馮啟昌　一柱 馮直山

一柱 劉芳　一柱 劉岳　一柱 劉世隆　一柱 劉毓

一柱 劉遠盛　一柱 劉隱　一柱 劉世美　一柱 劉濟美

一柱 劉永華　一柱 劉昌泰　一柱 劉華卓　一柱 劉國安

九江谷行街宜昌印務承刊

一柱胡廣安　一柱胡大盛　一柱胡子盛　一柱胡新盛
一柱胡海盛　一柱胡昌盛　一柱胡　珽　六甲陳熙載
一柱陳廣業　一柱關義存　一柱關忠顯　一柱關榮仁
一柱關遇春　一柱李大能　一柱李永當　一柱李鼎熾
一柱鄧　英今無　一柱鄧貽穀　一柱鄧冲霄今無　一柱黎祖福
一柱黎廣發　一柱黎其昌　一柱黎永盛　一柱黎錫玉
一柱黎　奇　一柱曾昌勝　一柱曾允勝　一柱曾維新
一柱曾　祖　一柱曾志興　九甲關世業　一柱關稅宇
一柱關永昌　一柱關洛溪　一柱關樂川今無　一柱關寢昌今無

一柱 關鶴亭　一柱 關玉亭　一柱 關汝璧　一柱 關麗泉

一柱 關鳳至 前無今有　一柱 關崇爵 前無今有　一甲 關顯揚 前無今有　一柱 黃泰來

一柱 黃貴益 今無　一柱 黃適[illegible] 前無今有　一柱 黃連元 今無　四甲 黃　敬 今無

一柱 周上喬　一柱 周　溥 今無　一柱 周　昌　一柱 周東田

一柱 周元覆　十甲 馮昌英　一柱 馮永興　一柱 馮丹陵

一柱 余文炳　一柱 余吾埜

九江七十九圖

一甲 曾永泰　一柱 曾觀富　一柱 曾恆泰　二甲 李春華

三甲 梁瑞隆　四甲 劉思宗　一柱 黃昭泰　五甲 張清富

六甲關日新　一柱關文熸　一柱關嘉南　一柱關文球

一柱關福存　七甲曾奉朝　一柱曾輝　八甲黎登泰

九甲岑起新　十甲黃興隆

九江八十圖

一甲陳聯宗　一柱黃揆文　一柱陳乃志（前無今有）　二甲陳世卿

一柱陳士貴　三甲梁鳴鳳　四甲鄧偉　一柱鄧仕昌

六甲劉盛　七甲吳大進　一柱吳廣　八甲朱寶（前無今有）

一柱朱巨載（前無今有）　一柱朱熙隆（前無今有）　一柱朱永祥（前無今有）　九甲區文昌（前無今有）

一柱陳永承（前無今有）　十甲陳谷登　一柱曾功墀

沙頭二十三圖

一甲 鄧仕同　又一甲 關　鎮　二甲 李太留　三甲 崔　震

四甲 崔仕興　另柱 崔肇基（前無今有）　又四甲 崔仕登　五甲 吳憲祖

又五甲 馮躍祥　六甲 黃色高　七甲 梁耀祖　又七甲 盧　明

八甲 馮　長　又八甲 李泗興　九甲 崔文奎　十甲 鄧　瓚

又十甲 鄧貴旺

沙頭二十四圖

一甲 崔維同　二甲 盧世昌　三甲 馮世隆　又三甲 崔國賢

四甲 何必昌　另柱 歐陽魁玉　五甲 崔　壽　又五甲 崔　昌

九江谷行街宜昌印務承刊

六甲 崔永昌　七甲 何漸造　八甲 何聰先　九甲 何仕

十甲 李盛　另柱 鄭國安

沙頭四十三圖

一甲 老必昌　二甲 陳振南　三甲 陸繼思　四甲 李何創

五甲 蘇繼軾　六甲 何紹隆　七甲 張懷德　八甲 譚呂進

九甲 梁超　十甲 鍾萬壽

沙頭五十圖

一甲 盧萬春　二甲 崔日盛　三甲 譚廣興　四甲 譚廣安

五甲 盧有道　六甲 莫必盛　七甲 崔彥興　另柱 崔承緒前無今有

八甲 何維新　九甲 崔萬昌　十甲 譚同盛　另柱 黃永隆

沙頭六十八圖

一甲 周　遷　二甲 馮　相　三甲 崔桂奇　四甲 胡文昌

五甲 老少懷　六甲 老鐘英　另柱 老沼芷　七甲 蘇萬盛

八甲 葉承爵　九甲 胡祖昌　十甲 何祖興　另柱 僧顯珍

沙頭七十圖

一甲 程萬里　二甲 梁　勝　三甲 崔古新　四甲 梁喜昌

五甲 林　秀　六甲 林仕昌　七甲 何繼昌　八甲 林桂芳

九甲 李萬盛　十甲 盧大綱

沙頭七十三圖

一甲 鄧崔宏
二甲 劉胡同
三甲 崔浩賓
四甲 譚南興
五甲 吳崔興
六甲 覃盛 何其昌
七甲 李馮文
八甲 羅邵新
九甲 何三有
十甲 廖永經

沙頭七十四圖

一甲 莫鋭
二甲 李南軒
三甲 崔紹興
四甲 盧明正
五甲 崔勝昌
六甲 崔熾昌
七甲 黃色裔
八甲 鄧潤高
九甲 崔漸鴻
十甲 關鎮興

大同二十五圖

一甲 陳永泰	另柱 陳昌祖	二甲 程　慶	三甲 梁世昌
四甲 陳永進	五甲 郭尙雄	六甲 陳永昌	七甲 郭嘉隆
八甲 郭萬昌	另柱 郭應時	九甲 周日先	十甲 熊萬春

大同二十六圖

一甲 冼派宗	二甲 李　綱	三甲 郭無疆	另柱 黎珍女
一甲 譚民安	一柱 程儲富	一柱 冼　英	一柱 胡再興
一柱 譚　德	四甲 郭　宗	五甲 郭夢松	六甲 傅榮貴
又六甲 郭善安	七甲 郭嘉進	八甲 戴　仁	另柱 郭天福
另柱 郭祖同	九甲 郭志豪	十甲 李纘祥	另柱 李日盛

另柱 李進盛

大同七十一圖（四）

一甲 陳餘三　二甲 李同春　三甲 郭日盛　四甲 郭祖興

五甲 郭永興　六甲 何侯關　七甲 李三茂　八甲 冼永隆

九甲 陳泰恆（恆泰）　十甲 胡程昌

大同六十三圖

一甲 林昌祚　另柱 林鳳彩　二甲 梁顯隆　三甲 郭子保

四甲 林厚業　五甲 吳何羅蔡　六甲 郭晉豐　七甲 蘇蔡沈

八甲 李　賢　九甲 郭會隆（前無今有）　另柱 李　元（前無今有）　一柱 李淑女（前無今有）

一柱 李茂 前無今有　一柱 李進　一柱 曾大年 前無今有　十甲 梁潘清

大同七十一圖

一甲 程章　二甲 劉昌　三甲 傅維新　四甲 麥豐

五甲 程洸昌　六甲 陳昭　七甲 程思增　八甲 程經顯

九甲 傅永昌　十甲 胡廣

大同七十二圖

一甲 溫徐　二甲 傅居萬　三甲 傅精忠　四甲 黎民盛

五甲 陸光祖　六甲 老猶壯　七甲 袁桂芳　八甲 高光臨

九甲 郭良進　十甲 李貴隆　另柱 僧斯竺

九江裕有經官昌印務承刊

鎮涌二十七圖

二甲 梁建昌　三甲 何耀祖　四甲一柱 何宗顯　一柱 何毓裕

六甲 潘可大　一柱 潘善正　七甲 任儒　十甲 任隆

鎮涌二十八圖

二甲 曾賢　三甲 任稅同　四甲一柱 何昌裔　五甲 劉鳴鳳

六甲 何少同　七甲 曾奇　九甲 任賦　十甲 何大成

鎮涌二十九圖

二甲 潘龍興　三甲 潘起龍　另柱 馮會　四甲 陳永昌

一柱 陳順章　一柱 陳應文　六甲 潘裔昌　七甲 潘大用

八甲 何胤龍　一柱 何愈昌　一柱 何晚盛　一柱 何興

九甲 梁大德　另戶 何國珍彥今無　另戶 何信賢今無　另戶 何良輔今無

鎮涌四十圖

二甲 鄧振東　二甲 鄧劉昌今無　四甲 何斌舉　五甲 黃復興前無今有

一柱 雷秀娘前無今有　一柱 霍德祿前無今有　六甲 何仕宦　一柱 何宗遠

一柱 扶昌　一柱 何長　一柱 陳永盛前無今有　八甲 黃志德

九甲 馮太泰　十甲 何桓　一柱 何維建今無

河清三十二圖

一甲 潘永盛　二甲 潘魁　三甲 潘紹祺　四甲 潘有德

五甲 何其昌　六甲 何（余）元達　七甲 潘繼業　八甲 何榮相

九甲 潘朝璉　十甲 譚有俊　另戶 潘鰲公　另戶 潘樂成今無

另戶 潘何興今無　另戶 潘清端今無

河清三十三圖

一甲 黎福增　二甲 潘永思　三甲 潘可仕　四甲 何福隆

一柱 何扳桂　一甲 何羣英　五甲 潘賢昌　六甲 胡伯興

七甲 潘傑　八甲 潘維昭　一柱 潘日升　一柱 潘隆升

一柱 潘燦升　一柱 潘俊澤　一柱 潘昌寧前無今有　九甲 潘明盛

十甲 潘祚興　一柱 潘廣隆　一柱 潘象賢前無今有　一柱 潘世隆

一甲 潘榮升　一柱 潘毓秀 前無今有　一柱 潘廣進

簡村十四圖

一甲 麥逢年　二甲 冼憲忠　三甲 梁永盛　四甲 陳德昌

一柱 陳燕俟　五甲 馮世盛　六甲 李裔興　一柱 李國祀

一柱 李榮 前無今有　七甲 倫廣　八甲 梁俊英　又八甲 黃李紹宗

九甲 梁富　又九甲 馮二昌　另九甲 陳以平　十甲 陳章

另柱 冼天球

簡村五十三圖

一甲 何勝祖　二甲 張世昌　一柱 張世盛　三甲 黃德

四甲 張二德　五甲 陳德昌　六甲 馮　震　一柱 莫勝女 前無今有

一柱 陳大昌 前無今有　一柱 黃子興 前無今有　七甲 麥　嘉喜　八甲 羅萬石

九甲 張廣生　十甲 張　宗

簡村五十四圖

一甲 冼以進　一柱 冼　喬　一柱 馮逸吾　一柱 馮觀育

二甲 麥　德　一甲 張永 隆貴今有　一柱 陳鼎新 前無今有　一柱 郭齊有 前無今有

一柱 張承恩　三甲 蘇芝秀　一柱 梁萬鍾 前無今有　一柱 梁永昌 前無今有

一柱 梁　恩 前無今有　一柱 李　元 前無今有　一柱 梁有積 前無今有　四甲 簡如錦

一柱 林挺秀 前無今有　一柱 林坤如 前無今有　一柱 麥　碧　四甲 梁永芳

一柱 梁有增 前無今有　一柱 譚鳴高 無前今有　六甲 李進 前無今有　一柱 李嘉昌 前無今有

一柱 蘇茂達　一柱 符瑞龍　一柱 梁有義 前無今有　七甲 左英

九甲 黎有實　一柱 黎衆盛

百滘十一圖

一甲 潘耀璣　二甲 黎忠　三甲 潘大有　四甲 潘啟元

五甲 黎日進　一柱 黎昌　六甲 潘世隆　七甲 黎豐煥

八甲 潘光壯　九甲 潘龍　一柱 潘日千　一柱 潘日山 今無

又九甲 潘萬盛　一柱 潘廣相　一柱 潘挺相　十甲 梁榮

百滘十二圖

一甲張祖同　又一甲張天錫　二甲潘紹元　三甲潘大成

四甲潘上進　五甲潘致忠　六甲梁　同　七甲潘永盛

又七甲潘　學　另柱潘始昌今無　八甲區紹基　九甲麥　佳

又九甲潘　興　十甲黎日登

先登十三圖

一甲梁觀鳳　又一甲蘇耀先　二甲李　標　三甲李大有

四甲蘇芝望　五甲張俊英　六甲梁卓明　一柱梁南儒

七甲蘇萬春　八甲李瑯琮　九甲蘇志大　十甲李　棟

先登五十二圖

一甲 張嘉陞　二甲 李永高　三甲 梁裔昌　四甲 蘇節

五甲 梁九達　六甲 李大成　一柱 李宗　七甲 張宗傑

八甲 馮有成　又八甲 符日臣　九甲 李祥　十甲 區國器

另柱 黃繼善（前無今有）

海舟三十圖

一甲 梁萬同　二甲 麥秀陽　三甲 馮俊　四甲 余尚德

又四甲 梁稅滿　五甲 梁榮隆　一柱 梁孟朝　一柱 梁義誠

六甲 溫萬成　一柱 梁天祚　一柱 梁大有　一柱 梁仰

一柱 黎天傑　七甲 黎禮敬　八甲 梁椿　九甲 李常興

又九甲 李復興　十甲 李遇春　另柱 潘志成 前無今有

海舟三十一圖

一甲 石宗藏　二甲 簡其能　三甲 馮永盛　四甲 譚稅長

五甲 黎世隆　六甲 林璋　七甲 李文興　八甲 李文盛

九甲 梁昌　十甲 李繼芳　另柱 李南隆 前無今有　另柱 李有年 前無今有

另戶 蔣艮材 今無

雲津十圖

一甲 張裕賦　二甲 馮梓 今無　林桂芳 今無　黎祖興 今無

五甲 潘祖同　六甲 潘世興　另柱 潘其勤　九甲 吳聰

雲津二十二圖

一甲 鍾鄧劉 今無　三甲 羅　信 今無　一 馬　盛 今無　三甲 麥裕盆

五甲 程祐新　七甲 陳運昌　一柱 陳積宗貴 前無今有　一柱 陳　敬 前無今有

一柱 梁成貞泰 前無今有　一柱 周世茂 前無今有　一柱 羅以積 前無今有　人和寺

八甲 潘　德　一柱 張仕傑 今有　一柱 陳永隆 今有

雲津三十七圖

二甲 陳善基 今有　三甲 麥大年　一柱 符世興 今有　一柱 潘　聰

一柱 黃宏興 今有　四甲 黎振昌　一柱 黎祚昌 今有　一柱 鄧萬福 今有

一柱 陳上倫 今有　一柱 麥大成 今有　五甲 李春富 今有　一柱 周　興 今有

一柱李耀祖今有　七甲陳聯昌　八甲何昌祚　一柱馬騰雲今有

一柱陳弘今有　一柱林勝今有　九甲區大器今有　一柱區兆麒

一柱潘進今有　十甲梁德彰

雲津四十七圖

九甲羅祖相今有

雲津四十八圖

七甲梁餘慶今有

雲津四十九圖

一甲黎譚崔　三甲石英今無　四甲潘祖昌今有　洗裕興今無

四甲 區世長 今有　一柱 李芳 今有　何德詹 今無　梁林周 今無

陳宗器 今無　陳同 今前　嚴法 今無　七甲 陳宗富

一柱 梁永昌 今有　一柱 梁梅 今有　八甲 區彥昌 今有　李華 今無

冼公養 今無　陳兆祥 今無

金甌九圖

二甲 岑樓 今有　三甲 余振剛　五甲 余成　四甲 區達昌 今有

七甲 余一鷺　拾戶 余艮棟　一柱 余永昌　八甲 陳政 今有

九甲 梁維彰　另柱 陳廣　十甲 趙萬印

金區三十六圖

九江谷行街文昌印務承刊

一甲潘綬　二甲岑老壯　三甲羅昌　四甲余挺

五甲岑裕昌　六甲關永興　七甲冼祐隆　八甲余永隆

九甲唐聖　十甲余際興

金區四十六圖

一甲陳昌　二甲老陳梁　三甲余區同　四甲余世昌

六甲余萬盛　八甲陳益　衿戶陳鰲　九甲區勝今有

十甲余冼興　冼有穎

龍津十六圖

又二甲霍超宗

龍津五十五圖

一甲 顏永祖　二甲 顏昌祖　四甲 梁顏同　五甲 鍾贊鳴

八甲 崔日星

龍江二十二圖

一甲 張　超　二甲 蔡龍興　三甲 康紹隆　四甲 劉宗翰

五甲 蕭日高　六甲 鄧張衆　七甲 張顯承　八甲 陳同昇

九甲 張承祖

龍江二十三圖

九江谷行街宜昌印務承刊

[illegible]甲 葉節慶　[illegible]甲 葉慶昌　[illegible]甲 [illegible]　[illegible]甲 [illegible]

七甲 葉世榮　十甲 葉天保

龍江二十四圖

四甲 簡常　四甲 康有興　五甲 簡從高

龍江二十五圖

一甲 彭東間　一甲 蕭維新　一甲 梁興　二甲 馬隆

二甲 薛用榮　二甲 區祖政　三甲 蔡喜長　四甲 馬秀

五甲 周德全　六甲 余業盛　七甲 莫晚成　八甲 李錦

八甲 黃正中　八甲 林相　九甲 陳同　十甲 廖富

龍江三十七圖

一甲 鄧紹臯　二甲 蔡登　三甲 郭新　四甲 鍾同

四甲 李同　五甲 凌維高　五甲 簡高　六甲 劉兆隆

七甲 麥朝鸞　八甲 蔡賡　九甲 黃大同

龍江六十六圖

一甲 李得暢　二甲 黃業隆　三甲 葉松　四甲 蕭于蕃

五甲 劉相　六甲 盧同　六甲 黃同　七甲 劉自昌

八甲 陳復隆　九甲 陳偕　九甲 梁偕　十甲 彭萬祿

龍山江六十七圖

一甲 蔡必昌　二甲 劉成有　三甲 黃餘慶　四甲 薛侯章

五甲 譚葉同　六甲 尹邦寧　七甲 朱家秉乘　八甲 張仞昌

九甲 劉漢光　十甲 薛昌祚

龍山堡

馮萬里　梅叉長　李必昌　張嗣興　左天遇

張振先　黃繼華　張隆興　周命新　李孔昌

陳興繼述堂　陳興中業堂　鄧澄　陳際昌　康應麒

馮標　黃宗顯　吳宗艮　尤永昌　劉昌祚

盧鳳　黎遠昌　左奇昌　黃天俊　柯紹科

梁仕達　溫壽昌　邱天相　邱德昌　黎可相
鄧承芳　陳應祥　陳　進　陳大成　劉積達
賴崇貴　葉必登　賴德盛　黃復隆　陳萬昌
陳一隆　陳世昌　陳復昌　陳紹昌　徐　正
洪鳴大奇　徐　建　康子榮　康有德　康有恆
康　金　康　全　盧　紀　盧　貴　梁　明
盧仕成　周永豪　區金明　巫有恆　鄧　英
鄧有義　蔡世昌　林　桂　梁　勝　梁永昌
范聖仲　左繼昌　梁新有　梁經同　胡　明

胡永昌	黃秀春	楊冠悟	李　勝	黃紹魁
潘　順	吳郁蔭	李聖銳	溫志權	張　源
徐克昌	張　昌	張永昌	張昌仞	黃永興
何天進	潘西社	盧　勝	馮天興	鄧敏昌
葉筋竹	馮昌源	李瑞成	周　祿	梅大昌
陳大有	陳道榮	陳合和	左順平	梁均郊
郭元蕃	丁應祥	左岳山	左國斌	左國瑞
劉明遠	劉永盛	劉　貴	劉洪盛	劉永興
劉萬同	劉寶廷	張　烈	張永思	張鳳昌

左隆盛　朱昌業　朱其勝　鍾輔臣　鍾德
陳善　朱永業　葉長　葉君復　葉公禹
葉新昌　陳大興　邱仰倫　葉星　黃餘昌
左靜庵　邱永安　尙義堂　尼奇濟　尼靜蓮
保康園　鄧桂　朱省裕　廣興文社　廣生文社
賴安吉　顏敬齊　凝紫社　康平社　黃開澤
陳昌裕堂　何有和　黃喜安堂　周光裕　黃信成
老承志　胡有善　文保善　左益昌　張儒宗
何印華　葉盛昌　譚宗富　譚孔儒　梅萬祚

吳旺華成　李　盛　黃福全永銓　黃仕珏　黃必興至隆

黃儒鴻鳳　黃興常　梅健叟　馮聯興應祥　馮應湖家祚

左永昌　曾磁基　陳慎公　馮　興　屈求伸

林永盛　盧大勛　郭雲山　冼錫隆　黎蘭孫

曾　新　梁有瑞　梁敬翠

甘竹一圖

二甲余興進　四甲吳龍標　五甲胡美軒　六甲李茂芳

七甲譚昌隆念祖　八甲胡貫階隆　十甲黃日盛

甘竹三圖

二甲 梁怡貴

甘竹十五圖

一甲 譚桂芳　二甲 譚奕隆　三甲 張起隆　四甲 蘇龍光

五甲 譚天俊　六甲 鄧大恆　七甲 譚榮宗　九甲 鄧宗興

十甲 程日隆

甘竹三十圖

一甲 譚富盛　一甲 馮　俊　三甲 何祚廣　三甲 廖秀涯

三甲 廖仍昌　四甲 高　期　四甲 陳大積　五甲 黃萬昌

七甲 林喬木　七甲 林日昌　九甲 梁萬佳

九江谷行街宜昌印務承刊

另有粮戸不屬圍內而業主稅業在圍內者附列

伏隆堡四十五圖九甲關世澤堂　住雲滘鄉

另柱　王　裕　住雲津

北隅三圖　另柱　何奕階　住丹桂鄉

城西四圖　另戸　眞君堂　住九江

十四圖　另戸　五桂堂　住龍津

鰲頭六十一圖　一甲　陸漸鴻　入龍津

水籐　區誠昌堂　入沙頭

另戸　何君牧　入沙頭

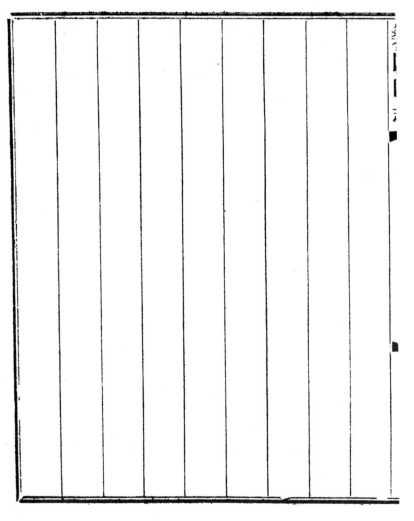

謹按本圍起科向例南七順三乙卯起科在南海明倫堂集議每畝捐銀弍元全圍公定順屬龍江龍山甘竹三堡藉口襄捐延宕不交至甲子年興築三口閘全圍集議決定將順屬龍江龍山甘竹及南屬沙頭四堡未交畝捐興築獅頷口龍江滘歌滘三閘及開沙頭人字水新閘由四堡畝捐項下開銷如欵項不足其興築三口閘由四堡籌足新開沙頭閘由上九堡籌足現三口築成外水防禦已周沙頭新閘未開內水宣洩猶滯於議案未能完滿辦妥然三口築閘順屬畝捐陸續繳交以應築閘經費無可推

九江谷行街宜昌印務承刊

諉此後如有起科自然全圍一律計畝徵收變通向來裹
捐之例前志南屬戶口登載詳明而順屬戶口缺而未載
今查前志南屬各粮戶有前無而今有者有前有而今無
者再逐一註明順屬各戶前志未有登載兹照補錄以備
將來考核

茲將各堡所欠畝捐欵列截至辛未年止

九江堡稅肆百捌拾肆頃零零伍陸伍該銀玖萬陸千捌百零壹元壹毫叁仙共來銀玖萬壹仟玖百陸拾弍元玖毫柒仙

除來欠銀肆千捌佰捌拾捌元弍毫陸仙

河清堡稅捌拾伍頃叁拾叁畝捌肆伍該銀壹萬柒千零陸拾柒元陸毫玖仙共來銀壹萬陸千陸佰陸拾捌元叁毫陸仙

除來欠銀叁百玖拾玖元陸毫叁仙

鎮涌堡稅壹百零肆頃柒拾肆畝捌壹該銀弍萬零玖百肆拾玖元陸毫弍仙共來銀弍萬零伍佰玖拾陸元肆毫玖仙除

來欠銀叁百伍拾叁元壹毫叁仙
海舟堡稅壹百壹拾叁頃捌拾捌畝玖玖該銀弍萬弍千柒佰
柒拾柒元玖毫捌仙共來銀壹萬伍仟叁佰柒拾弍元伍毫
柒仙除來欠銀柒千肆百零伍元肆毫壹仙
先登堡稅壹百弍拾玖頃零弍畝捌捌該銀弍萬伍仟捌百零
伍元柒毫陸仙共來銀壹萬陸仟肆百伍拾柒元弍毫壹仙
除來欠銀玖仟叁百肆拾玖元玖毫弍仙
百滘堡稅壹百零叁頃陸拾畝零伍捌伍該銀弍萬零柒百弍
拾壹元壹毫柒仙共來銀壹萬柒千捌佰零零伍毫叁仙除

來欠銀弍千玖百弍拾元零陸毫肆仙
雲津堡稅柒拾柒頃壹拾玖畝捌該銀壹萬伍仟肆百叁拾玖
元陸毫共來銀壹萬叁仟弍百壹拾弍元捌毫陸仙除來欠
銀弍千弍佰弍拾陸元柒毫肆仙
築〔簡〕村堡稅壹百伍拾捌頃柒拾弍畝叁陸該銀叁萬壹仟柒百
肆拾肆元柒毫弍仙共來銀弍萬玖仟叁百叁拾玖元壹毫
捌仙除來欠銀弍仟肆佰零伍元伍毫肆仙
金甌堡稅壹百壹拾伍頃捌拾叁畝陸捌伍該銀弍萬叁仟壹
百陸拾柒元叁毫柒仙共來銀壹萬柒千玖佰叁拾玖元柒

毫玖仙除來欠銀伍仟弍百弍拾柒元伍毫捌仙

大同堡稅弍百零陸頃肆拾弍畝捌玖伍該銀肆萬壹千弍百捌拾伍元柒毫玖仙共來銀叁萬柒仟柒百弍拾陸元捌毫肆仙來除（除來）欠銀叁仟伍百陸拾元零壹毫肆仙

沙頭堡稅弍百伍拾玖頃捌拾壹畝捌捌該銀伍萬壹千玖百陸拾叁元柒毫陸仙共來銀伍萬壹千叁百玖拾伍元零弍仙除來欠銀陸佰零陸元壹毫肆仙

龍山堡稅肆百弍拾捌頃肆拾玖畝零伍伍該銀捌萬伍千陸佰玖拾捌元壹毫壹仙共來陸萬玖千伍百陸拾柒元玖毫

壹仙除來欠銀壹萬陸千壹百叁拾元零弍毫
龍江堡稅弍百陸拾柒頃陸拾壹畝叁伍該銀伍萬叁千伍佰
弍拾弍元柒毫共來銀伍萬叁仟伍佰伍拾弍元玖毫玖仙
甘竹堡稅壹百捌拾柒頃柒拾壹畝壹肆該銀叁萬柒仟伍百
肆拾弍元弍毫捌仙共來銀壹萬零柒百壹拾叁元肆毫陸
仙除來欠銀弍萬陸仟捌百弍拾捌元捌毫弍仙
龍津堡稅壹拾叁頃捌拾弍畝肆柒該銀弍仟柒佰陸拾肆元
玖毫肆仙共來銀弍仟柒百肆拾伍元陸毫弍仙除來欠銀
壹拾玖元叁毫弍仙

九江谷街行宜昌印務承刊

桑園圍志

乙卯各堡丁捐列

九江堡共丁捐銀肆萬壹仟肆百柒拾玖元壹毫

河淸堡共丁捐銀肆仟零壹拾捌元捌毫

鎭涌堡共丁捐銀弍仟叁百壹拾肆元

海舟堡共丁捐銀二仟零柒拾肆元

先登堡共丁捐銀弍仟弍百陸拾柒元壹毫

百滘堡共丁捐銀肆仟弍百叁拾弍元

雲津堡共丁捐銀弍仟玖百陸拾肆元

簡村堡共丁捐銀肆仟伍百伍拾伍元

金甌堡共丁捐銀弍仟伍百弍拾陸元

大同堡共丁捐銀陸千陸百伍拾陸元

沙頭堡共丁捐銀壹萬壹仟捌百玖拾肆元

龍津堡共丁捐銀叁佰玖拾元

龍江堡共丁捐銀柒仟元

龍山堡共丁捐銀壹萬元

甘竹堡共現來丁捐銀壹千弍百弍拾捌元

以上十五堡共來丁捐銀拾萬零叁仟伍佰玖拾捌元

續桑園圍志卷九

義捐

捐金助工修築圍堤所以衛田廬也衛人實自衛也災屬切近其慨捐鉅資義無可辭也宜也乃有身非生長斯圍如處默義士捐銀伍仟兩助築水基盧伍三部郎捐銀拾萬兩助築石堤其爲高義豈可以尋常論乎有圍以來數百年矣圍中殷富不爲少矣爲問能如其慷慨者曾有幾人安得好義之士以其人爲先路之導前事之師與之齊驅而並駕也傳曰人之欲善誰不如我後之人其拭目俟

九江谷行街宜昌印務承刊

之平志義捐

此次義捐合共壹拾壹萬弍千零叁拾捌員肆毫捌仙

名數繁多徵信錄經已備錄兹就百元以上著於篇以

識高誼餘從畧以省繁文

甲寅義捐

九江堡救災公所捐銀叁千元

龍山賴振寰翁捐銀壹千元

龍山左懽若翁捐銀壹千元

老宏彙堂捐銀伍百元

郭民發翁捐銀壹百伍拾元

茂生堂捐銀弍百元

黎思堂
賴温氏共捐銀壹百両

何一經堂捐銀壹百元

沙頭商會
善堂
普院合辦救災處捐銀壹佰元

潘遜誠堂捐銀壹佰元

潘成遠堂捐銀壹佰元

香港瑞吉號捐銀壹百元

萬和行捐銀壹百元

九江谷行街宜昌印務承刊

廣和隆捐銀壹百元

岑永發堂三宅捐銀壹百元

岑永發堂四宅捐銀壹百元

岑永發堂五宅捐銀壹百元

各緣部繳到共捐銀肆千叁百弍拾壹元陸毫壹仙

乙夘義捐

先登堡舖捐共銀肆佰捌拾弍元陸毫弍仙

海舟堡下墟舖捐共銀叁佰弍拾捌元三橋市舖捐銀壹拾壹元陸毫肆仙

河清堡舖捐共銀弍佰捌拾壹元陸毫伍仙

金甌堡舖捐共銀壹百柒拾肆元柒毫陸仙

大同堡舖捐共銀壹百玖拾肆元玖毫叁仙

沙頭堡舖捐共銀壹仟伍百零零肆毫伍仙

璜璣堡舖捐共銀壹百弍拾弍元陸毫叁仙

九江谷街行宜昌印務承刊

雲津堡舖捐共銀捌百肆拾伍元叁毫伍仙
九江堡舖捐共銀玖千伍百肆拾肆元零壹仙
共舖捐銀壹萬叁仟肆百捌拾陸元零肆仙
九江救災公所助銀壹萬員
岑伯銘助銀壹萬員
岑喬生助銀伍仟員
岑謙生助銀伍仟員
梅麥氏助銀伍仟員
璜璣程致遠堂助銀伍仟員

儒村老宏業堂助銀肆仟員

關崇禮堂助銀弍千員

瑞　吉　助銀弍千員

九江蕢積厚堂　陳永昌堂　陳貽昌堂

岑竹珊　劉翼庭　郭翼如

馮仰宸　鄧煥球　朱文石

大同郭民發　簡村陳末能堂　陳廉伯

陳度之　陳昆成　鄧志昂

梁任官　品利洋行　敬和行

九江谷行街宜昌印務承刊

香港於仁燕梳公司

那邦千拿燕梳公司

梅縣廖毓光

以上俱捐助銀壹千員

港南海商會　潘藹臣　潘達初

何植三　廣和隆　永同福

永　德　裕和隆　鉅　昌

誠　泰　壽草堂　廣安祥

安　裕　德成行　謙生發

謙信　逢安行　逢源興
天和堂　郭日佳　廣益隆　永同德
以上俱捐助銀伍百員
祥安發　貞泰　宜昌

以上俱捐助銀肆佰員
九江慎行堂　李善慶堂　潘玩南
曾翰生　公發源　茂生堂
祐興隆　百和堂　同茂
永生　慶同安　永順和

九江谷行街宜昌印務承刊

萬福盛　誠德　裕生昌

恒和昌

以上俱捐助銀叁百員

關俊臣　何烱堂　遠號

岑時徵　百草堂　百壽堂

萬草堂　光大和　岐茂

怡亨　舊金山致生號　程垂慶堂

南海縣長陳少春

以上俱捐助銀弍百員

堤岸義昌成　上海茂和興　何炳記

孖士佛冷祥源利　孖士佛冷源和生　裕生昌昌仁

榮茂號　郭念初代四社朝山鄉

以上俱捐助銀壹佰伍拾

堤岸利厚昌　吳再合　仁和昌

四合公司　郭耀南　孖士佛冷東昌泰

牛庄潘玉田　吳東　周興和堂

山打根萬和隆　黎樂村　舊金山關寶軒

會安南泰　上海裕和泰　慈祥堂

大德昌　宜安號　廣安和
聯益公司　李占記　郭瑞餘
誠安堅如手捐余少臣　錦經綸
龍山賴覲光堂　關章甫　建昌號
公慎昌　廣怡英　元和行
永　源　集祥行　永顧祥
廣福隆　尹侶南　均益泰
安昌號　協和隆　周永春
梁禮泉　義　益　馮恩三

黃勵初　黃從善堂　益茂

以上俱助銀壹百員

個嗹度埠綿順隆經手緣部捐來連滙水共港紙銀弍百零肆元伍毫柒仙

輝罵埠德和隆經手緣部捐來連滙水共港紙銀弍百肆拾伍元陸毫壹仙

上海羅灼亭經手緣部捐來連滙水共港紙銀弍佰柒拾玖元

永安和胡善經手緣部捐來連滙水共港紙銀壹百玖拾

伍元

廣怡昌鄧赤雲經手緣部捐來運滙水共港紙銀叁百壹拾叁元零弍仙

堤岸 怡昌蔭經手緣部捐來運滙水共港紙銀壹仟零肆拾捌元

丁錫經手緣部捐來運滙水共港紙銀伍佰壹拾肆元

同盛經手緣部捐來運滙水共港紙銀壹百肆拾元

安南 壽而康經手緣部捐來運滙水共港紙銀壹百元

呂宋 永誠經手緣部捐來運滙水共港紙銀捌拾陸元叁毫壹

仙

亞濤厲有恒經手緣部捐來連匯水共港紙銀叄千零弍拾伍元

上海關淮洲經手緣部捐來伸港紙銀陸百玖拾柒元玖毫弍仙

河內陳澤川經手緣部捐來共港紙銀壹百伍拾元

會安南泰黎錫南經手緣部共捐大銀弍百叄拾叄元

暹羅黎次奇經手緣部捐來得港紙柒拾玖元陸毫玖仙

庇能榮棧號經手緣部捐來連滙水共港紙銀壹百肆拾

九江谷行街宜昌印務承刊

弍元叁毫壹仙

山打根萬和隆經手緣部捐來港紙銀弍百零伍仙員

散沙化羅埠厚德昌經手緣部捐來港紙銀陸百零弍元肆毫柒仙

古巴埠緣部捐來連水共港紙銀壹仟零壹拾壹元伍毫

舊金山信源興經手緣部捐來連水共港紙銀肆仟柒百

零零叁毫叁仙

漢口永源昌經手緣部捐來連水共港紙銀捌百零玖元（係內有[illegible]陸）

孖士佛冷埠祥源利經手緣部捐來實得港紙捌百零玖元

續桑園圍志卷十

工程

工役繁興良莠不一弊竇滋多綦難防範滋生事端在所時有必須駕馭得人嚴明約束始足以弭事變而絕弊端所有土石各工皆有前人成迹可循按籍而稽自有條理至於工錢物價高下隨時難拘一定而經畫區處因地斟酌與時變通斯則存乎其人矣志工程

桑園圍志

民國三年甲寅大修 一九一四年

總理陳湔軒

副總理潘少彭

財政員左懽若

督理員崔鸞藻

吴鏡帆

李秩三

梁秩西

程仙翔

九江谷行街宜昌印務承刊

何耀墀
張敬祉
黃伯常
張鑑如
程次韓
潘劍生
陳日林
梁禹
禹梁傳

甲寅先登堡茅岡基缺口長約叁拾丈既築復又低陷再築復然基凡三變費銀捌萬餘元是歲大脩復費銀叁萬餘元茲將工程開列如左

先登堡

鵝埠石

一公基陳軍竇至鵝埠石培坭外厚弍尺由面至脚叁丈長壹拾肆丈

一鵝埠石界至周氏拜月培坭外厚上弍尺下伍尺由面至脚肆丈長壹拾陸丈

一周氏拜月至魯岡前加大牛尾拾叁條又培坭外厚弍尺由面至脚叁丈伍尺長叁拾伍丈培內即牛尾相間處厚弍尺伍寸由面至脚叁丈長弍拾柒丈

一魯岡咀至山咀培坭高壹尺濶壹丈伍尺長弍拾壹丈

一山咀至紅岡培坭高壹尺濶壹丈弍尺長柒拾叁丈又培外厚壹尺伍寸由面至脚壹丈陸尺長柒拾叁丈

一紅岡至順水社下培坭高壹尺伍寸濶壹丈長弍拾

弍丈捌尺又培外厚壹尺伍寸由面至脚壹丈陸尺

長弍拾弍丈捌尺

一先鋒廟前培外厚上一尺下弍尺伍寸由面至脚叁

丈叁尺長拾丈打樁培內厚上壹尺下弍尺伍寸由

面至脚叁丈叁尺長叁丈

一先鋒廟下至五岳廟加大牛尾三條

五岳廟右培坭加高壹尺闊玖尺長伍丈伍尺

五岳廟前培外泥厚上壹尺下叁尺由面至脚叁丈

叁尺長拾丈又加闊玖尺長叁丈

茅岡

一新村後培泥高壹尺陸寸闊壹丈長柒拾陸丈加中大牛尾弍條培外厚弍尺由面至脚叁丈長壹拾陸丈加舂灰基長陸丈濶弍尺深柒尺

一蠶姑廟太尉廟段培泥高壹尺捌寸闊壹丈弍尺長捌拾伍丈加中大牛尾柒條培外厚壹尺由面至脚弍丈陸尺長柒拾丈培內即牛尾相間處厚叁尺由面至脚壹丈伍尺長拾丈

一稔岡培外泥厚弍尺由面至脚壹丈伍尺長叁丈培

內厚叁尺由面至脚壹丈長捌丈

一三株榕培外泥厚壹尺叁寸由面至脚弍丈長弍拾丈

一鳳岡咀培外泥厚壹尺由面至脚壹丈長壹拾陸丈伍尺

一桑墟培內外泥厚壹尺由面至脚捌尺長柒丈伍尺

另桑墟舊竇加舂灰基用士敏土沙石塡底長壹丈濶弍尺深伍尺又長叁丈濶叁丈深壹丈弍尺

一太平新舊墟培泥高壹尺濶肆尺伍寸長壹百丈交

基主自理

一龍坑上段培坭高壹尺濶壹丈長弍拾肆丈又培外厚壹尺伍寸由面至脚捌丈長陸拾壹丈加中大牛尾肆條牛尾打椿叁拾條

一龍坑中段舂灰基長伍丈叁尺深玖尺闊肆尺伍寸

一龍坑下段舂灰基長伍丈弍尺深柒尺闊弍尺

以上共計支工料銀肆仟零捌拾玖元零捌仙

海舟堡

李村

一十甲醫靈廟前培泥高壹尺闊陸尺長弍拾柒丈培外厚壹尺由面至脚壹丈長捌丈打樁培內坭厚壹尺由面至脚伍尺長伍丈肆尺

一龍門巷口舂灰基長柒丈弍尺活闊弍尺弍寸深柒尺伍寸

一古巷口舂灰基長肆丈弍尺活弍尺弍寸深柒尺

一德灝里口舂灰基長伍丈柒尺活弍尺弍寸深柒尺伍寸

一高雲里口舂灰基長叁丈伍尺活弍尺弍寸深柒尺

九江谷行街宜昌印務承刊

一敦仁里口培坭高肆尺活伍尺長叁丈舂灰基長叁丈活弍尺深弍尺伍寸

一海竹園舂灰基長陸丈捌尺活弍尺伍寸深捌尺又長伍丈活弍尺肆寸深柒尺伍寸

一六戶竇下至義利店舂灰基長壹拾陸丈濶弍尺弍寸深壹丈另一穴約廣壹丼打樁培坭内厚叁尺由面至脚玖尺長壹拾陸丈

一簡家樹頭培外泥高叁尺伍寸濶弍丈長叁丈陸尺

一賢樂里口舂灰基長叁丈濶弍尺深玖尺

十二戶基

一冠甲欄水基培坭高壹尺弍寸闊伍尺伍寸長肆拾弍

丈伍尺

一新墟口培泥長捌丈伍尺

一原登祠前培泥高壹尺濶陸尺

一原仲祠前培泥高壹尺闊捌尺二共長叁拾捌丈伍尺

培外厚弍尺由面至脚壹丈弍尺長弍拾丈培馬尾弍

條

一遵王之道之北培泥高壹尺活陸尺長捌尺伍寸

一下墟南北頭培坭高壹尺濶肆尺伍寸長弍共肆拾玖丈伍尺

一南離門樓至盤古廟培泥高壹尺濶捌尺長叁拾柒丈

一盤古廟至上墟口培坭高壹尺濶陸尺長陸拾壹丈伍尺

又培外泥一厚壹尺由面至脚伍尺長叁丈

二厚弍尺由面至脚陸尺長伍丈伍尺

三厚弍尺伍寸由面至脚陸尺長伍丈伍尺

又打樁培內泥厚三尺由面至脚弍丈長柒丈肆尺

一盤古廟左漏穴由基面開坑探險事後舂回長肆丈伍尺

一盤古廟右舂灰基長陸丈伍尺闊弍尺深陸尺

一上壚口舂灰基長伍丈濶弍尺深陸尺

一河神廟後舂灰基長肆丈伍尺闊弍尺深肆尺伍寸

一上壚之南培坭高壹尺伍寸濶柒尺長壹拾弍丈伍尺

又厚壹尺闊陸尺長玖丈

麥村

一不求桑基舊汎地至社前培坭高壹尺濶陸尺長伍拾壹丈

一不求桑基香灰基長叁丈伍尺濶弍尺深陸尺又長弍丈濶弍尺伍寸深叁尺又長柒丈活弍尺深柒尺

一枯樹頭培築廢閘弍拾捌井

一社左培外泥厚壹尺由面至脚壹丈長肆丈叁尺社前至書院右培泥高壹尺伍寸濶陸尺長壹拾捌丈

一書院至賢樂里培坭高壹尺濶陸尺長弍拾玖丈

一賢樂里至冠甲基界培泥高壹尺伍寸活陸尺長叁拾

弍丈

一下墟留香閣至華光廟後舂灰基長捌丈伍尺濶弍尺

深肆尺伍寸

一鐵牛坦北培泥高壹尺伍寸濶柒尺長二共弍拾玖丈

另塡二處

另李村三門基用灰石修補石磡裂罅

另冠甲基內漏穴二處探險事後舂回灰沙

以上共支工料銀肆仟肆百叁拾肆元捌毫

另両堡雜支共銀伍百陸拾肆元陸毫弍仙

九江谷行街宜昌印務承刊

先登海舟兩堡合共支銀玖仟零捌拾捌元伍毫

鎮涌堡

南村鄉

一鐵牛角培泥長叁拾肆丈高弍尺

一竇口上培泥長叁拾玖丈高壹尺伍寸

一鐵牛角下舂灰基長壹拾伍丈

一大步頭上舂灰基長壹拾壹丈

一大步頭下舂灰基長拾丈另築復坍御基約叁丈

以上連雜支共銀壹千零玖拾弍元陸毫柒仙

石龍鄉

一華光廟前培泥長壹拾弍丈高壹尺伍寸

一聖帝廟前培厚外基泥長捌丈叁尺高壹尺伍寸

一曾家祠前培厚外基坭長弍拾壹丈伍尺高壹尺

一曾家社下培泥長弍拾伍丈高壹尺

一廁坑角下培厚外基坭長叁拾捌丈高壹尺

一天后廟北培厚外基坭長陸丈捌尺

一廟仔前培泥長陸丈濶叁尺

一竇口上培厚竇頂坭長柒丈高壹尺

一蕉基上培厚外基坭長壹拾陸丈

一見龍里舂灰基長弍拾伍丈伍尺培高坭長弍拾玖丈

一劉家社裏基打丈弍椿弍拾玖條陸尺椿肆拾陸條

以上連搭棚砌石及雜支共支銀壹仟叁百叁拾肆

元

鎭涌鄉

一蕉基下培厚坭長伍拾丈高壹尺

一岳帝廟外基培厚坭長叁拾捌丈高弍尺基裏加大牛

尾弍條舂灰基捌丈另築復坍卸約弍丈

一中社路培厚泥肆拾丈高弍尺
一洪聖廟上培泥長弍拾捌丈伍尺高弍尺
一洪聖廟下培泥長陸拾肆丈高弍尺伍寸
以上連搭棚砌石及雜支共支銀壹仟零玖拾伍元
陸毫壹仙
鎮涌堡共支銀叁仟伍百弍拾玖元弍毫捌仙
河清堡
一太師廟兩旁培泥長壹百肆拾丈高壹尺
一河清鄉門樓基段兩旁培厚泥長肆拾丈高壹尺伍寸

一上竇口兩旁培厚泥長叁拾丈高弍尺

一廿六號基塘兩旁培厚泥長肆拾壹丈高弍尺伍寸

一觀音廟前培厚泥長壹拾玖丈高弍尺伍寸

一熊家祠後兩旁培厚坭長叁拾肆丈高弍丈伍寸

一顯甯公祠前兩旁培厚坭長肆拾丈高弍尺伍寸

一沙田兩旁培厚坭長叁拾丈高弍尺伍寸

一侯王廟培泥長捌丈高弍尺舂灰基長弍丈

一平安公所前培坭長玖丈高弍尺

一淺水肚培坭長壹拾伍丈高弍尺

一熊家大塘培坭長陸丈高弍尺
一市面培坭長叁拾丈高弍尺
一岳帝廟前培坭長弍拾丈高弍尺
一水木[illegible]觀音廟後兩旁培厚坭長叁拾伍丈高弍尺
一上横間基兩旁培厚泥長弍拾陸丈高弍尺
一雲林祠前兩旁培厚坭長叁拾弍丈高弍尺伍寸
一天后廟前兩旁培厚泥長叁拾丈高弍尺伍寸
一花社大塘邊兩旁培厚泥長拾叁丈高弍尺伍寸傍脚
丈弍椿弍百壹拾陸條

一有盛公祠兩旁培厚泥長叁拾伍丈高弍尺
一靜浦公祠兩旁培厚泥長叁拾丈高弍尺
一容趣公祠兩旁培厚泥長叁拾丈高弍尺伍寸
一葵扇巷兩旁培厚泥長叁拾丈高弍尺伍寸
一庚康社兩旁培厚坭長叁拾丈高弍尺伍寸舂灰基長
伍丈伍尺
一嘉隆公祠前兩旁培厚泥長弍拾肆丈高弍尺伍寸
一秀槐公祠前兩旁培厚坭長弍拾捌丈高弍尺
一靖波公祠前兩旁培厚泥長叁拾丈高弍尺伍寸

一下横閘基兩旁培厚埧長叁拾玖丈高肆尺舂灰基壹拾伍丈基外傍脚丈弍椿叁百陸拾條基裏傍脚捌尺椿叁百叁拾弍條

一太盛社兩旁培厚泥長拾肆丈伍尺高弍尺舂灰基弍段共長弍拾弍丈

一武陵廟右兩旁培厚埧長拾壹丈伍尺高弍尺

一書院後基坍卸玖丈用灰沙築復又舂灰基叁拾丈

一榮盛社舂灰基長伍丈

一何家社舂灰基長弍丈

一由義巷舂灰基長伍丈伍尺

一半荒基舂灰基長伍丈叁尺

以上連砌石搭棚及雜支共支銀捌仟零肆拾玖元

陸毫叁仙

九江堡

一西方先鋒廟前基段被水潑面培築高壹尺伍寸長捌

丈

一上洪聖約基段坍塌兩次打樁培坭搶救長壹拾弍丈

加高培厚内舂灰基捌丈

一仁德約基實底被水鑽通打樁垷包堵塞長叁丈照

修復

一康眞君廟前基叚水潑基面長約肆拾丈培高壹尺

一長齡社基叚被水潑面約拾丈培高基面長叁拾丈

一仁德約尾加高培厚長拾弍丈

一西方冰壺祖荳苻舖加高培厚長叁拾丈

一荔菴翁祠前加高培厚長拾叁丈

一惠祖菴前基叚加高培厚長拾壹丈

一六世祖祠前加長高築厚

一登瀛社學後便竇被水鑽通打樁堵塞修補長弍丈

一下洪聖約基段坍塌打樁搶救長約伍丈又滲漏處舂灰沙長柒丈

一人和社外基水潑基面伍陸寸培高長伍丈

一迎福里外基水潑基面加高長肆丈

一玄水先鋒廟後舂灰基長叁丈

一朱氏祖祠前桑市水潑基面加高長約陸丈

一吉水里閘頭被水衝壞坭包堵塞長約弍丈基段滲漏舂灰基骨陸丈

一李宅前滲漏舂灰基骨長弍丈
一向西祠前舂灰基長拾丈
一六聖宮左便基被水鑽通搶救打樁叁百枝舂灰基長伍丈
一岡頭大道圍基滲漏舂灰基長肆丈餘
一樂只約竇壞鑽通用灰坭舂復
一張家路口基段被水潑面長約拾肆伍丈後打樁砌石培坭基長柒拾弍丈高壹尺濶陸尺
一南方將軍廟至岡頭大道被水潑面長約肆拾丈後培

濶陸尺加長高壹尺長弍拾捌丈

一向西北帝廟右便至鳳岡社前被水潑面長肆拾餘丈

照段培築

一學憲祠至向西北帝廟滲漏長弍拾肆丈舂灰基

一先鋒古廟至甘棠社低卸水潑面陸寸長約肆拾柒捌

丈照培厚加高

一公義社前先鋒廟坍塌打樁泥包堵塞長伍丈餘培厚

一南方關王廟前至城隍廟右便基段水潑基面陸柒寸

長肆拾餘丈加高

一南方穀滘一路低陷用泥加高

一岡咀社至彭宅前基段水潑面柒捌寸長叁拾餘丈培
高舂灰基骨長肆丈餘

一李宅前滲漏舂灰基骨長弍丈零

一豬行後大基水潑面柒寸長弍拾餘丈培高

一浮排角坍塌打樁培坭長叁丈零

一東方土地廟前培厚加高長玖丈餘

一周將軍廟前加高長捌尺

一北帝廟前加高長柒丈零

九江谷行街宣昌印務承刊

甘竹堡

一長洲閘竇培厚坭攦丈伍尺長叁尺伍寸面濶伍尺

一蘇州閘脚打樁培厚坭拾丈濶攦尺高叁尺伍寸底濶

壹丈弍尺高壹尺伍寸

一蘇州塘邊培厚長叁丈弍尺長肆尺伍寸濶伍尺陸寸

一文塔脚基身低陷打樁砌石舂灰沙長伍丈

一相公廟側培泥長攦丈

以上九江甘竹兩堡連雜支共支銀叁仟叁百玖拾

元零弍毫攦仙

百滘堡

一民樂竇兩旁舂灰沙用英坭樁壹百弍拾條

一吉贊橫基砌石磡

一吉贊竇兩旁培坭

一潘姓山板頭培泥

一潘姓永安里培泥

一日昇門樓培泥

一居仁里培泥

雲津堡

一程氏上社左段培泥

一程氏上社右段培坭

一吳懷洞祖祠後滲漏舂灰泥長柒丈

一藻美張培泥

一藻美鄉黎姓基段坍卸培築長肆丈

一潘姓六斗田頭培泥

一海邊潘䏶粱基段培坭

一庄邊基段培泥

一程綀溪祠舂灰沙

一康公廟後舂灰沙

一延陵福地滲漏舂灰沙長柒丈

一藻美潘舂灰沙

簡村堡

一西湖村基段培埿舂灰沙

一九甲基段培泥

一七甲基叚培泥

一二十七戶基叚低陷加高長弍拾丈

一一甲何勝祖基叚培埿

以上連柵廠雜支共支銀叁仟捌百壹拾伍元

沙頭堡

一舊省城渡頭基段低陷培築加高長弍拾丈

一崔太師祠前坍卸打樁捌拾條舂灰沙培泥長弍拾丈

該工料銀肆百玖拾弍元伍毫叁仙應由該祠補價二

成應補銀玖拾捌元伍毫

一馮時亮祠前卸裂培築長拾丈

一梅屋何姓閘頭低陷培築長肆丈

一北村崔樂善祠前坍卸培築長捌丈

一北村何觀海祠前坍卸培築長肆丈

一北村何姓大巷前坍卸培築長弍丈

一北村先鋒廟前賣石卸裂培築長肆丈

一北村六約尾缺口築復長壹丈伍尺深柒尺

一河澎尾缺口築復長壹丈伍尺深伍尺

以上連雜支共支銀弍仟零伍拾壹元伍毫伍仙

龍江堡

一車北缺口築復長玖丈伍尺深壹丈壹尺伍寸

一白鶴灣缺口築復長肆丈弍尺深拾丈叁尺伍寸

一渡頭缺口築復長捌丈伍尺深伍尺弍寸

一吳面涌缺口築復長肆丈伍尺深壹丈壹尺

一田料氹缺口築復長玖丈弍尺深柒尺伍寸

一蘆槽氹缺口築復長捌尺深肆尺

一帽塘基缺口築復長弍丈深壹丈壹尺

以上連籍支共支銀弍千弍百壹拾陸元肆毫伍仙

龍津堡

一二甲三甲顏姓基段低陷培厚築高長肆拾丈

一岡頭涌基段低陷培厚築高長弍拾丈

一岡頭涌烏臼樹下滲漏舂灰坭長壹丈伍尺

一岡頭涌石龍田滲漏舂灰坭長壹丈伍尺

以上連雜支共支銀壹仟壹百弍拾元零陸毫弍仙

九江谷行街宜昌印務承刊

民國四年乙卯修築全圖

總　理　岑兆徵

副總理　程學源

關勝銘

東基總所司理　吳秉衡

關頌廷

石伯雅

司庫李次稱

沙頭分所督理　余德儁

九江谷行街宜昌印務承刊

龍江分所督理　胡拔南

西基總所司理　關遇志

黄澄溪

司庫關祐之

總巡梁憲顯

李伯嚴

九江分所督理　關作德　黄靄禎

河清分所督理　陳寶書　潘次華　黄伯始

鎮涌分所督理　何漢橋　潘旅若

海舟分所督理　關子惺　麥少林
先登分所督理　蘇少衡　黃熾培
甘竹分所督理　周植甫　胡儼若

桑園圍志

乙夘築決口及全圍加高培厚工程

築決口

仙萊岡大決口共支銀壹萬捌仟肆百壹拾弍員

仙萊岡小決口共支肆百叁拾壹員

吉贊五顯廟前決口共支銀弍仟捌百捌拾捌員

吉贊橫基二決口 共支銀叁仟伍百弍拾壹員

吉贊竇側決口共支銀陸仟弍佰陸拾弍員

鑊耳灣天字決口 共支銀肆仟零肆拾捌員

鑊耳灣地玄兩決口 共支銀叁千伍佰肆拾伍員

江谷行街宜昌印務承刊

林村潘姓基決口共支銀玖仟叁百捌拾陸員

林村陳姓基決口共支銀伍佰陸拾弍員

林村程姓基決口共支銀肆千肆佰陸拾柒員

藻美張姓基決口共支銀叁百捌拾捌員

藻美聖妃決口共支銀壹千零弍拾玖員

藻美潘吳二姓決口共支銀弍仟壹百玖拾員

藻美吳姓基大小決口共支銀弍千捌百柒拾肆員

西湖村小決口共支銀叁仟零陸拾員

西湖村大決口共支銀捌仟伍百壹拾捌員

龍津寨邊決口共支銀弍百零玖員

沙頭梅屋決口共支銀弍百陸拾員

沙頭東閣名區恩厚里二決口共支銀壹百伍拾壹員

沙頭太師廟前決口共支銀壹萬零肆百玖拾伍員

時亮祠前二決口共支銀弍佰零伍員

北村竇河澎尾三小決口共支銀壹百伍拾叁員

共築決口銀捌萬肆仟零伍拾肆員

案舊志工程由官派委擬定故但有估價數目

無實支數目乙卯工程浩大用欵最鉅又未經

九江名利街宜昌印務承刊

官派委擬價故詳列開銷實數俾後之覽者得

以考其梗概焉

乙卯築決口工程一覽表

地名	仙萊岡大決口
坭井	五五〇七
坭銀	一一九二九
沙	八八九
石	
椿運工	一六七
磚角石矢	七二
煉牛牛草	一九五五
散工	一二四三
石灰英坭	二九五
石工	三三九
棚	二八五
買地買田坭	一二三八
總數	一八四一二

仙萊岡小決口	吉贊五顯廟	吉贊橫基	吉贊賓側
五二一	五三九	〇七五	六六三一
五七一	一四四一	二四八	二六三二
	四八	五六	一二三一
	三		〇〇三
			九三四
八四	四九三	四六六	三四八
八九	三二七	六二〇一	八五五
九五	〇五一	七二四	五三三
	三六	八四三	九
一五	〇三	九四一	九五
一三四	八八八二	一二五三	二六二六

桑園圍志　卷十　貳拾伍　九江谷行街宜昌印務承刊

地名	鑊耳灣大字	鑊耳灣地玄字	林村潘基
坭井	一〇五三	一一七一	二〇三六
坭銀	二〇二五	一五六七	二八四四
沙		八一三	三四二六
石			
椿連工			一五八
磚角石矢			七七
煉牛牛草	六六〇	五五一	一一〇六
散工	一〇五四	五二一	一一五九
石灰英坭	一六七	三三	五一七
石工	一二		一〇
棚	一三〇	六一	八九
買地買田地			
總數	四〇四八	三五四五	九三八六

林村陳基	林村程基	藻羨張基	藻美聖妃廟
一三〇	八四九	一〇〇	一五六
一一七	一五一三	一五〇	一五四
	七		
一二四	三五八		六二
	四七		
七二	五二七	三九	一八四
一七一	一〇九一	一四六	四九三
三四	四一〇	一三	三六
二一	三九四	二三	六
二三	一二〇	一七	九四
六五二	四四六七	三八八	一〇二九

地名	藻美潘吳基	藻美吳基	西湖村小決口
坭井	六八〇	一二一〇	七九八
坭銀	七七〇	一七三八	一四三二
沙		一五	七八二
石			
椿連工	七一	四六九	
磚角石矢	二六		
煉牛牛草	二六四	五〇四	二六四
散工	八四九	七〇八	二七一
石灰英坭	一七〇	二四九	七五
石工			一七九
棚	四〇	一九一	五七
買地貰田地			
總數	二一九〇	三八七四	三〇六〇

西湖大決口	一六一八	三六二三	三〇二〇				五二六	六七七	二一六	三五八	九八		八五一八
龍津寨邊	一二五	七五					五二	四三	三九				二〇九
沙頭梅屋	一五二	一〇一					五七	四八	五四				二六〇
東闕名區恩厚里	七七	六八					三七	二八	一八				一五一

地名	沙頭太師廟前	時亮祠前	北村河澎尾
坭井	一〇一〇	八〇	八六
坭銀	二八七五	一二八	一一三
沙	八九九		
石	一〇六四		
椿連工	四七八		
磚角石矢	七四五		
煉牛牛草	五一六	三〇	
散工	七四七	二五	四〇
石灰英坭	一七一五	二二	
石工	九八二		
棚	四七四		
買地買田地			
總數	一〇四九五	二〇五	一五三

總數

總數
一九八三四
三六〇四二
一一三二〇
一〇六四
二一九〇
一四〇六
九二九三
一一七一九
五〇三四
二七四四
二〇〇四
一二三八
八四〇五四

說明右表末數以元爲單位左爲大數右爲末數假如單一箇數即爲元數二兩位即十元三位爲百四位爲千位伍位爲萬以此遞推坭數表上列井數下列銀數因取泥有遠近價格不同由銀數以推井數可知該處取泥遠近計此次通修全圍共用泥壹拾玖萬叁仟陸百叁拾弍井以每井地掘泥三井平均計算共掘地六柒萬肆仟叁佰

陸拾叁井計面積拾頃零柒拾餘畝西基有外坦日久泥塘無難積復東基自仙萊岡至西湖村均無外坦後有大工實難爲繼此留心基務者所當研究也

乙卯東基加高培厚

東基總所修百滘雲津簡村三堡自區邊公基起至吉水西樵山脚止三堡基段工程費用共支銀陸萬肆仟叁百弍拾弍元

沙頭分所修自龍津官山海口起至龍江分界止兩堡基段工程費用共支銀弍萬伍千叁百零肆元

龍江分所修自沙頭分界起至河澎尾基界止該堡基段工程費用共支銀壹萬弍仟柒百玖拾捌元

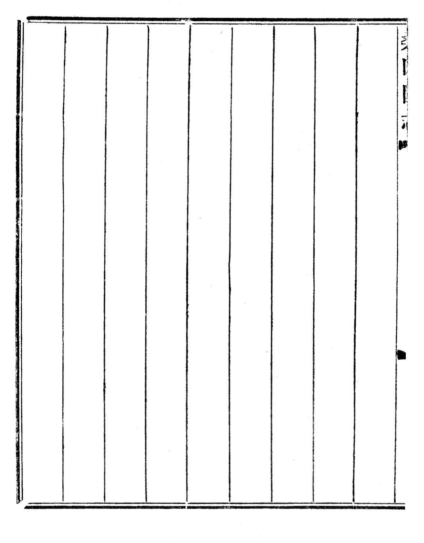

乙卯東基加高培厚工程一覽表

地名	坭井	坭銀	散工	棚	石連工	石灰英坭	磚角石矢	擲磚連工	椿杉連工	買田坭	總數
百滘區邊	二一五	二一七	三五								七四七
仙萊岡	五四二	七〇六	〇六六〇	七三							八三九
吉贊五顯廟	七三〇	一〇二二	一二六								一一四八

九江谷行街宜昌印務承刊

地名	基吉贊横	吉贊庄邊至畲	雲津林村
坭井	二二八六	一〇四八	六六九五
坭鋃	七八四一一	五九〇五	六〇二二一
散工	九八五	四〇一	三一七
棚	五五三	八九	九八一
石連工	五二		三三二
石灰英坭			
磚角石矢			
碯磚連工			
椿杉連工			
	二二九		
總數	八七三三一	七九二五	一四三三一

民樂市	一二二〇	二六二二		一四二							二七六四
雲津 藻美	六二三八	一一二二八	八八二	一六八				九九三			一三二七一
簡村 堡	七四六八	一三一八二	五一二	三八三							一四〇七七
沙頭連 龍津	一五二一四	一六八四五	四六九八	四五三	二〇二一		七二八		五五九		二五三〇四

九江谷行街宜昌印務承刊

地名	龍江	總數
坭井	六一二九	五三四三五
坭銀	六八〇七	八一九一二
散工	二六〇四	一〇三二三
棚	四三〇	二二九一
石連工	八八〇	三一五九
石灰英坭	五八二	五八二
磚角石矢	五八九	一三一七
磡磚連工		九九三
椿杉連工	七五八	一三一七
	一四八	一〇七〇
總數	一二七九八	一〇二九六四

另基所費用表

	東基總所	沙頭分所	龍江分所
員役薪金	三四七五	一二三一	五〇五
膳費	二四五七	九三五	四二七
器用雜用	八六〇	四三四	一九八
買牛虧價	七五〇		
擬築秋欄	五〇		
鐵轆椿杵	六四六		
總數	八二三八	二六〇〇	一一三〇

總數
一一二五
九一八三
二九四一
○五七
○五
六四六
八六九一一

按舊志工程不紀費用然浩大工程無辦事人籌畫監督工程何由成立今於工程之下詳載費用紀其實也西基每堡設一分所故工程費用合爲一表東基設一總所二分所故另列費用一表焉

乙外西基加高培厚

西基總所修自九江堡江頭大道起至河清分界止共長

壹仟伍百捌拾弍丈陸尺工程費用共支銀叁萬壹仟

肆百玖拾捌元

九江分所修自江頭大道至甘竹分界止長壹仟陸百弍

拾弍丈工程費用共支銀弍萬弍千伍百叁拾肆元

河清分所修自九江分界起至鎮涌分界止長壹仟壹百

壹拾叁丈工程費用共支銀弍萬柒千弍百柒拾捌元

鎮涌分所修自河清分界起至海舟分界止長壹仟零壹

拾肆丈柒尺工程費用共支銀弍萬壹仟捌百伍二十元

海舟分所修自鎮涌分界起至先登分界止長壹仟肆百
玖拾壹丈工程費用共支銀肆萬弍仟壹百肆拾弍元
先登分所修自海舟分界起至陳軍涌止長壹千壹百伍
拾伍丈又修自陳軍涌起至三水起鳳鄉山鑄公基止
長玖拾弍丈總共支銀肆萬壹千捌佰柒拾元
甘竹分所修自九江分界起至獅頷口止長壹仟捌百陸
拾捌丈弍尺工程費用共支銀壹萬陸仟陸百玖拾元

西基加高培厚工程費用一覽表

地名	西基總所	九江分所	河淸分所
坭井	一六一四九	一四二二五	一九二七四
坭銀	一五八一一	一二八三九	二〇六七九
散工	六六四五	三九六〇	三八二二
開灰基	二八七	六五	一〇六
石灰英坭	二〇一四	五一五	五五六
椿杉連工	一五八三	二二三八	一四九
磚角	一五〇	六五五	
雜工	二三九	一〇四	九五
石連工		一五三	
煉牛草		六四	
遷山置義塚			五一六
器用雜用	八七七	二五四	八二
棚廠	二四八	三四七	三四三
膳費	一九一七	六四四	四五三
薪金	一七二七	六九六	四七七
總數	三一四九八	二二五三四	二七二七八

九江谷行街宜昌印務承刊

地名	鎮涌分所	海舟分所	先登分所
坭井	一六〇六五	一七一二九	二六六〇四
坭銀	一七〇九〇	一九九四一	二八八九〇
散工	三三二八	九三〇九	八七八〇
開灰基	一三	二一三	一二六
石灰英坭	一二三	三一八一	八六六
椿杉連工	七四	四〇三	七三八
磚角		一九七	
雜工	五五	三八九	一七三
石連工		五四五二	
煉牛草		一九五	四三
遷山置義塚			
器用雜用	五五	二一二	一六六
棚廠	三〇六	六〇六	五八九
膳費	三六三	九二五	六三四
薪金	四四五	一一一九	八六五
總數	二一八五二	四二一四二	四一八七〇

竹甘分所	總數		
一〇九二六	一二〇三七二		
一〇三〇七	一二五五五七		
三四五三	三九二九七		
	八一〇		
五三一	七七八六		
八五一	六〇三六		
	一〇〇二		
一四一	一一九六		
	五六〇五		
	三〇二		
	五一六		
一二四	一七七〇		
二一九	二六五八		
四六七	五四〇三		
五九七	五九二六		
一六六九〇	二〇三八六四		

九江谷行街宜昌印務承印

桑園圍志

丙辰續修

西基工程

一飛鵝翼外横檔基新築石礄工料銀叁仟陸佰玖拾元

又自飛鵝山後旱基至陳軍涌培泥工費銀弍仟捌百

捌拾壹元公基全叚共支銀陸仟伍百柒拾壹元

一先登堡全叚共支工費銀弍千捌佰弍拾陸元

一海舟堡李村石堤加石工料銀壹千柒百壹拾叁元全

叚培泥費用銀壹仟玖百弍拾捌元共支銀叁仟陸百

肆拾壹元

九江谷行街宜昌印務承刊

一鎮涌堡全段共支工費銀陸百捌拾肆元

一河清堡全段共支工費銀陸佰捌拾柒元

一九江堡全段共支工費銀肆千肆佰柒拾叁元

甘竹堡已設分所興修該堡人要求先修黃公堤訟事遂起不能開工欲先修他段該堡人不允丁巳二月廿六設分所閏弍月初六裁撤

東基工程

一自仙萊岡公基起至吉水竇西樵山腳止共支工費銀壹萬肆仟零壹拾捌元

一沙頭龍江兩堡共支工費銀弍仟桼百伍拾捌元

是年東西基共修銀叁萬伍仟陸百伍拾捌元

戊午續修

西基工程

一先登堡修葺銀壹千壹百壹拾捌元

按丁巳年茅岡人因開竇放水取魚致累全圍搶救是年公議將該竇填塞又圳口石墈變裂用工修復

一海舟堡基修葺銀壹仟壹百叁拾伍元

一河清堡基修葺銀壹百玖拾伍元

一九江堡基修葺銀肆仟弍百陸拾壹元

按是年四月廿四日西潦暴漲內塘水歉不足頂基於

是九江六聖宮後塘五聖宮前塘判官廟後塘一連三口微有滲漏同日卸墮搶救連日秋後水涸巡閱傍基脚企之塘計七口經搶救五口又判官廟後壹口西方洛南社後一口一律開脚培厚用磚角在塘底填成一基高出水面然後培泥成斜坡形此法勝於打樁因樁杉日久廢爛磚角永久不變每塘收回業主磚角銀壹百元計七塘培築費除收回磚角價外約需銀弍仟伍佰餘元

東基工程

一築區村後仰天螺旱基因乙卯水溢岡面買地創築地契附圖說門

一築林村程基石磡并培厚

一林村潘基培厚并舂灰基

一藻美基培厚并培決口磡脚

一再塡西湖村決口裏潭

一吉水竇左右至山脚培厚

一海口泗利店後培厚

一寨邊顏基培厚

九江谷行街宜昌印務承刊

桑園圍志

一沙頭灰澳培厚幷舂灰基

一沙頭梅屋砌石磡

一培韋馱廟前砌石磡

一培北村六約閘腮

一培河澎尾搶救處

共修葺銀叁仟弍百叁拾捌元

東西基是年共修銀玖千玖百肆拾元

按從前修基先由官派委估價呈請核准然後開辦此

次修基由辦事人巡視何處要修及該地方人陳請當

修基叚公同酌定應修則修不分畛域故各堡修鋃多

寡不同是年續修鎮涌堡有人在修基所督理不修該

堡因基叚完好不用修補也至甘竹未有續修因丙辰

抗阻不修以後不交畝捐故戊午亦未有續修也

庚申修葺各基工程

一先登圳口石磡修築銀弍仟桊佰玖拾元

按圳口石磡頻年墮裂因磡後基旁純是鬆沙又水勢頂衝丙辰續修已將磡後鬆沙挖去仍復變壞壹再詳誌著險基也

一先登堡鵝埠石茅岡新村龍坑共培泥銀捌百玖拾桊元

按三處牧牛最多基面被其踏壞舊誌禁例西潦漲滿之期不得放牛上基面此次培補皆被牛踐塌之處也

一九江大將廟下基旁崩墮培坭銀肆拾弍元

一吉贊橫基基面塡磚角共銀壹仟陸佰柒拾捌元

按此基爲大岡墟牛隻出入孔道經築數年已爲牛隻踏壞低損不少因用磚角塡平基面庶較泥鞏固不易變壞

一藻美聖妃廟上潘姓基修補銀壹千肆百伍拾弍元

是年西潦甫漲該處基外河旁折墮十餘丈裂至基邊低陷數尺

共支銀陸仟捌百伍拾玖元

壬戌石工 民国十一年 一九二二

西基

圳口護基壘石壹百肆拾玖萬陸仟伍百斤

價銀弍千零伍拾叁元

稔横岡護基壘石壹百壹拾萬零陸仟壹百斤

銀壹仟伍百壹拾柒元

鳳巢護基壘石壹百叁拾萬零壹仟叁佰斤

銀壹千柒百捌拾伍元

龍門大巷護基壘石壹拾叁萬零壹百斤

銀壹佰柒拾捌元

古巷護基壘石壹拾叁萬零壹百斤

銀壹佰柒拾捌元

海竹園護基壘石弍拾陸萬零弍百斤

銀叁佰伍拾柒元

三門護基壘石陸百弍拾肆萬陸仟弍百斤

銀捌千伍百陸拾柒元

河神祠護基壘石柒拾捌萬零捌百斤

價銀壹仟零柒拾壹元

大壩壘石壹千捌百玖拾萬捌千捌百斤

銀弍萬陸仟零伍拾玖元

二壩壘石陸拾伍萬零陸百斤

銀捌百玖拾弍元

三壩壘石弍拾陸萬零叁百斤

銀叁百伍拾柒元

海舟冠甲天后廟護基壘石叁佰壹拾弍萬叁仟壹百斤

銀肆仟弍百捌拾肆元

南村護基壘石壹百叁拾萬零壹仟叁百斤

銀壹仟柒百捌拾伍元

六聖宮護基壘石重玖百叁拾陸萬玖仟叁百斤

銀壹萬弍仟捌佰伍拾壹元

銅鼓灘護基壘石伍百叁拾叁萬伍千叁百斤

銀柒仟叁佰壹拾捌元

東基

吉贊竇護基壘石叁拾玖萬零肆佰斤

銀伍佰叁拾伍元

林村護基壘石壹拾叁萬零壹百斤

銀壹百柒拾玖元

藻美潘護基壘石弍百零捌萬弍仟壹百斤

銀弍仟捌百伍拾陸元

藻美吳護基壘石壹拾叁萬零壹百斤

銀壹百柒拾捌元

吉水竇護基壘石陸萬伍仟斤

銀捌拾玖元

江灝潘鵬亨陰護基壘石肆百捌拾柒萬玖仟玖百斤

銀陸仟陸佰玖拾叁元

韋馱廟護基壘石叁佰陸拾肆萬叁千陸百斤

銀肆仟玖百玖拾捌元

石井護基壘石叁拾玖萬零肆百斤

銀伍佰叁拾伍元

人字水護基壘石陸拾伍萬零陸百斤

銀捌百玖仟弍元

穀埠護基壘石弍拾陸萬零弍百斤

銀叁百伍拾柒元

上壩壘石弍拾陸萬零弍百斤

附刊誤校正表

卷數	頁數	行數	字數	刊誤	校正
卷七	一頁	二行	一二字	欵撥	撥欵
卷七	五頁	十三行	九十字	禹潘	潘禹
卷七	九頁	一行	十一字	使	便
卷七	十頁	五行	十字	海	順
卷八	一頁	十五行	一字	興	與
卷八	四頁	十二行	十三字	六	五
卷八	八頁	六行	三字	決	决（連篇多作決）

九江谷行街自昌印務承印

卷八	十一頁	九行	廿三字	仰	抑
卷八	十四頁	十行	六字	照	昭
卷八	十四頁	十六行	十二字	飭	飾
卷八	廿二頁	十一行	三字	七	四
卷八	廿二頁	十四行	三四字	泰恆	恆泰
卷八	卅一頁	九行	二字	山	江
卷八	卅一頁	十一行	十二字	秉	乘
卷八	卅七頁	五行	一字	築	簡
卷八	卅七頁	十三行	三四字	來除	除來

卷九	四頁	十一行	一字	邦	那
卷十	六頁	四行	十四字	活	闊連篇多以活代
卷十	十四 十五頁	九 十行	八 五字	長	高
卷十	十五頁	十六行	五字	前	先
卷十	廿三頁	十六行	十三字	二	三

樂園圖

九江谷行街宜昌印務承刊

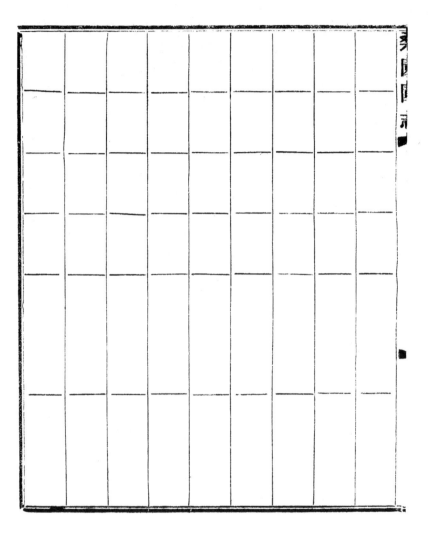

西樵歷史文化文獻叢書

續桑園圍志（二）

温肅　何炳堃　纂修

广西师范大学出版社
GUANGXI NORMAL UNIVERSITY PRESS
·桂林·

三

厚德堂存

續桑園圍志

續桑園圍志卷十一

章程

章程之設所以示遵循垂法守也天下事無法不立而行法則在乎人昔人所以有用法貴得法外意之論也前志採錄迭次所擬章程既切要亦詳備矣遵而行之當永無愆矣然世變無窮或有難以泥古者所貴因時制宜也若作聰明以亂舊章則非君子所敢出耳志章程

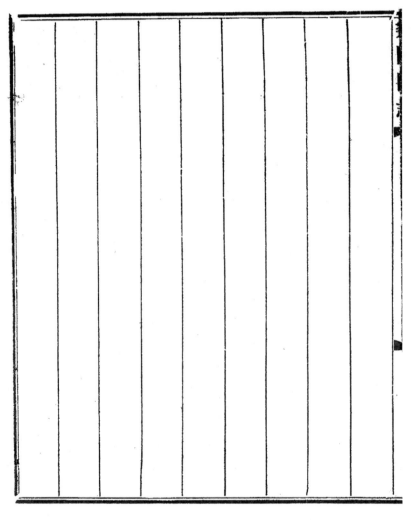

民國五年丙辰十二月十四日南海縣長周公仁順德縣
長呂公炳晟佈告
爲佈告事現據桑園圍董岑兆徵函稱全圍基段經會
合督理同事履勘一週擬趁此隆冬水涸動工修築第
各段基圍多有侵種桑株等物實爲有礙蓋基本土築
土宜固結更藉草根將基面坭土把實草兼能瀉水則
圍基可臻永固若侵佔種植勢必將坭土鬆鬬水易
滲入圍基之傾頹可立見勘得各基段皆有侵種基地
等弊而以南海縣屬沙頭堡之河澎尾順德縣屬龍江

九江裕行街宜昌印務承刊

堡之龍江新基又甘竹堡裏海之東安圍等基段爲尤甚自基脚至基面遍種桑株雜粮及全圍基段每多盜塟墳塚實屬不顧公義防礙圍基懇出示幷令各局嚴禁等情除分令沙頭等局實行取締外合行佈告桑園圍鄉民人等知悉爾等須知基圍爲田廬保障務期永久鞏固自圍基面至新築基脚毋得侵種桑株雜粮以及盜塟墳塚如敢故違定行拘究此佈

具呈南順桑園圍總理岑兆徵等

爲呈請曉諭各堡清除內河水仙花及督拆箔籀免碍交通而利宣洩事竊近日水仙花阻塞河道有碍交通此花生植最速若一堡清除瞬由隣堡蔓延滋生旋滿惟合十四堡趁此春水未生河道範圍狹小水仙花尚未結子遺種各堡同時自行設法一律清除庶除惡務盡免碍宣洩經前縣嚴禁有案飭令各圍堡局一律督拆以維水利爲此懇請移知順德縣屬會同出示飭令圍內各圍堡局設法清除水仙花幷督拆箔籀免碍交通而利宣洩實爲公便此事於三月十一日

九江谷街行宜昌印務承刊

在河神廟集議經衆贊同理合據情詳達謹呈

南海縣長李

二月二十九日接南海縣公署指令第二四八號

令桑園圍總理岑兆徵

据呈該圍河內水仙花及取魚箔簕阻碍交通請咨順德縣令

飭淸除督拆由

呈單均悉查該呈稱各節係爲利便交通宣洩水道起見候咨

請

順德縣會同飭令各堡局一律淸除督拆可也

中華民國十一年三月二十五日　縣長李寶祥

九江谷行街宜昌印務承刊

民國　年　月　日開投散工章程

一投散工以價低者得同票先開先得惟須低過本所
欄票方爲有效

一落票者每號收按票銀壹元如不入取者原銀交回
其投得者俟開工之日交還

一工人所用鋤頭鏨鍫繩索大篸及簍具由投得者自
備其住宿棚廠由本所料理該廠各工人如不謹慎
火燭以致燒燬仍爲投得之人是問

一散工晨早七點鐘開工正午休息一點鐘連食晏在

內下午六點鐘收工

一散工每號須舉定攬頭一名担任管理督率之責另每名設腰牌一個如有懶惰及不聽指揮者按名開除

一散工以做得半工者乃有銀開支倘無故而做一二點鐘擅自停工者銀不開支如因風雨所阻做至十打鐘前停工者工銀給三份之一做至兩打鐘停工者工銀給三份之二

一散工應得之工銀三日一關八成支發留二成俟完

工日查無作弊情事然後淸找

一散工所做之工程由本所監督人指揮每日應用工人多少由本所監督人預日規定

一工人必須勤力耐勞方能入選如有聚賭酗酒爭鬭滋事者隨時斥退老弱幼稺及廢疾者不能當充

民國　年　月　日開投水石章程

一投水石每票收責票銀伍拾元票內須寫明每萬觔取價若干

一投票以取價最低者得倘有同票先開先得惟必低過本所欄票者方爲有效

一本圍所用水石不拘何種石總以大塊者爲妙以最小塊而論不得過伍拾斤以下

一水石或有大塊不能用秤者則用尺量度伸算

一水石到步時由本公所督理員以司碼科收入册得

執拗至於將石安放何處亦任由督理員指揮

一水石交到時經本公所督理員驗明點收按收石多

少價銀若干先交捌成留存弍成俟水石交足日然

後清找銀色俱用雙龍毫

一水石安放地點任由本公所督理員指揮毋得異言

一本圍開投水石以壹百萬觔爲壹號若有加多隨時

商酌

一水石分叁期收足以十壹月十五以前爲第壹期拾

壹月廿五以前爲第二期十二月初五以前爲第三

期倘有逾期本公所有退回之權該責票銀及留下
二成之銀不得追討
按前志水石均取大塊不及伍拾斤者不取以爲石大乃
穩重也不知石大罅大石在水中甚易搖動故石壩不
久冲去有小石塡塞其罅則穩固不搖大石塡底小石
蓋面最爲合宜又不可不知也

開投石灰章程

一投石灰每票收責票銀弍拾元

一投以取價最低者得倘有同票先開先得惟必取價低過本所攔票者爲有效

一本園所用石灰或用東安上石灰或用北江上石灰投票者須分別註明每担取價若干

一石灰到步時以司碼秤交足由本公所督理員收足秤毋得執拗

一石灰交到時經本公所督理員驗明點收接收灰多

九江谷行街宜昌印務承刊

少價銀若干先交七成留餘三成則俟石灰交足日然後清找銀色俱用雙龍毫

一本圍招投之石灰以拾萬斤爲一號

一石灰到步由本公所指點運至某基段缺口上至吉贊橫基下至吉水竇等處

一投得石灰者必須依本公所限期交灰倘有逾期本公所得有退回之權

一所投或東安石灰或北江石灰俱要上等好灰不得以雜灰及次灰混充若有此弊本公所得有退回之權

續桑園圍志卷十二

防患

利害之所在爭訟之所集也祇知所利在已不知所害在人人既不堪其害我能獨享其利哉事有利害雖未形而患有不容不防者審其勢而知其幾也防之爲義太矣桑園圍之利害在水道之通塞利在通則害在塞夫人而知矣數十年來訟端迭出無非由阻礙水道而成因阻礙之爲害迫而出於爭者勢也圍包西樵山山下田畝爲數十山泉之所瀦每遇淫雨加以潦漲田即

爲壑秋成無望矣下流病不能洩故也疏通之不暇可復輕言塞乎後之君子無議前人之拙而輕舉妄動其可哉志防患

呈上游陳明三口活隄窒碍情形

呈爲　縣詳活堤下情未達據實陳明以伸公論事竊桑園圍
活隄一案主築者以其足禦倒灌阻築者以其有碍宣洩是
是非各執言人人殊本年四月初二日荷蒙　縣憲函詢以
案關通圍利病奉
督撫憲傳諭上九堡紳各陳利害以備采擇紳等先經公函早
覆復奉　縣憲傳令各紳於二十五日齊集府學會議屆期
除郭乃心因事未到紳等均同赴議業將新建活隄情形詳
細面陳並請摺一一扣維時活堤諸紳先已在座因議論不合

遂形齟齬忽有九江武紳相率攘臂大肆咆哮雖經黎都戎力爲彈壓紳等仍懼決裂不辦而退以爲公函淸摺且呈縣憲如果有意垂詢自可據情上達乃 縣憲竟以郭紳不到遂謂覆函尙署並置所陳淸摺槪不及詳反有責於上九堡之不向官呈辦者獨不思上年 縣憲委勘之初並未傳諭上九堡是以紳未及呈辦繼而奉准給示紳等集學駁辨數次溫紳子紹屈於公議自願能築是以紳等不復呈辦迨于月間活堤之工忽興羣相驚駭而其時下五堡中已自搆訟馬營圍復起衅端奉諭停工紳等又何容呈辦茲既動明問

會衆集議而乃曲恕武夫之咆哮轉坐紳等以唯諾卒使下
情莫達固大失上九堡僉同之議抑更有負
大憲清問之心迫得聯赴崇轅據實陳明恭備采擇如紳等議
論未愜而活堤諸紳任其智術堅意主築紳等固不能力爭
惟是去年活堤之議發自溫紳子紹彼其先侍郎公嘗有大
功德於本圍民有餘慕以故鄰圍焚拆亦不至相率效尤今
者溫紳知難而退羣用帖然若復再動大工輕爲嘗巧深恐
輿情不愜非復一二武夫所能以咆哮相禦也紳等爲地方
利害起見理合條列窒礙情形並將覆 縣原函節畧恭錄

清摺呈請

察核批示祇遵除稟外爲此具呈備由切赴

順德縣詳覆活隄稟稿

敬稟者案奉

藩憲札開奉

前撫憲批據南海順德縣桑園圍紳士溫子紹等聯請在桑園圍下游獅頷東海高滘三口創築活堤一案奉批事關農田水利且係十四堡公衆之事必須詳細勘明衆情允協方可舉行仰布政司即飭順德縣體察情形逐加查勘分別核辦等因轉行到縣奉此隨據溫紳子紹等赴縣稟同前情並准南海縣移會訂期勘辦當經卑職會同南海縣前往桑園圍

擬築活堤處所逐加履勘該圍分隸南順兩縣有上九堡下五堡之別下五堡之內隸南海縣者九江沙頭兩堡隸順德縣者龍山龍江甘竹三堡而已現擬築堤之處甘竹則獅頷口龍山龍江則東海高滘兩口西北潦水盛漲即由三口倒灌而入數百年來害之已形者温紳子紹等擬在三口砌石仿照洋式倡造欖核活堤以禦倒灌之水業經南順會勘繪圖註說通稟請示奉批准予興築并經南海縣移會出示曉諭嗣據核圍紳董稟報開工日期當又轉報查考在案上年十月中旬甫經購料鳩工而十一月初間遂有馬營圍紳士

粱汝芬等以伊叁拾陸鄉圍身單薄潦水直下每藉叁口宣洩今叁口築隄河流壅遏鄉鄰將受其害南海誌載叁口妄議設閘無異瞇目而道黑白前人定論具有可考呈乞示禁等情並據桑園圍紳士朱祝年等亦以有碍鄉隣聯同指控均經卑職批飭築隄紳董停工候勘去後隨據溫紳子紹等稟報獅領口工廠於客臘初六日被汝芬等糾衆焚搶等情而粱汝芬等又先後赴

臬憲控奉批行查勘比經卑職親詣獅領口查勘工廠木料等物有被焚情形其時馬營圍搢紳如京卿黎兆棠等均在河

干接見且首執南海縣誌禁築三口爲言卑職就便巡視馬營圍與獅頷口夾河而立據云叁口築堤西潦盛漲時不無湍急此害之未形者當郎諄屬馬營圍各紳約束鄉民不得滋事一面飭令叁口堤局遵照停工聽候處斷時已歲聿云暮矣新正晉謁

督憲承詢叁口情形亦奉飭令溫紳停工之諭卑職禀辭回署正在邀集兩造紳士熟籌善法期於兩不相妨不謂叁口堤局糾合伍堡紳民各於要隘處所築台置炮屯紮鄉勇叁棚并鳩集工匠民夫日夜趕築活堤揚言敢有阻撓即行轟擊

以致馬營圍內叁拾陸鄉之衆忿憤不平迫即赴縣呼籲卑職星馳勘視灼見伍堡恃蠻搶築情形當傳堤局各紳相率躱匿惟一二龍鐘老農叩舷請見據稱三口築堤民生所繫勢難中止情遣理諭充耳無聞即緘諭堤局紳士鄧佩芳等飭其速停興工亦轉爲諉之鄉民不爲彈壓似此搢紳相率諉卸堤局晝夜趕築殆有計日告成之勢然其不恤衆論一味用强非僅等官諭如弁髦抑甚慮動鄉隣之交鬨蓋伍堡與叁拾陸鄉勢均力敵各以類從萬一不逞之徒居閒交搆即恐激成械鬬愈難收拾星火燎原之患不可不防之於早

惟兩比揞紳巨室意氣相高必須仰仗
憲威迅飭溫紳子紹速回原籍勒令匠作停工一面照會黎京
卿並扎飭南海縣分別彈壓叁拾陸鄉及九江沙頭兩堡方
免變生肘腋此事溫紳倡議於先難保卸責於後而黎京卿
達尊俱備聞望素崇定能訓服鄉人也至活堤之應築應罷
必俟停工後集衆調處以弭後衅事處迫切不及會商南海
縣合單銜馳稟
憲台察核伏乞迅賜批示衹遵不勝翹跂待
命之至謹稟

下流三口不宜築閘節略

謹案桑園圍周迴百餘里中包十四堡田廬西北兩江環流而下西堤自先登堡起至甘竹灘下止東堤自仙萊岡起至河澎尾止其形如箕西北隅爲箕腹東南隅爲箕口自甘竹灘下至河澎尾相距約叁拾餘里向不設堤其土人各築子圍以自衛遂缺此三口而獅頷東海高滘以名焉圍之西牂牁江急流直下得甘竹灘橫塞其衝水勢已順趨於新會香山等處流入灘下者無幾圍之東自紫洞隆慶下流至河澎海外亦與灘下水分洩於黄連勒樓各支河水勢已散緩不足爲患故雖遇潦漲

九江[illegible][illegible]昌印務承刊

三口不無倒灌亦聽其各自消長向不設閘以爲內水宣洩之區蓋地勢使然也每當春夏之交各堡霪雨所積潦水復由各竇鏬灌入加以山水內漲自西樵山順流而南原野一望汪洋宣洩稍遲早禾固多失收晚禾亦或趕蒔不及若再於三口築閘壅塞下游咽喉無論圍堤遇决水無出路全圍必成澤國即此啟閉需時消流自窒不獨上九堡秋蒔既難應候即下五堡桑魚塘亦被久淹其爲農桑害可勝言哉徙（徒）欲免外水之侵己先受內水之困彼倡築閘之議者殆未熟籌全圍利害耳查從前溫侍郎於斯圍功德最大而所經營者皆專力於上九堡絕

不措意下游卽謂先公後私重所急而輕所緩然侍郎竭數拾年心力如果三口應築不當如是其恝知成法在所必循故圍圍既感其厚恩而並服其深識夫里閭共處休戚相關使三閘之設果有大利於下游無大害於上游何難委曲相就無如通盤熟計下流之三水口委係全圍拾肆堡咽喉要道並非下五堡所能自私實有萬萬不能堵築者紳等向持此說兩集邑明倫堂與滘紳往復辨難彼亦屈於公議許作罷論且謂若再倡築任由稟攻第念誼屬同圍不忍以利害未形遽相搆訟是以前奉

鈞諭公覆亦祇畧陳其概至應行應止

憲台自有權衡乃復奉集學面議之

諭仰見

憲意審慎不厭周詳紳等利病所關自當直陳無隱總之主三

閘者顧偏隅阻三閘者籌全局贊三閘者狃近利慮叄閘者懷

永圖何去何從兩言可決竊謂事苟係全圍利害就令下五堡

詢謀僉同然且不可況首與發難者彼五堡已不一其人與其

違衆論而遑偏私何如仍舊貴而釋羣議之爲愈也仰奉

垂詢不能自默敬列清摺備陳所見是否有當伏候

憲裁實爲　德便

桑園圍上九堡紳等謹呈

九江谷行街宜昌印務承刊

桑園圍志

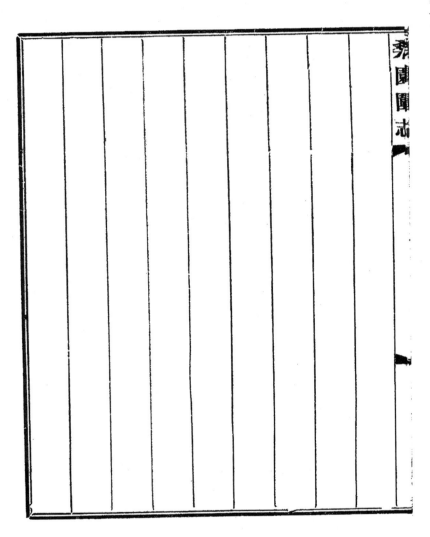

上九堡覆邑侯書

敬肅者月之二日奉到　賜書以三口築閘釀事一案亟思集衆旁詢妥籌辦法仰見　虛衷盛德欽感莫名緣桑園圍內包十四堡其形如箕築圍時特留獅領東海高滘三口以便宣洩前人具有深意邇因下沙增築潦退稍遲居近三口者閒有倒灌之患然以其淹浸無幾向亦安之去年龍山鄉溫紳子紹聯合下五堡倡議於三口創建活隄藉以自衛而上九堡鄉民皆謂其有礙宣洩嘖嘖止之六七月時各紳經集邑學明倫堂數次與溫紳反覆辨論各陳利害並查圍志邑志均有禁築三口

明文一若慮後來浮議而預爲之防者溫紳屈於公議願作罷論且稱自後若果興築任由稟攻等語各堡帖然以爲從此相安無事矣乃十月中旬突聞三口活堤興工在卽不勝駭異顧念誼屬同圍不忍互相搆訟且上九堡宣洩之礙害尚未形如果下五堡均以爲利礙難强阻不料旬日之間九江堡之朱祝年龍山堡之譚鶚英甘竹堡之余守約等紛紛稟阻則是活堤之設不獨上九堡慮其有害卽下五堡亦非盡以爲利也迨至馬營圍衆以阻築之故激成焚毁奉　諭停工此其得失情形早在列憲洞鑒之中無庸瑣瀆乃

鈞諭以案關鉅大必須衆論持平方能息爭妥辦忖思圍內地勢高低不一利害不同言人人殊似少兩全之術但爲調停計應令叁口仍循舊蹟以爲全圍宣洩之路而於附近叁口之處各自加高堤基以防倒灌庶足杜異議而息爭端是否有當俟鈞裁至函內又云二月廿九日訂邀在事各紳到縣面談一節紳等實未奉有　明諭以故不及赴轅親聆　渠訓不然事關桑梓又何敢如是之怠玩也肅函祇復藉展下忱虔頌

勛安仰希

壽鑒

上九堡致下五堡書九江沙頭龍山龍江甘竹

公啓者前月二十六日闔衆會議三口活隄事僉以此舉有碍大局因函致溫䭾翁曲陳利害勸令罷議覆函謂非一己之事當函商五鄉以定行止又謂日前屢到　河神廟議兼有節畧傳知各堡初無異議此言非盡實情也去年　河神廟之議各堡在座者多云非所宜爲其沮之甚力者大同陳君希柳也不得謂無異議矣節畧則寓目者實少亦不得以遍傳節畧即謂衆情允協也䭾翁以此事委之五鄉謂非一己所得自主故廹得將利害情形粗爲　高明陳之我桑園圍創築以來觖下

流三口以消洩內水非不慮及倒灌也後人因倒灌之爲患自築子圍未嘗議堵下流也是豈前人之拙哉計深慮遠熟籌大局有所不可也圍中西樵山周迴四十里山水常涓涓不絕當春夏霖雨諸凋流入田中足以增內水之漲誠不知其尺寸何如總之山水助雨水爲虐消洩遲則病禾稼此前人所慮亦夫人而知者也方今下流子圍增築日多雖有叁口宣洩上流諸水猶患其壅滯田畝頻年被淹村落之在水中央者所在多有情形實與五堡同近年業戶患田稼無收多改作桑基而內水愈漲昔所稱地勢最高者今亦多淹及矣水愈漲消愈遲田

禾愈不可問猶復從下流增其閉塞上流各堡得不成澤國乎五堡無禾田業皆桑基耳桑基高淹者少即低亦可培築田被淹無能爲力也桑株非年年種蒔須按時節也田禾種蒔過時則無收矣以今日上流各堡受內漲水患比五堡水患尤劇此亦地勢使然無可如何者也從前留心水利者議在沙頭人字水開一竇穴使內水暢消保全禾稼倡其議者明立峯先生亦伍堡中人也惟其習於圍務洞悉情形故規畫如此無如議種不行爲可惜耳其序桑園圍志首以獅領口等爲言亦慮之深憂之切矣從來先達有功斯圍最卓著者前明則九江陳東山

先生嘗築倒流港未聞建議並築三口閘　國朝則龍山溫賞坡先生呈請借帑生息爲歲修專欵其時叁口倒灌當與今日無異向使築閘足以自衛田廬無礙大局彼倡其議誰則與之齟齬者而亦未聞議及也此其故可思矣如謂今昔異勢當隨時變通則下流之不可壅遏初無今昔之異也圍志載九江欲築高篸局基爲內防各堡以閉塞水道聯請禁止此康熙四十五年事也楊滘築壩有碍水道台南順三水三縣呈請毀拆此同治四年事也前後兩事一在圍中一在圍外均蒙當道照所請批行則下流之不可壅遏明矣且事更有近在數年內者焉

頭岡閘猶屬圍外事也龍江閘則圍中事矣龍江閘不過障碍龍山下流初無害全圍大局猶且闔圍聯呈移營督折今三口堵以活堤猶閘也獨無碍水道乎抑龍江不可礙三口不妨碍乎謂三口今昔異勢三口與龍江閘亦今昔異勢乎明於龍江閘不可築亦可知三口閘不宜築矣至謂活堤作欖核船形大小長短悉照河道深濶水有五分灌入即將船截河口水退則將船引退使內水消洩以爲潦漲時外水方倒灌即無閘內水亦難逆流而出有閘則內河水低消洩較易其說似屬可從不知欖核船上闊下狹兩邊石磡阻碍去水與閘無異且水入時

以五分爲率而閉則水退時亦當以五分爲率而啟何也外水高而內水低啟則外水灌入勢不可也必俟水退五分而啓前水未退後水繼來則啓時少閉時多矣內水之困豈待問哉況閉閘以五分水爲率伍堡地勢低者田廬先已浸矣益之以數日雨水溝澮所集無難增至七八分是有閘亦與無閘同且爲患倍甚何也無閘則外水退一分內水亦消一分有閘則外雖退內水未遽消也俟閘啟斯退遲數日矣第知潦漲時雖無閘內水不能出豈知潦退時一有閘內水即難出乎第知有閘不受外水之害豈知有閘轉受內水之害乎又啟閉全恃機器勢

難持久一旦有壞非其人不能修修不及時則貽誤多矣後人因修之不便能不變活隄爲閘乎匪特此也三口閘成大同常啓三陴上流水建瓴下雖五堡地廣足以容受有餘要不得不爲自全之策由是築横基以斷上流之議起矣不築則作法自斃築則構怨不解械鬬興而命案出矣此皆意中事不待智者而後知也議者又謂近年大同設三陴圍內已分爲兩截上流九堡久已截斷下三口有閘無閘於圍身本無損益不知雖無損益於上游圍身實大礙於上游水道蓋上游諸水由三陴宣洩者十之三四由三口宣洩者十之六七按大同三陴其詳雖

不可考而邑志載道光二十六年上游各堡助銀倡修由來已
舊正所謂衆情允協者也今閱　貴處禀稿謂闔圍紳民僉以
爲便揆諸事實夫豈其然此無論上九堡衆情未協也即探之
五堡輿論亦屬依違參半而謂之衆皆樂從可乎伏乞熟商得
失仍守舊規無侈前人以貽後悔闔圍厚幸弟等擬日間聯呈
存案先此佈達倘祈　惠賜教言實爲　公便謹頌
鈞安惟　照不宣

桑園圍基段被隔河右灘黃姓佔築興訟緣由節畧

竊桑園圍連跨南順兩縣地廣人稠戶口數十萬丁稅賦式千餘頃受西北兩江頂衝之患爲粤省糧命最大之區歷蒙　前督撫憲奏撥歲修專欵踵其役者率皆鉅紳殷富力任修葺然水勢湍急衝決頻聞前淸嘉慶間南海伍元薇新會盧文錦諸公慨助鉅貲險要改建石隄全圍大修鄉人至今稱頌計自道光以後慶安瀾者七十餘年不料前年茅岡基段崩決去年甫經修復西潦旋至溢過基面叁尺有奇決口多至四十餘處人畜淹沒屋舍傾塌慘

不忍言經集合全圍十四堡舉岑兆徵等爲正副總理擔任修築適奉治河兼籌賑處佈告此次築基務須加至本年水量之高度以免再行漫溢但連年崩決民窮財盡全圍壹萬伍仟餘丈修復決口已屬不易若再加高三尺非集欵百萬難竟其功爰集衆議糧捐每畝弍元丁捐每名壹元再由義捐補助均無異議先由東基修復決口再合全圍分段加高正籌辦間適有本圍對河甘竹右灘鄉黃姓人到稱甘竹左灘桑園圍基一段名黃公隄歸右灘黃姓主管阻止辦事人不得興工交出碑文爲據查此碑文

新舊圍志俱不載詢之甘竹堡人或有謂其僞造者姑不具論順德志載甘竹隄原九江人陳博民於明洪武年間創築土基歲久傾圮至萬歷年間由黄岐山易以石隄費至鉅萬全隄鞏固鄉人感其德因名黄公隄以爲紀念今觀碑文事實相符是此基由九江堡先築土基而黄姓易之以石如謂出資修築即該姓物業則盧伍諸公捐至十萬修築全圍不將全圍盡歸盧伍主管乎圍中向章各基段均歸各堡主管年歲小修俱由各堡基段出息修補如遇潦漲搶救亦由附近基段料理以備不虞倘或全圍大

九江浴和街宜昌印務承刊

修則通力合作不分畛域即如該碑載黃公墟舖店由黃姓收租以備修葺是其明證此次全圍加築財力不逮該處基段黃姓收租日久由其出資修築減輕負擔圍內居民方歡迎之不暇何必遽啓爭端不知此次大修應由闔圍主權何則查去年水勢漲溢爲亙古所未見是以十四堡集議全圍加築遵譚督辦佈告以去年水漲高度爲準倘任右灘不關痛癢之人經理固患不能加高尤患不能堅實設再崩決不特數十萬生命財產付之東流即剗下畝捐丁捐退縮不交勢必停築豈得以少數私利而誤大

局此其不能不爭主權者一基在左灘爲陳公所築則此基非黃姓顯然追易之以石始名黃公隄兩旁舖店租利尙撥作修基之用在黃姓當日爲桑園圍計者周矣今遠隔對河如越人視秦人之肥瘠倘仍歸其主管設潦水暴漲河流湍急輪船猶且難行安望其渡河搶救此不能不爭主權者二跨基舖店全圍統計逾萬皆由附近收租培基設各堡紛紛效尤訟累何有底止此不能不爭主權者三是此次之爭非爭區區少數之產業直爭有關數拾萬生命財產之主權現各堡農民羣情洶洶已生惡感萬一

釀成械鬬則不特有負黃姓祖宗恩施之美意並辜　政
府撥欵助築之苦心迫將前情呈請　憲台察核懇飭委
協同南順兩縣履勘明確勸令黃姓停築將歷年租項撥
歸修基事務所公同修築以免侵佔而斷訟籐實爲德便
謹呈

道尹勘基節畧

謹將甘竹堡黃公隄基段應歸桑園圍修築理由節錄呈電

一圍誌載桑園圍甘竹基址於明洪武三十年由本圍九江人陳博民伏闕陳請創築土隄至萬歷四十二年西潦衝決黃岐山倡捐助築易以石隄鄉人德之因名黃公隄以爲紀念今觀右灘黃姓所呈出碑文事實相符顯見黃公隄即桑園圍古隄而黃姓易之以石如謂出資修築即爲該姓物業則盧伍二公捐至拾萬修築全圍不將全圍盡歸盧伍主管乎

一本圍對於各基段務求達修築及搶救完全主權所有墟舖

權利概不干涉

一本圍由陳公博民自甘竹灘築隄越天河抵橫岡綿亙數十里苦心毅力斷無功虧一簣舍灘上最險要之處闕而不築即以黃姓碑文而論猶稱庶幾再造之人與創始者並隆天壤則此基段原屬於本圍無疑

一築隄主義為保障圍內人民生命財産起見右灘黃姓遠隔對河捐資助築雖屬一時義舉然本圍勢不能以數十萬生命財産永久依賴外人若該基段無管築之權則萬餘丈之圍基皆同虛設

一遇潦漲搶救全賴附近基段各堡協同救護黃姓遠隔對河灘流險惡若待渡河搶救必致貽誤大局

一沿堤建舖各業主均有升科似不能以有舖附基將基段踞爲己有致礙修築

穀食祠記在第五本祠廟門第五編

雞公圍在第五本渠竇門第十二編

朱廣府示文在第三本起科門第七編

陳藩憲文碑記在第六本藝文門第三編

溫汝适碑記在第六本藝文門第五編

九江谷行街宜昌印務承刊

明之綱序在第六本藝文門第二十三編

順德縣誌在第三本建置畧堤築門第四十二編

又癸己舊志

廣州檔册後列己丑捐修收支總册内詳甘竹阜甯墟基奉發

銀弍百両交紳士黄焕賢領收在第六本卷八五十

一編

民國六年聯懇准予搶築主權

爲反客爲主牽案判斷輿情不服聯懇批准追加搶築主權以弭鉅患而保粮命事竊桑園圍連跨南順兩縣稅賦弍仟餘頃人民數十萬家爲粵省粮命最大之區受西北兩江頂衝之患按西基自鵝埠石起至甘竹灘止內有黃公隄一段地址在甘竹灘上位置於桑園圍基段之中查圍誌該隄原係明洪武年間里老陳博民叩閽請築萬歷四十二年土基崩決三十餘丈甘竹人以慈善事業央請黃公岐山捐欵以石易土鄉人德之名曰黃公隄立碑紀念厥後黃姓在隄旁建舖收租以爲歲修

經費查前清道光九年大修甘竹旱盈墟基即黃公隄紳士黃煥賢亦收領修基銀弍佰兩正載在舊圍志第八卷第五十一篇內設非桑園圍基叚烏能領桑園圍修圍專欵尤爲鐵証歷朝成案郡志縣志圍志鑿鑿可據迨前清光緒年間甘竹左右灘爲爭墟舖利權牽涉隄基圍內人不欲爲左右袒擱置不理嗣因民國三四年西潦非常暴漲連年崩決圍內十四堡聯議大修至甘竹基叚突爲對河黃姓阻築業由總理岑兆徵等通禀大吏前巡按使張泥於爭墟成案率行批准黃姓修築嗣又再行申訴蒙　省長批飭道尹履勘圍內人以爲正理可伸權

斷原主廼竟不蒙明察不惜將前明前清累代鐵案盡行推翻反據黃姓爭墟攘利卷宗遽行詳上忖思築隄爭墟顯分兩事植福釀禍截然分明况墟舖遞有變遷圍基亙古不易在黃姓碑載藉舖租以備修葺圍隄之用今查該墟舖店黃姓管業者僅得半數設異日全墟變賣尚何恃以爲修葺經費修築主權不能屬之圍外人者一也凡事非切身利害誰肯出死力以爭然論黃姓遠處隔河西潦暴漲時灘上下水勢相懸一丈有奇輪船猶不能行必不能渡河搶救當夫水溢基面勢正漫延亦非少數人所能維持常有一村人搶救不敷鳴鑼報警附近十

餘有人齊出救護始獲轉危爲安者更有基段鬆浮勢將折裂
樹樁架板冒險施工露立風雨泥濘中竭數晝夜之力始克復
完者其奮不顧身之概豈圍外無關痛癢之人而能當此乎搶
救主權不能屬之圍外人者二也在道尹爲息事寧人起見或
末暇細詳惟本圍經年水災若築圍搶救之權永操諸外人萬
一修築不堅搶救不及猝有變故全圍損失黃姓能具結賠償
否搶救公所判與黃姓設立譬諸室有火警不准自行撲滅灌
救之權悉委外人寧有是理設遇潦漲危險圍內人痛甚切膚
勢必相率搶救倘有衝突則害上加害是 省長判令黃姓搶

敎欲爲全圍造福適以種禍毋乃與仁人用心相剌謬耶現在羣情洶洶萬分憤激瞬生鉅變何法制止不能不據情上達聯懇批准追加搶築之主權以弭後患而保粮命實爲 公便

南順桑園圍十四堡紳董前南海縣知事李寶祥廣東省議會議員符仕龍紳士余得偁崔鎏何炎璣岑鍾英黃銳何毓楨關遇志黃攀孫關辰階李莪士賴有秋何學彰蔡最白余侯建何禹州潘少彭潘炳棻陳星梅李綺樓陳渭儔郭錫彤關章甫吳秉衡陳舜軒冼仁卿何爾昌胡頌棻余潔泉余颺經李舜臣李伯嚴譚克強趙佩琪郭民發潘

守約陳雨村黃孔紹關玉成程炳琪梁禹傳關朝棟曾寶祥陳惕菴關獻琛關藻華余得士關子惺何輪堯張燮垣蘇維棟李厚培潘佐儉羅錫洪陳香池溫子琴黃晃賡蕭鵬舉黃澄溪關頌廷等謹呈

督軍批查

省長批此案前據粵海道呈覆業經督同南順兩縣親詣勘明復查案卷按諸事實黃公隄基批歸黃姓措貲由官廳監督修繕幷飭黃姓於壠內常設黃公堤基務公所購儲救基器具以備不虞等情當以所斷甚屬公允今復照辦幷飭迅將堤務公

所規約妥定呈核以免諉卸旋據該道呈復以順德縣繳到堤
務公所規約現經核明均甚妥協所請由道給示泐石以免日
久爭執應准照辦已飭縣遵照等情各在案是該道辦理此案
尚屬審慎周妥現呈仍恐黄姓修築不堅搶救不力致受損失
自係預防水患起見候行粤海道即飭順德縣轉諭黄姓紳董
切實辦理以重要工至所請追加搶築主權各節應無庸議此

批

中華民國六年三月

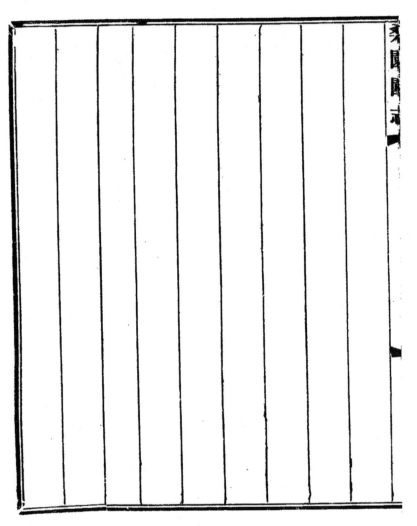

南海縣訓令

現奉

粤海道尹訓令奉

省長指令本公署呈報查勘順德縣黃公隄擬辦情形一案內開呈悉桑園圍董岑兆徵與順德縣紳士黃慕湘爭築黃公隄基一案既經該道督同南順兩縣親詣勘明復經詳察案卷按諸事實黃公隄基段擬仍歸黃措資由官廳監督修理并飭黃姓於墟內常設黃公隄務公所儲備救基器具處斷甚屬平允應准照辦仰即分行南番順兩縣轉諭

桑園圍志

各紳董遵照毋得再有爭執至黃公隄務公所幷飭順德縣知事督令尅日成立妥定規約專案報核以免諉卸而重要工此令等因奉此除分行外爲此令仰該縣知事即便遵照辦理等因奉此合就令仰該總理即便遵照此令

黃公隄基務公所規約

一在黃公堤埠寧墟設立黃公堤務公所延聘墟正墟董常川駐所辦理墟務防護墟堤薪金由黃姓籌送

一購備椿橛竹笪畚鍤包袋坭土一切救基器具存儲堤務公所以便需用每月由墟正墟董查點一次倘有缺壞即行

照補

一週年僱工役二名巡視堤基考查察水㢘如遇西潦盛漲即添僱多名日夜梭巡堤上或有坍塌滲漏飛報公所董理督率子弟帶同墟內警勇僱集墟內工人齊同赴救

一埠寧墟向設橫水渡八艘晝夜開擺潦水稍漲時即加渡夫帮棹開駛以便來往平日黃姓子弟在灘口拉縴[illegible]與及在灘面網魚船隻之人不少均熟習水性慣歷風濤遇險可以招呼帮同赴救護分別給賞以期踴躍從事

一潦漲時黃姓紳士當與子弟齊集黃公堤日夜守護以防不

虞

設腰牌分給族衆在墟內貿易者聞有警告即佩牌齊赴公所領取器具馳往救護

呈懇恩准將黃公隄搶救修築主權歸還本圍由

南順桑園圍修基公所呈爲主權坐失貽誤無窮聯懇恩准仍將黃公隄修築搶救之權歸還本圍以弭水患而保生命事竊查黃公隄基址原屬桑園圍之內因萬歷四十二年該堤冲決三十餘丈附近左灘鄉民財力困乏聯懇右灘鄉民黃岐山慨允捐貲助築易以石堤鄉人感德因名之曰黃公堤此亦不過崇德報功藉留紀念之意迨後黃姓在堤旁建舖收租備作修基費用然向來小修則歸黃姓經理大修仍由全圍公舉董事抽收畝捐合力興築數百年來相安無異查桑園圍界連南順

兩邑並分東西二隄攷圍志所載黃公隄實卽桑園圍基段係由南海九江義士陳博民於明朝洪武年間伏闕請築由甘竹灘起越天河至橫岡綿亙數十里有穀食祠記可據並有羣志可稽厥後雖標名曰黃公隄然探本尋源究非出乎桑園圍範圍之外觀於乾隆五十九年全圍大修官督紳辦奉廣州府轉奉藩司札飭聲明西隄自南邑鵝埠石起至順德甘竹灘止又嘉慶二十四年南海縣奉督憲諭內載勘得桑園圍一道自南海先登堡起至順德甘竹灘止又二十五年余刺史詳文內載西隄上自南海三水交界馬蹄圍起下至順德甘竹灘止是黃

公堤包括於桑園圍之內已瞭如指掌而大修工程非僅由黃
姓一族主持更明若觀火矣民國四年夏潦暴漲溢於桑園圍
基面三尺有奇決口多至四十餘處人民蕩析離居慘害不堪
言狀 總理 等爰於秋後潦退照案集衆籌欵大舉修築以資補
救乃順德右灘鄉黃慕淵等竟以黃公隄係歸伊黃姓管理不
許 總理 等修築恃強措阻絕無理由迭經 總理 等具呈辯明並
檢齊圍志圖說案據呈請
鈞署察核在案旋蒙
前省長朱 電飭前粵海道尹 王典章親詣查勘詎王道尹因

狃於從前左右灘互爭墟舖權利成案不加考察遽將黃公堤斷歸黃姓籌修並飭立堤務公所儲備救災器具遇有水溢堤面亦令黃姓預備搶救諭令遵守不思桑園圍綿亘數十里圍內十四堡人民生命財產惟圍隄是賴每當水漲堤危合力救護蓋一隅潰決全圍受災痛切剝膚勢無坐視黃公隄為桑園圍固有之基段今以搶救修築之權付之隔河之人本圍反不得干預恐無是理況黃公堤附近上下橫坦頭及大洋灣等處最為險要西潦漲發洶湧沖激時虞崩決黃姓遠處堤外隔河當潦水湍急時輪船且不能行駛安能渡河搶救王前道尹斷

令該隄歸黃姓搶救修築飭設堤務公所潦漲時黃姓子弟在
堤日夜守護以爲責有攸歸寧人息事須知圍隄每有險工必
須集衆搶救本圍人居處相近利害相關聞呼即集黃姓遠在
隔岸堤上雖設公所黃姓子弟斷不能舍其常業日夜駐守潦
水漲發無時有事仍難飛渡設遇圍工緊急搶救不及十四堡
人民生命財産何堪設想總理等素日在外經商從不與聞鄉
事此次因災重創深逼於公義擔任籌修不料黃姓橫生枝節
啓此訟端自王前道尹斷定後圍内各鄉人民萬口同聲誓不
承認並以喪失圍權貽害大局見責總理等旦夕徬徨罔知所

措恭値
督軍省長道尹痌瘝在抱用敢披瀝直陳伏懇
俯念全圍生命財產關係重大准將王前道尹所斷黄公堤專
歸黄姓搶救修築之案迅予撤銷並分行南順兩縣飭令仍照
舊章凡年中小修卽責成黄姓經理若遇大修則由十四堡公
推董事主持以期通力合作共獲乂安 總理 等祗要求搶救修
築之主權非爭壚舖利益想
明鏡高懸當邀
洞鑒也不勝迫切待命之至爲此上呈

廣東督軍

廣東省長

粵海道尹

程學源

總理岑兆徵等謹呈

關勝銘

桑園圍志

南順兩縣會銜呈覆督軍省長兩署公文

呈爲會銜呈請核示事案奉

鈞署第一六五一號批據南順桑園圍修基公所總理岑兆徵

呈請將黃公隄修築搶救之權歸還本圍以弭水患一案由內

開案經朱前省長委王道尹詣勘呈覆云云叙至會同順德縣

查明擬復以憑核奪呈鈔發此批等因奉此遵查此案雙方纏

訟已久在黃姓方面堅稱修圍有主黃公堤係屬自業修築搶

救之權無庸他人干預在桑園圍一方則以黃公堤係桑園圍

之一部分若坐失修築搶救之權一旦有事勢必牽動全圍貽

害無已兩造各持一說計非按切事實查勘明確無以明眞相
而昭折服知事惺常當於十一月二十九日會同知事大客傳
出兩造前往踏勘勘得黃公隄基址南北均與桑園圍接連中
間自阜寧永寧閘口起至永昌閘口止俱用石砌成爲黃公隄
隄面建有店舖卽爲阜寧墟前後基段皆與桑園圍互相啣接
聯成一氣勘畢繪圖旋卽邀集兩造孜詢一切據黃孟綸黃仲
山等僉稱黃公堤基段係伊祖黃岐山於明萬歷年間在本鄉
土名横坦頭及大洋灣地方用石建築後於堤面建鋪收租以
鋪歲修隄工之費卽爲阜寧墟前淸光緒七年宣統三年先後

與左灘控爭墟隄均經官廳判歸黃姓管修民國六年復經王前道尹親到履勘照舊案斷結并飭黴族於墟內設立堤務公所以備籌修搶救現桑園圍董誤認黃公隄為雞公圍基段故必欲爭修築搶救之權不知黃公堤與桑園圍各不同地攷圍誌雞公圍自南海九江分界樹起至皐寧墟止與黃公堤墟中隔一倒流港是則地名基址各自有別且桑園圍與黃公堤本不相接該圍圍尾基段實係現時迤東之小路直入村心乃該圍董等不向舊時之基段接築而偏與黃公隄接築實係錯誤等語又據岑兆徵等稱桑園圍誌載黃公堤即桑園圍基段前

由九江人陳博民於前明洪武年間創築土堤由甘竹灘起越大河抵横岡綿亙數十里有穀食祠記爲據嗣因前明萬歷年間該隄崩决數十丈該處右灘鄉人黄岐山慨然捐貲易築石隄人感其德因名爲黄公堤并刻碑泐石永爲紀念推原溯本實係陳博民舊隄之基段並非黄姓產業否則黄姓自隄自築鄉人何以德之且爲之刻石以爲紀念乎況乾隆五十九年全圍大修時奉廣州府轉奉藩司札飭聲明西隄自南邑鵝埠石起至順德甘竹灘止又嘉慶二十四年南海縣仲奉督憲諭内載勘得桑園圍一道自南海縣先登堡起至順德甘竹灘止又

二十五年余刺史詳文內載西堤上自南三交界馬蹄圍起下至順德甘竹灘止是黃公堤原屬桑園圍範圍之內彰彰可攷乃黃姓必欲將黃公堤一段與桑園圍離異復强指迤東之小路謂爲桑園圍圍尾舊基段與前次道尹履勘時所指之小路又各異其處隨意妄指實不可解且所指係小路而非基段一覽自明豈有壹萬柒仟餘丈之圍首尾皆歸管轄而中間獨截分一段劃入他人掌握之理今黃公堤前後基段皆由桑園圍修築管理乃强劃彼此接連之弍百餘丈使桑園圍無修築搶救之權須知圍內十四堡人民百數十萬生命財產惟圍堤是賴

若遇水漲堤危合力救護尤慮不足今以搶救修築之權付之隔河黃姓反令闔內人束手旁觀恐非情理之平且黃姓所恃為修築堤之費不外墟利一項今調查墟內舖店黃姓已逐漸變賣十之四五歸左灘鄉胡姓管業將來人事變遷設不幸而變賣殆盡墟利且歸於無着隄工將安所責成十四堡生命財產豈同兒戲猝有危害誰將負責應請據情轉呈將前案撤銷所有修築搶救之權概由闔內十四堡人民通力合作至於墟利一項願遵前斷永不過問各等語據此知事等細核雙方繫爭之點不外兩端一黃公隄是否黃姓產業一修築搶救之權

應否公開關於第一爭點兩造各援引碑志文告以爲憑證惟查黃姓所引南海桑園圍石刻圖有雞公圍及黃公隄各地名又載雞公圍自南海九江分界樹起至皐寧墟止又順德縣誌載明萬歷間黃岐山築石隄捍水鄉人德之名曰黃公堤各節似係斷章取義於原文條理未盡貫通故辯論愈多糾紛愈甚知事等伏查順德縣志卷五建置畧堤築類有雞公圍沿革一段其文曰雞公圍在甘竹左灘自南海之九江鄉分界樹起至皐寧墟止共長弍佰陸拾丈高玖尺伍寸底寬捌尺面寬叁尺明洪武間里老陳博民創築修久傾圮鄉人黃岐山易以石堤

費至鉅萬全隄鞏固可以經久鄉衆德之名曰黃公隄鐫於縣泐石至今存焉云云細繹全文則雞公圍黃公隄阜寧墟實同爲一地黃姓對於全阜寧墟止誤爲至阜寧墟閘外止遂滋轇轕遍查黃姓前後呈詞阜寧墟之下皆加閘外二字未免畫蛇添足查原文所謂至阜寧墟止當然指全墟而言自墟頭至墟尾皆包括在內若加多閘外二字則界限逈別與原文下截陳博民創築黃岐山易石之語互相矛盾蓋雞公圍由陳博民創築至黃岐山而易石易石之後即名爲黃公隄則是黃公隄與雞公圍是一非二若謂雞公圍在阜寧墟閘外則黃公隄亦在

阜寧墟鬧外奕案之事實豈非適得其反揆其錯誤之原實由
黃姓於歷次呈禀呈文內多加鬧外二字又復斷章取義祗節
錄自九江分界樹起至阜寧墟止一段反畧去陳博民創築黃
岐山易石一段讀者未觀全文致淆耳目此所以糾紛不息也
若細玩全段上下文意義復按合事實則阜寧墟黃公隄雞公
圍實一地而三名其至阜寧墟止一語應以阜寧墟全墟爲斷
則文理及事實均脗合無鬧至於界至及丈尺實數查檔卷內
黃姓前後呈文有曰自南順分界石起至阜寧墟止計長弍百
陸拾丈有曰自南海九江分界樹起至阜寧墟止計長弍百陸

拾丈或樹或石標的不同代遠年湮似難確指王前道尹勘丈時實得叁百叁拾叁丈相差甚遠其爲標的錯誤顯而易明似當在闕疑之列惟一地三名按諸文理及事實均相符合此查勘時所得之情形一也關於第二爭點在黃姓主張動謂自築自業無勞外人干預使黃公隄果係黃姓產業則拒絕干預誰曰不宜無如順德縣志所載明明陳博民創築而黃岐山易石又易石之後黃姓因之建舖收租故謂石與舖爲黃姓產業則可若謂堤之原身爲黃姓產業無怪桑園圍董等之振振有詞也且不受他人干預必自己占有完全獨立之地位乃可何以

該堤前後基段皆與桑園圍啣接一氣自己本身并無收束既係啣接一氣則全身痛癢相關豈能於全圍壹萬柒千餘丈之中劃分弍百餘丈自行離异況救災恤鄰人有同責若潦水滔至痛及肌膚猶必令圍中身受者相率坐視止許圍外隔河之人相率搶救平心論事似亦反乎情理之常至阜寧墟黃姓店舖逐漸變賣一節知事等履勘之餘訪問墟民亦實有其事此查勘時所得之情形又其一也竊謂甲地乙建事所恒有黃姓先祖易坭隄爲石捍禦水患功德在民其後人因隄建舖歲收墟利亦不過食祖宗之賜自應永遠維持以彰善類至修築搶

救之事關係全圍大局不妨公開使圍内十四堡人民通力合
作縱有危害藉羣策羣力亦較易於籌顧現桑園圍董等所稱
墟利一節願遵前斷永不干預實屬深明大義至小修責成黄
姓大修由十四堡公推董事主持係爲顧全大局起見權度事
勢似當可行所有遵令查覆各緣由理合備文會銜呈請
察核是否有當伏候
指令祇遵實爲公便謹呈
廣東省長張　　　　　　南海知事何
粤海道尹張　　　　　　順德知事陳

張省長批

呈悉桑園圍董岑兆徵等與黃姓士紳互爭修築黃公隄主權一案既據該縣會勘明確復經攷查志乘傳集兩造詳加研究黃公隄基段原與桑園圍啣接一氣不能離異所稱阜寧墟黃公隄雞公圍實一地而三名黃姓所爭基身主權證據多有錯誤且現在阜寧墟內舖店黃姓經已逐漸變賣是黃姓既不能完全永保墟產自不能保其必不貽誤隄工今桑園圍董對於墟利既願遵照前斷永不干預祇爭修築搶救之權是所爭者爲保護全圍生命財產之權也若以保護全圍生命財產之權

仍授之危險可虞之人起黃公於九京當亦歎辦法之未妥應如所請阜寧墟利仍歸黃姓歲中小修即責成黃姓經理倘有大修險工均由十四堡公推董事主持以便統籌全局從前朱前省長斷黃公堤專歸黃姓修築搶救斷案應予撤銷希粤海道即便分行南順兩縣轉飭桑園圍基務公所暨黃姓紳董一體遵照此令

南順兩公署訓令抄錄

中華民國八年十一月廿七日　令桑園圍基務公所

民國九年請給示勸石呈

爲呈請給示勸石以垂永久事竊敝公所現奉

南海順德縣公署令開現奉

粵海道尹公署第五九號訓令開現奉

省長公署第七二六九號指令據南海順德縣會呈遵飭勘明

黃公堤基擬辦情形由令開呈悉桑園圍圍董岑兆徵等與黃

姓士紳互爭修築黃公隄主權一案既據該縣會勘明確復經

攷查志乘傳集兩造詳加研究黃公堤基段原與桑園圍啣接

一氣不能離異所稱旱寧墟黃公堤雞公圍實一地而三名黃

姓所爭基身主權証據多有錯誤且現在皐寧墟內舖店黃姓經已逐漸變賣是黃姓既不能完全永保墟產自不能保其必不貽誤堤工今桑園圍董對於墟利既願遵照前斷永不干預祇爭修築搶救之權是所爭者爲保護全圍生命財產之權也若以保護全圍生命財產之權仍授之危險可虞之人起黃公於九京當亦歎辦法之未妥應如所請皐寧墟利仍歸黃姓歲中小修即責成黃姓經理倘有大修險工均由十四堡公推董事主持以便統籌全局從前朱前省長斷案黃公堤專歸黃姓修築搶救之案應予撤銷希粵海道即便分行南海順德兩縣

轉飭桑園圍基務公所暨黃姓紳董一體遵照此令等因奉此
幷據該縣呈請到道據此合行令仰該縣遵照令飭辦理幷轉
飭桑園圍基務公所暨黃姓紳董一體遵照此令等因奉此合
行令仰該公所等一體知照此令等因奉此仰見
鈞憲洞悉民隱秉斷至公敝圍十四堡人民同深感激然此案
爭持已久皆由黃姓多方抗阻致使敝圍不能行使修築搶救
之權又復淆惑官廳以致修搶之權判歸彼等反使圍內人民
不得干預今幸
鈞憲剖辨明白毅然將朱前省長前斷撤銷總理等爲維持

永久計擬請

鈞憲將此案查勘情形及判斷事實會同

督軍署給示泐石以垂久遠庶堤務藉以保障而圍內十四堡

人民均拜　嘉賜矣除呈

督軍外謹呈

廣東省長張

桑園圍董岑兆徵等呈請給示泐石由批

案經斷定所請會同給示遵守應予照准仰粵海道即將發來佈告飭發南海縣轉發該公所具領可也此批

佈告

爲佈告遵守事照得桑園圍董岑兆徵等與甘竹黃姓互爭修築黃公堤主權一案業經本省長飭據南順兩縣會同查勘擬辦呈復到署查核會復情形頗爲詳晰當以本案既據該縣等會勘明確復經攷查志乘傳集兩造詳加研究黃公堤基段原與桑園圍腳接一氣不能離異所稱旱寧墟黃公堤雞公圍實

一地而二名黃姓所爭基身主權証據多有錯誤且現在阜學墟內鋪店黃姓經已逐漸變賣是黃姓既不能完全保有墟產自不能保其必不貽誤堤工今桑園圍董對於墟利既願遵照前斷永不干預祇爭修築搶救之權是所爭者爲保護全圍生命財產之權也若以保護全圍生命財產之權授之危險可慮之人起黃公於九京當亦歎辦法之未妥應如所請阜寧墟利仍歸黃姓歲中小修卽責成黃姓經理倘有大修險工均由十四堡公推董事主持以便統籌全局從前朱省長斷定黃公堤專歸黃姓修築搶救之案應予撤銷令粵海道分行南順□兩

縣[illegible]飭桑園圍基務公所暨[illegible]姓紳董一體遵照在案續據該圍董岑兆徵等呈請給示前來本督軍省長復核本案已經斷定所請應予照准除批印發外合行佈告該桑園圍各堡紳董民人一體遵照毋違切切此佈

中華民國九年二月五日

廣東督軍莫榮新

護理廣東省長粵海道道尹張錦芳

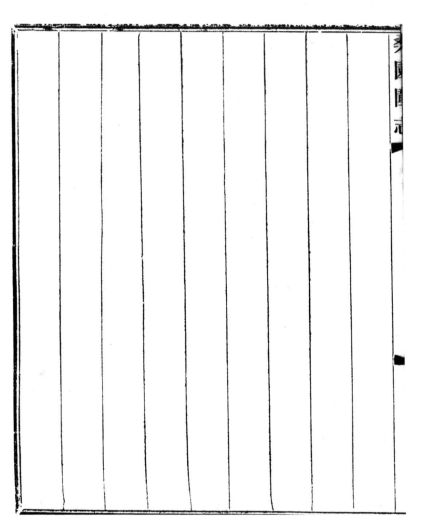

民國九年二月呈報遵示泐石幷懇督飭銷毁舊碑

具呈南順桑園圍基務公所圍董岑兆徵等

爲呈報遵示泐石幷懇督飭毁銷舊碑以息爭端事民國九年

二月一日奉

鈞署第二二四七號指令內開呈悉所請給示泐石應予照准旣

據巡呈

督軍省長兩署仰候批行到縣遵辦此令等因旋於二月五日奉

廣東督軍省長佈告第七號內開爲佈告遵守事照得桑園圍董岑

兆徵與甘竹黄姓互爭修築黄公隄主權一案業經本省長飭

據南順兩縣會同查勘擬辦呈復到署查核會復情形頗爲詳晰當以本案既據該縣等會勘明確復經攷核志乘傳集兩造詳加研究黄公堤基段原與桑園圍脚接一氣不能離異所稱阜寧墟黄公隄雞公圍實一地而三名黄姓所爭基身主權証據多有錯誤且現在阜寧墟內舖店黄姓經已逐漸變賣是黄姓既不能完全保有墟產自不能保其必不貽誤隄工今桑園圍董對於墟利既願遵照前斷永不干預祇爭修築搶救之權是所爭者爲保護全圍生命財產之權也若以保護全圍生命財產之權授之危險可虞之人想黄公於九京當亦歎辦法之

未妥應如所請早寧墟利仍歸黃姓歲中小修即責成黃姓經理倘有大修險工均由十四堡公推董事主持以便統籌全局從前朱前省長斷定黃公堤專歸黃姓修築搶救之案應予撤銷指令粵海道分行南順兩縣轉飭桑園圍基務公所暨黃姓董紳一體遵照在案續據該圍董岑兆徵等呈請給示前來

督軍省長復核本案已經斷定所請應予照准除批印發外合行佈告該桑園圍各堡紳董人民一體知照毋違切切此佈等因奉

此圍董等遵示泐碑五道一立粵海道署一立南海縣署一立順德縣署一立本圍河神廟一立廿竹堡內清寧大街閘口議

呈報存案以垂永久其立
鈞署之碑俟運到即請示遵照辦理至朱前省長斷定之案黃
姓以黃公堤內堤務公所泐有石碑實爲日後爭訟之階懇請
督飭毀銷永息爭端實爲公便謹呈
順德縣知事陳

呈請南海縣督飭銷舊碑

具呈南順桑園圍基務公所總理岑兆徵等

呈爲遵示勘石并懇督飭銷毁舊碑以息爭端事九年六月廿

五日奉

鈞署第一零一一號指令内開據呈請督飭黄姓紳耆將黄公

堤堤務公所舊碑銷毁由呈悉仰候咨請

順德縣會同令飭黄姓紳耆迅將舊碑銷毁可也此令等因奉

此旋於八月八日奉

順德縣第七百三十號訓令内開現奉

粵海道署第二六六五號訓令云云至會同委員督飭銷毀以憑轉報毋違此令遵此旋於十一日順德縣長委員陳家讃會同敝圍董前往黃公堤堤務公所欲將舊碑銷毀詎黃姓紳耆傳見不到祇有管帶黃公堤游擊隊劉弁出而會面接閱公事謂無分飭黃慕湘遵照明文此事應與黃慕湘交涉在鄉黃族紳耆不能作主詞甚狡辨陳委員旋即返署請示辦理現經多日未見派委督將舊碑銷毀爲此懇請

台階照會順德縣會同派員并帶軍隊督飭銷毀舊碑安立新碑實爲德便其新碑擬立甘竹灘墟內清寧大街閘口合并聲

明除分呈順德縣署外謹呈

南海縣知事何

中華民國九年九月　日

九江谷行街宜昌印務承刊

桑園圍志

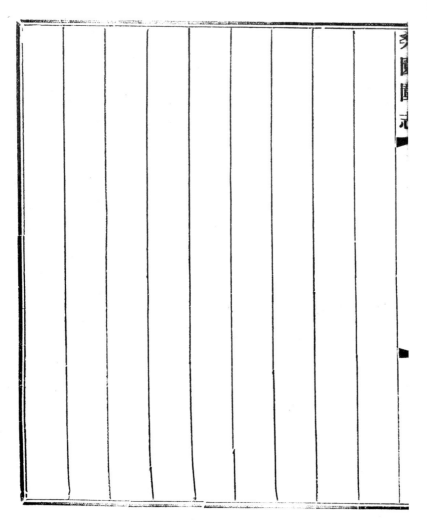

呈請順德縣督飭銷毀舊碑

具呈南順桑園圍基務公所圍董岑兆徵等

呈爲遵示泐石并懇督飭銷毀舊碑以息爭端事九年八月八

日奉

鈞署第七百三十號訓令内開現奉

粤海道署第二六六五號訓令内開現奉

督軍署第五四二五號指令據本署呈據桑園圍董岑兆徵等

呈請將黄公隄内隄務公所舊碑銷毀永息爭端由令開呈悉

此案前准　省長會銜佈告至黄公隄舊泐碑石應否毀銷既

據分呈應候　省長示遵此令等因旋奉
省長公署第二七七三號指令據本署呈同前由令開呈悉案
經更爲斷定前原泐石碑已失效力應准如請銷毀仰即轉令
順德縣遵照辦理具報此令等因奉此合行令仰該縣即便遵
照令飭辦理具報并轉飭桑園圍董知照此令等因奉此自應
遵辦除分令外合行令仰該總理即便遵照會同委員督率銷
毀具復以憑轉報毋違此令等因奉此旋於十一日蒙
鈞署派委員陳家讓會同敝圍董等前往黃公隄隄務公所欲
將舊碑銷毀詎黃姓紳耆傳見未到祗有管帶黃公隄游擊隊

劉弁出而會面接閱公事謂應分飭黃慕湘遵照明文此事應與黃慕湘交涉在鄉黃族紳耆不能作主云云陳委員旋即返署請示辦理現經多日未見派委督將舊碑鏟毀爲此懇請

台端再派委員并帶軍隊督飭鏟毀舊碑安立新碑實爲 德便其新碑擬立甘竹灘墟內濟寧大街閘口合并聲明除分呈

南海縣署外 呈

順德縣知事陳

中華民國九年九月日呈

九江谷行街啓昌印務承刊

桑園圍志

廣東省長陳炯明訓令　　民國九年十二月十八日

令南海縣知事

案據順德縣民黃慕湘等呈稱竊甘竹灘黃公隄前明先祖黃岐山鄉賢捐築後設立阜寧墟爲貿易之地乾隆二十三年廣州府志第二十一卷四十一頁人物志黃鎬義行傳至今垂數百年子孫世世保管本非桑園圍基段故桑園圍歷次大修并未修及本隄歷朝相安無異光緒七年左灘梁胡余等姓因爭墟不遂轉而爭隄纏訟數十年經前歷任督撫查核志乘碑示迭次批准黃管左灘各姓人等志不得逞藉民國四年大水之

後聳動桑園圍出頭攙爭圍中老成人亦有勸止無如圍董岑
兆徵等不恤人言飭詞控告經前巡按使張鳴岐批斥前省長
朱慶瀾斷結仍照原案判歸黃姓管理朱省長并委粵海道尹
王典章督同南順兩縣知事親勘丈量深悉桑園圍屬之雞公
基與旱寧墟內之黃公基界址分明中隔一倒流港顯分兩地
并令黃姓在堤上建設堤務公所常川駐守以重堤防詳准給
示勸石在案詎去年岑兆徵特充督軍莫榮新顧問遂與署省
長張錦芳楊永泰南海縣知事何惺常串通一氣竟將數百年
之古堤盡欲翻案撤銷朱省長批示并請飭順德縣知事陳大

賫毁拆石碑種稱倚勢横行經民等再三中辯均未准理既在專制淫威之下祇得暫行隱忍惟有約束族中子弟不許忿激尋衅故幸未釀成鬬禍兹值旌節南旋粵民重覩天日理合據實判結之成案永保祖宗税業之堤基實叨德便等情據此當批查此案先因互爭築堤涉訟經朱前省長飭道查明斷定該黄姓堤基仍歸黄姓措資由官廳監督修理其阜寧墟利亦歸黄姓收用嗣桑園圍董岑兆徵不服具呈力爭復經張前護理省長飭據南順兩縣勘復以黄公堤與桑園圍實係啣接一氣不能離異飭將墟利一層仍照前斷小修并准黄姓經理惟大

修則由十四堡公推董事主持以免貽誤在案現呈桑園圍屬之雞公基與旱寧墟內之黃公堤界址分明中隔一倒流港頭分兩地等語究竟是否屬實候行南海縣會同順德縣詳加復勘秉公擬議呈奪粘件附此批等語在詞除揭示外合將原呈所粘附件令發仰該縣迅即咨會順德縣親詣復勘明確秉公擬議呈候核奪毋稍偏遲此令

南順兩縣將會勘黄公堤情形會銜呈復省長由

爲呈復事案奉

鈞署第三五四號訓令内開案據順德縣民黄慕湘等呈稱竊

甘竹灘黄公堤云云照叙至原文即上頁省長訓令使是毋稍

偏延等因并發原呈附件到縣奉此當經咨會順德訂期於一

月十八日親往會勘查勘得桑園圍全堤本首尾相聯一氣喞

接皆屬土隄惟近甘竹灘口左旁有石堤數十丈是處水石相

激灘水奔流實有迴旋之勢據桑園圍總理岑兆徵等僉稱明

洪武間里民陳博民由甘竹灘築隄即在是處且該處河流甚

急水與石遇有倒流之勢志所稱陳博民塞倒流港者亦當在是處附近惟當時僅屬土堤迨後黃岐山易之以石鄉人德之故又名黃公堤因黃姓又建壚於上復稱爲阜寧壚實則阜寧壚即黃公堤黃公隄即陳博民所築之雞公圍固一地而三名有順德縣志卷五第四十二頁可據其餘古碑石圖志書及領欵修築各証據凡數十條班班可攷等語隨據黃立權等引勘由阜寧壚閘外至九江堡基傍樹林止約長三百三十餘丈據黃姓指稱當日有分界石離樹林之下不遠計由分界石起凡二百六十丈爲雞公圍其餘七十餘丈即爲倒流港故址其下

卽旱字墟有甘竹圍基圖爲憑是黃公隄與雞公圍顯分兩地等語惟查勘所指倒流港故址已成一片平原無形跡可尋且細察該處河水係順流與倒流二字名實未符而沿途皆屬土隄並無片石可考經知事國華令其指出黃岐山易石之處黃姓一無答復卽詰以順德縣志及桑園圍志僅有分界樹三字並無分界石字樣究竟樹在何處及石又在何處黃姓指稱石已被毀樹亦久枯皆不能指定地點惟斤斤以圖爲言欲按圖索驥不知其與現在事實迥不相符此當日查勘之實在情形也竊謂前人圖學非經實測亦素不講求無論何種志書若據

圖而言恆多錯誤惟灘也石也河流也則恒歷千百年而不變今查碑志均稱陳博民築隄起甘竹灘塞倒流港又稱黃岐山易石等語以現勘形迹而言則灘旁數武是即石隄隄旁水勢衝激有倒流痕迹是今兆徵所稱各節自屬信而有徵至黃姓所稱黃公隄是黃岐山所築與陳姓所築雞公圍無涉且不入桑園圍範圍之內各情似難自完其說此又查勘所得之實迹也

知事 伏查此案桑園圍所爭者並不在黃公隄三字名義蓋黃岐山就陳博民土堤易石鄉人至今德之黃公堤之名固亙古不滅初無湮滅名蹟之可慮即墟利一節在桑園圍方面久

已聲明並不干預更無串同爭墟之可言其所爭者不過修築搶救之權必須公闢而十四堡人民生命財產所在若被黃姓阻其修築必危及全圍其不得不爭者勢也顧黃姓居在右灘於利害無關之左灘地段必欲劃分一小部份歸其修築又必阻止其利害及身者搶救理由自不充分查前南海縣知事何悭常順德縣知事陳大賓所斷小修責成黃姓大修由十四堡公推董事主持於黃公堤主權並無喪失於桑園圍大局得以保存並無偏袒似可仍照前案定議以免紛更所有查勘過倒流港今已並無形迹及擬議緣由理合會同呈覆

鈞署察核指令遵照再此呈係由知事國華主稿合併陳明謹

呈

廣東省長陳

附圖一紙

順德縣知事蕭惠長

南海縣知事張國華

民國十年二月六日

敬再呈者竊查順德縣民黄慕湘等與桑園圍總理岑兆徵互

控一案先經會同勘明由知事擬定呈稿於二月六日寄請順

德縣蕭知事會核茲於三月二日始接覆文其對於此案主張不同在蕭知事憑黃姓所述之言代爲呈覆初無足怪第細按其所述意見不免自相矛盾且與本案事實不符考諸圍志亦不合若不畧爲辯正恐此案永無息訟之時而桑園圍遇有搶修救護必至因黃姓出而抗阻發生危險讓成鬬案貽害地方實大茲謹就管見詳述各節以備

采釋

一考順德縣志甘竹堡基分圖卽黃姓所據爲本案最確之圖現由順德縣呈繳

均無分界石字樣祇有分界樹三字今兩縣會勘時既已無石亦復無樹試問丈尺從何而定而蕭知事文內謂按圖索地歷歷可指蓋不過就黃姓所指而言耳不知分界石已無根據豈能憑空指定一地謂爲分界之處耶

一倒流港三字必當顧名思義今查惟甘竹灘左旁近石堤之處因水石相激河流逆上畧有倒流形狀若黃姓所指之倒流港故址察其河流極爲順軌安能舍實事而信虛言蕭知事文內既云其倒流港今已無河流形迹又云甘竹分圖指爲倒流港故址亦屬可據殊難索解不知倒流港塞自明洪武年間已

將五百年無論今人不能知卽昔人亦必不能知與其按圖而索不若循名責實之爲得知事查勘時已注意及此竊以爲陳博民所塞之倒流港當在甘竹灘附近不當在甘竹灘上游今黃姓所指之倒流港故址在甘竹灘上游約三四百丈何也該河流本無不順惟遇水石相激始有倒流亦惟水石相激之處最爲危險陳博民相其地勢因其危險而塞之黃岐山因其基身單薄而易之以石今凡經甘竹灘者皆能見其實迹有倒流形狀有石堤可憑似當以該處爲倒流港故址蓋河流千古不易不能嚮壁虛造也

一考之碑文志書無不云陳博民築堤自甘竹灘起茲摘列於
下
甲黎貞穀食祠記云陳博民董其役由甘竹灘築堤越天河
抵横岡絡繹亙數十里
乙陳大文修桑園圍各隄碑云陳博民董其役自甘竹灘起
築堤
丙黄姓呈案示云自九江龍山分界直至本鄉龍應橋下一
帶原係里老陳博民於洪武年間叩閽請築查龍應橋現
在甘竹堡内

丁廣東通志卷一百五十云明洪武中九江鄉人陳博民伏闕請修卽命有司修治自甘竹灘築隄越大河抵横岡亙數十里廣州府南海縣志同

戊明黎春曦九江鄉志云陳博民塞倒流港自甘竹灘起

據以上各條則陳博民所築之隄起自甘竹灘可無疑義卽所塞之倒流港亦在甘竹灘附近更無疑義乃蕭知事現文一則云尙有七十餘丈倒港流故址爲雞公圍與黃公隄之甌脫地再則云然則黃公堤與雞公圍東西分爲兩地似無疑義等語不知黃公隄已在甘竹灘之上游而雞公圍更在黃公堤之上

九江谷行街宣昌印務承刊

游若如所言則各碑志起自甘竹灘之語皆爲不足信矣蕭知事實未攷碑志致有此誤第惜甘竹一灘不能變動亦不能移之使在上游得與黃姓以爭點耳

如上所述不過証實黃公堤爲桑園圍內之範圍於此案隱情尚未發其覆也查黃姓居甘竹灘之右而桑園圍則在甘竹灘之左以對海之人而爭爲隔海修隄出欵出力求之當世恐無此等愚人而黃姓所以必爭之不已者實有利存焉查桑園圍爲廣東最大之基圍每遇水患政府恆發帑興修黃姓藉修黃公堤名義前在政府曾領過鉅欵數千而所修之公費不過數

百此利之所在者一粵省人民非有訟事則不能開銷訟費動用公欵黃姓有此爲祖宗爭名義大題目足以動人觀聽藉此搆訟其在事者不過畧費筆墨投遞禀詞費三數元之欵而在鄉間卽可藉此斂錢開銷訟費若干矣此利之所在者二王前道尹典章斷令黃姓在左灘設一黃公堤基務公所謂遇有搶救時由黃姓用船渡海救護不知西潦盛漲時以甘竹灘之危險雖輪船尚不能上駛而謂隔海之右灘能用民船橫渡急流救濟左灘將誰信之然黃姓斤斤以此爲請者豈眞急人之難耶蓋既設公所則可以開報使費而每遇西潦又可以開報船

費其費用可攤諸鄉人揆其實則於中取利徒飽私囊而已此利之所在者三有此三利故黃姓不惜支離其詞以期爭勝矣至王道尹前案亦非有意袒護蓋緣盧紳乃瀆爲黃姓再三請托故王道尹曲徇其請知事當日曾在王道尹幕中頗聞其說此足知王道尹所斷未爲公允現蕭知事請照王道尹所議辦法似難昭折服知事對於此案初無成見於其間惟事不離實亦據事直書而已查郭君民發李君寶祥宅心純正不作僞言對於此案均能深知其詳加以查詢便得眞際固無庸知事再爲贅述惟究竟如何辦理之處仍乞

鈞裁謹此附呈伏祈
察核 知事國華謹再呈

順德縣爲會勘黃公隄情形自行另文呈覆由

呈爲呈覆事案准南海縣咨開奉

鈞署第三五四號訓令內開案據順德縣民黃慕湘等呈稱竊

甘竹灘黃公隄云云照叙至原文即上頁省長訓令更是會同

履勘協報請勿有延等因准此當經咨會南海縣訂期於 月

十八日親往會勘知事詳繹

鈞批以此案經張前護理省長飭據南順兩縣勘復以黃公堤

與桑園圍實係啣接一氣不能離異現呈桑園圍屬之雞公圍

與阜寧墟內之黃公堤界址分明中隔一倒流港顯分兩地等

語究竟是否屬實候行南海縣會同順德縣詳加履勘秉公擬復呈奪等因是此次會勘主旨全在分別雞公圍與黄公堤是一是二中有無倒流港相隔此旨若明則全案自易判斷（知事）則到甘竹即由桑園圍總理岑兆徵引往自阜寧墟以下至石山咀止一帶圍基兩家爭點不在此）據岑兆徵說均屬桑園圍基尾不但阜寧墟包括已也（按桑園圍志甘竹圍基圖自阜盈墟以下大圍一千四百丈係道光十四年通鄉在此新築以桑園圍基尾未免範圍太廣）隨入阜寧墟傳同黄慕淵之子黄竹權一同引勘到阜寧墟即係黄公隄隄身用石砌築堤面現

爲街道寬約七八尺兩旁建舖鋪之西端有石閘嵌阜盈通衢四字即爲黃公堤盡處出石閘上至南海界皆屬土堤據岑兆徵言自此以上皆係桑園圍基與黃公堤啣接一氣順德縣志及桑園圍志所稱雞公基即由此土隄聯下黃公隄均屬雞公基舊址當陳博民創築時名爲雞公基黃岐山易石後喚名黃公隄黃姓築舖後又名阜盈墟一地三名無可分别皆在桑園圍範圍之内統謂之桑園圍基亦無不可有順德縣志及各種碑志可據等語據黃立權稱自阜盈墟閘口量至南順分界石止共長三百三十三丈二尺自分界石量下二百六十丈爲甘竹

堡雞公基餘七十三丈二尺爲陳博民所塞倒流港故址閘口以下阜盈墟即係黃公隄與雞公基爲二地三名不能相混其丈尺位置有桑園圍圖志及各種碑志可據 知事 詢以分界石及樹所在則謂樹已久枯石即立在分界樹下去年爭訟時界石已被匪人減滅去然該石距阜盈墟閘口丈尺有前王道尹勘丈公文可據石可移案不可移且南順分界圍面鋪路石順界僅有兩條南界則用三條南界路旁有樹順界則無一看便明等語 知事 查此案關鍵全在勘明雞公堤與黃公堤是否一地兩名抑係各爲段落查岑兆徵所繳黃公隄即雞公基節畧書

所引碑示圖志亦甚多而要以順德縣志建置畧隄築門之雞公圍一條爲根據黃慕湘所繳黃公堤案辨正書所引碑示圖志亦甚多而要以桑園圍志之舊圖甘竹堡基分圖及各志所載雞公基之丈尺爲根據知事謹將查勘所得及証以圖志爲具述意見如下案順德縣志堤築門雞公圍下載（雞公圍在甘竹左灘自南海之九江鄉分界樹起至阜盈墟止計長二百六十丈高九尺五寸底寬八尺面寬三尺明洪武間里老陳博民創築歲久傾圮鄉人黃岐山易以石堤費至鉅萬全隄鞏固可以經久鄉衆德之名黃公堤請於縣泐石至今存焉）下又載

（按陳志載有丈尺而不著緣起據採訪册洪武間築日久傾壞黃岐山鳩工易石後名黃公堤）岑兆徵根據是點謂爲一地兩名自屬近理但志載自南海之九江鄉分界樹起至阜寧墟止計長二百六十丈分界樹今雖無存前王道尹詣勘時尚有分界石爲証據勘丈自分界石起至阜寧墟閘口止共長三百三十三丈二尺除去鷄公圍二百六十丈尚餘七十三丈二尺而黃公堤尚不在內據黃慕湘辦証書謂縣志後加案語謂陳志載有丈尺而不著緣起據採訪册洪武間築日久傾壞黃岐山鳩工易石云云係丈尺照舊志不誤而纂入里老陳博民

創築一段爲縣志據採訪册之誤未嘗無見蓋丈尺係一成不變而沿革不免傳聞異詞即上段所言自南海之九江鄉分界樹起至阜寧墟止阜寧墟名詞亦後人追加堤面設墟設在黄岐山築堤之後陳博民築鷄公圍時在二百年前安得有阜寧墟爲標耳岑兆徵舍舊志之丈尺注重新志之緣起蓋亦明知執丈尺則不特黄公堤不能包括在内且尚有七十餘丈倒流港故址爲鷄公圍與黄公堤之甌脱地也黄慕湘辨証書係按桑園圍志之桑園圍舊圖及甘竹堡基分圖查該兩圖係基圍專書與縣志所收舛有辨圖内標明有南順分界樹以下一段

注明弍百陸拾丈爲鷄公圍圍下標明爲倒流港故址港下即屬黃公墟及黃公堤知事到勘時按圖索地歷歷可指其倒流港今已無河流形迹據桑園圍志係洪武間經陳博民奏請塡塞數百年後自無形迹可言惟查前王道尹勘文除鷄公圍外尚餘柒拾餘丈之地上不屬於鷄公圍下不屬於黃公堤究將何屬是桑園圍志甘竹分圖指爲倒流港故址亦屬可據然則黃公堤與鷄公圍東西分爲兩地似無疑義攷黃公堤紀功碑明萬歷四十六年里排士民公立載本堡防水基圍自九江龍山分界直至本鄉龍應橋下一帶係里老陳博民於洪武年間請築惟灘上下

横坦頭及大洋灣爲最險歷年巨浪衝嚙補葺維艱衆請黃岐山鳩工易石動費巨資砌築完固云云是縣志所稱黃岐山易以石堤原名卽爲横坦頭及大洋灣之地但該堤未易石之先主權不知誰屬而易石後黃姓納税升科卽以該墟街名爲納税之戸爪查其所繳永寧永昌永豐各爪粮串核與該墟街名亦屬相符知事再三詳攷并徵諸前清光緒二十九年宣統元年中華民國六年歷次爭墟爭隄結訟各上憲判示均與知事所見大畧相同至查兩造互相爭訟原因一則以利害攸關爲言一則以主權不讓立説實則該隄自黃岐山易石後至今數

九江谷行街宜昌印務承刊

百年未嘗崩潰在桑園圍久饒公款儘可在雞公圍以上加意修築堅固黃姓子孫已顯獨力修理該隄不必桑園圍越俎代庖黃慕湘雖以祖業爲言然岑兆徵等已聲明不爭墟利則當大修時鄉鄰苟肯解囊相助何必善自己爲乃以祖宗世澤堅執舉不敢廢之義雖屬愚孝可嗤究係當仁不讓知事之愚以爲此案似仍應照中華民國六年朱前省長所批黃公隄基段擬仍歸黃姓措資由官廳監督修理并黃姓於墟內常設黃公隄基務公所購儲救基器具以備不虞似於本案主權利害兩不偏廢所有查勘黃公隄及擬議緣由本應會同南海縣張國

華僑同詞呈復因彼此所見間有不同特分　呈請

鈞署察核究應如何辦理之處伏候

指令祇遵謹呈

廣東省長陳

附摹桑園圍　圖一紙甘竹堡基分圖一紙

順德縣知事蕭惠長

中華民國十年二月二十八日

桑園圍志

爲興修黄公堤基段呈請飭縣派勇保護由

呈爲興修隄基恐鄉民無知藉端阻撓乞

恩飭縣派勇彈壓以護堤工而重公益事竊查黄公堤基址原

與桑園圍唧接一氣不能離異向爲桑園圍基段志乘所載瞭

如指掌乃順德右灘鄉黄慕湘等竟以該堤爲黄姓管理不歸

入桑園圍範圍以致修築之權全行估有恃强横暴絶無理由

迭經總理等具呈辯明並檢齊圍志圖説案據呈請

鈞署察核仰蒙

憲台明達公平判斷准以黄公堤修築搶救之權仍由桑園圍

收回在案嗣後圍內十四堡人民生命財產可賴保全感荷

鴻恩無有涯涘也查黃公堤基段自乙卯年潦水冲決由黃姓

於桑園圍一萬七千餘丈之中劃分二百餘丈自行離異隨意

修築全以瓦礫既反情理且不堅固日後一旦復遇水患危害

萬分總理等言念及此仰遵

劉令大修之事責無旁貸是以輾轉思維該堤復修完固刻不

容緩應卽興工修繕以防水患而保鄉民惟恐附近該隄鄉民

無知羣相阻撓不特隄工有礙且慮秩序不安總理等經與各

鄉紳耆公議惟有懇請

俯賜令行順德縣即派勇隊到堤彈壓庶免頑民强抗而護隄工他日工竣堤固該處人民生命財産攸賴實深而全圍公益公益公亦得藉以維持不勝盼禱之至理合懇請

鈞令行縣派勇保護興修堤工緣由備文呈請

察核伏乞

訓示祇遵謹呈

廣東省長張

粵海道尹張

南順桑園圍總理岑兆徵等謹呈

桑園圍志

甘竹堡黄公隄實卽桑園圍基段原委節錄

緣桑園圍甘竹灘上基段原本圍九江堡人陳博民於明洪武年間伏闕請築由甘竹灘築隄越天河抵横岡綿亙數十里有穀食祠記爲據其事並載郡志迨萬歷四十二年灘上土基冲決三十餘丈向章該管基段冲決由該堡籌欵修築是時左灘居民財力困乏聯懇右灘黄公岐山捐資助築易以石隄鄉人德之因名黄公隄以留紀念縣志圍志及黄姓呈案碑文均屬相符是此隄陳博民築土基於前黄岐山易石堤於後其爲桑園圍基段實無疑義查乾隆五十九年仝圍大修廣州府朱奉

陳藩司扎開示諭內載西岸自南邑鵝埠石起下至順邑甘竹灘止嘉慶二十四年南海縣仲奉督憲諭內載勘得基圍一道自先登堡起至甘竹灘止二十五年余刺史詳文內載西圍上自南海三水交界馬蹄圍起下至順德甘竹灘止案據確鑿界至分明前月經本圍總理禀明蒙　省長令粵海道尹履勘詎道尹狃於從前左右灘互爭墟舖權利成案含混詳覆擬由黃姓籌修如有水溢基面亦由黃姓預備搶救不知黃姓遠處隔河當西潦湍急時灘上下相懸一丈有奇輪船猶不能行安能渡河搶救凡事非利害切身難望出死力以爭若築圍搶救之

權永操諸圍外無關痛癢之人萬一修築不堅搶救不及則圍
內數十萬生靈多成餓殍二千餘頃財賦盡付東流是其段雖
屬無多禍害所關甚大在官廳爲息事寧人起見或未暇細詳
惟我圍連年水災人民蕩析離居財物損失千萬痛定思痛倍
覺寒心謹將該圍隄確據臚列附以圖說懇請
紳善各界察核憐憫水災痛苦代達當道俾本圍修築搶救之
權歸還本圍十四堡人民均感無旣謹畧

玆將歷朝成案確據列後

一黎貞穀食祠記（上畧）洪武季年九江東山叟陳君博民廼

相原隰謂夏潦之湧莫雄於倒流港於是度以尋尺約其規矩簡易如指掌廼入京師稽首玉階下悉縷陳其便宜太祖高皇帝嘉之即勅有司呼子來之民率疏附之衆屬博民董其役由甘竹灘築隄越天河抵橫岡絡繹數十里經始丙子秋告成丁丑夏是歲大稔（下畧詳圍志卷十四祠廟）

一陳藩憲大文通修桑園圍各隄碑記（上畧）明洪武中曾遣使修天下水利越二年九江陳博民走京師伏闕陳便宜詔報可爰命有司修治即以博民董其役自甘竹灘築堤越天河抵橫岡綿亙數十里（下畧詳圍志卷十五藝文）按圍志

分圍倒流港在雞公圍之下黃公墟之前今記載陳博民先塞倒流港由甘竹灘築堤綿亙數十里是此堤由陳博民創築全爲捍衛桑園圍起見故至今廟祀不衰證以黃姓交出碑文亦云里人陳博民叩閽請築但土基雖甚堅厚惟灘上下橫坦頭等處爲最險甲寅潦水漲灘上崩決叁拾餘丈居民昏墊力困難支團懇黃太爺普救鳩工易石並有庶幾再造之人與始創者並隆天壤等語是此堤陳公創築於前黃姓易石於後證據確鑿叩閽成案何等鄭重豈得以少數私利湮沒前賢

一溫侍郎汝适通修鼎安各堤始末記（上畧）全圍周回百數里當水暴漲時各堡救護首尾不相應自築吉贊橫基各堡稱便今自吉贊橫基起左右繞西樵接順邑界者其名有四曰桑園圍曰甘竹雞公圍所以捍西江也曰沙頭中塘圍曰龍江河澎圍所以捍北江也桑園圍長弍千弍百捌拾餘丈先登海舟鎮涌河清九江大同金甌簡村雲津百滘十堡所築中塘圍長壹仟捌百捌拾捌丈沙頭壹堡所築接中塘圍者爲河澎圍長肆百捌拾伍丈龍江壹堡所築接桑園圍者爲雞公圍長弍百陸拾丈甘竹壹堡所築皆詳載各邑志（中

畧）至明初陳公博民謂西潦之溯莫雄於倒流港窒之必
殺其流遂自甘竹灘築堤越天河抵横岡連亘數十里事詳
穀食祠記俱載郡志其所創始之大畧（下畧詳圍志卷十
五藝文）按鼎安全圍上連三水下連順德周回百數十里
自築吉贊横基合沙頭中塘圍龍江河澎圍甘竹雞公圍統
謂之桑園圍明以前雞公圍僅弍佰陸拾丈以當時水勢不
大至甘竹灘直趨下流故不用築堤自明初夏潦漸漲倒灌
爲患始由陳博民叩閽請築塞倒流港由甘竹灘起築隄而
全圍賴安

一嘉慶元年廣州府正堂朱示（上畧）軫念兩邑百萬生靈盡遭慘害目覩全隄歷年已久壞爛日多非建議通修其禍終屬無底隨會順德溫內翰權商幷傳兩邑紳士妥定章程共捐銀叁萬兩西岸自南邑鵝埠石起下至順邑甘竹灘止東岸自南邑仙萊岡起下至順邑龍江河澎尾止俱一律塡築高厚均在兩邑所捐銀伍萬兩開銷（下畧詳圍志卷八起科）

一嘉慶二十四年南海縣仲轉奉督憲諭（上畧）茲經酌定候補訓導何毓齡舉人潘澄江總理基務卑職於本月初八日由省起程初十日抵九江堡約會署主簿呂衡璣督同何毓齡

潘澄江及各堡紳耆人等詳加查勘勘得基圍一道自先登堡起至甘竹灘約計肆拾餘里內除河淸外基漫生沙坦水不能溢及先登甘竹上下皆山無患崩決外圍之緊要者約弍拾餘里（下畧詳本圍己卯舊志）

嘉慶二十五年委員余刺史詳文勘查桑園圍東西兩河環繞左右圍以大隄西圍上自南海三水交界馬蹄圍起下至順德甘竹灘止共堤長捌仟陸百丈零柒尺外隄弍仟壹百壹十伍丈係先登海舟鎭涌河淸九江甘竹六堡分管（下畧詳本圍庚辰舊志）按歷次全圍大修兩基俱修至甘竹灘

止新舊圍志所載甚多而以見諸官牘者爲確據考乾隆嘉慶歷次修築成案見諸公牘者均至甘竹灘止據舊志載南海縣詳先登甘竹上下皆山無患崩決是以堤基由先登堡鵝埠石起至甘竹灘雙魚山止之鐵證如謂桑園圍基至阜寧墟止則該處何嘗有山縣詳亦何敢瞞禀上憲其言無患崩決者以百年前與今水勢不同也總而言之黃姓當日捐欵鉅萬助築石堤誠屬義舉但黃姓經在堤旁建舖收租則所以酬報之者亦厚矣據黃姓碑文所載舖租留爲異日修葺之費故該堤向來年歲小修俱由黃姓經理惟大修則歸

之闔圍董事搶救則歸之附近各鄉不獨本圍有歷朝案據可稽即闔省基圍均照此普通規則譬之道路道旁舖舍雖屬私產惟通衢之大道豈經附近舖舍砌石遂可據爲私產乎矧圍基有保障全圍生命財產公地普通俱無承稅更無任外人承稅之理如以黃公墟舖店之稅左右灘爭墟之案牽入圍基謂成案不能翻則本圍前明即闔成案前清陳藩司溫侍郎之碑記及乾隆嘉慶屢朝之示諭檔册獨可推翻乎况墟舖遞有變遷圍基亙古不易彼黃姓藉口保存古蹟則附近之舖應如何珍重愛惜以示祖宗之地尺寸不可與

人惟查該墟舖店多已易主現歸黃姓管業者僅得半數設
異日全墟變賣尚何恃以爲修築圍堤之用在黃姓遠處隔
河固無關痛癢所難堪者託庇於圍內之數十萬生靈束手
待斃耳伏望　仁人志士憫水災之痛苦力任維持勿惜私
利而不顧大局勿畏權勢而任壓公理倘荷成全則闔圍人
民所馨香頌祝者也

南順桑園圍十四堡人民公呈

黃姓呈出碑示

廣州府順德縣正堂施　爲大功既成恩當紀播乞准立石以

垂不朽事本年正月二十日據甘竹堡里排士民譚昌隆等
呈前事稱本堡防水基圍一自九江龍山分界直至本鄉龍
應橋下一帶原係里老陳公博民於洪武年間叩閽請築捍
水保民流芳二百餘年迄今廟食不朽但土基雖甚堅厚惟
灘上下橫坦頭及大洋灣為最險歷年巨浪衝嚙補葺維艱
昨甲寅歲春夏西潦漲灘上崩決叁拾餘丈居民昏墊力困
難支眾見誥封黃太爺歷世修德祥發狀元團懇普救荷蒙
發好生之心拯生民之溺鳩工易石動費巨貲砌築完固民
賴安堵可謂輕財仗義嘉惠鄉閭體天地父母之心行己溺

己飢之事隆等感恩思報曷爲其己伏覩祀典凡有功於民者祀之能爲民禦災患者祀之隆等雖歌功頌德然力不能創建祠宇尸祝萬年敢竭鄙誠立碑紀蹟俾後之人覩河洛而思禹功見甘棠而念召伯爲此聯懇伏乞俯順輿情准衆立石表功垂後庶幾再造之人與創始者並隆天壤等情到縣當批准立石在案外隨看得宦宅救民恩同覆載拯溺亨屯實盛德事本當立廟報功何止勒石銘德權從所請爾等當飲水思源永矢弗諼可也合仰本呈遵照泐石用貽悠久須至碑者

萬曆四十六年三月二十日

里排士民

譚昌隆　林榮基

李茂芳　余尚隆

等

十堡呈控九江璜璣閉塞官涌公文

呈爲堵塞官涌害及全圍謹粘圖說臨懇飭縣勘明勒令開復以便宣洩事竊桑園圍地枕南順兩縣稅畝弍千餘頃居民百數十萬既築圍基以禦水患復於圍內各鄉濬有官涌以利宣洩而便交通歷年雖久固不敢稍有塞閉者也乃璜璣鄉於辛亥反正之年乘地方棼亂擅將該鄉東著坊利濟橋兩處原有通行之官涌任意堵塞彼亦知衆論不容乃於東著坊近紆曲之地另開一涌以冀塞責號於衆曰我非塞涌不過改涌於全圍交通水利兩無坊礙查其利以如此狡

猶者純爲該鄉桑墟利權起見因東著坊之涌可逕達九江之龍潭社該社向有桑墟生意較暢今將東著坊原涌塞斷另改紆曲之涌則農人桑艇盤運維艱勢必就便而與璜璣桑墟交易不知該涌一塞則下游障礙雖有新改之涌而繞道而出宣洩爲難一遇霪雨爲災潦水漲至基竇閉閘上游各堡蓄水淹浸自不待言即就改涌而論既屬關繫全圍若非詢謀僉同何得妄行己意乃璜璣鄉祇圖私利罔顧公益業經十四堡屢次集議勸令照舊開復柰一味恃蠻不恤公論九江堡人以璜璣之不恤公論也尤而效之竟於去年將

七坡榕一帶水道打樁塡泥盡行堵塞人情洶洶咸謂璜璣

九江有意害及全圍羣起詰責惟九江則援璜璣爲詞璜璣

則始終以改濶非塞濶爲辯似此强詞奪理萬一衆情憤怒

激成暴動紳等無權無勇將何制止且目下春水方生西潦

漸至不早設法人心益惶迫得粘圖貼說聯懇

省長飭縣尅日履勘明確傳集兩處紳耆勒限照舊濶基址所

有東著坊利濟橋七坡榕一律開通以弭隱患感激靡旣此

呈

廣東省長朱　粵海道尹王　南海縣長周

具呈人鎮涌堡四鄉局局董何毓楨潘耀華吳恒熙鎮涌三鄉局局董何翰堯任熾南河清堡局局董潘公鼐潘炳棻先登堡局局董張傑榮蘇頌清海舟堡局局董余紀廷李秩三百滘堡局局董潘公甫潘寶善雲津堡局局董羅葆熙張士毅簡村堡局局董羅啓光陳煜璣大同堡局局董陳渭儔郭錫彤金甌堡局局董關子惺石伯雅等謹呈

南海毛知事履勘後判詞

此案據鎮涌河清先登海舟百滘雲津簡村大同金甌各堡均以璜璣鄉堵塞利濟橋東著圩兩處官涌另開小涌及九

江鄉堵塞七坡榕水道大礙交通害及全圍迭次呈請飭令開復而璜璣鄉則以防盜起見將該兩處涌道堵塞另開新涌無窒礙爲詞各前縣未及勘斷卸事本知事接任復經傳集兩造質訊情詞各執非勘不明當即帶同各造親詣履勘查鎭涌各堡原有官涌直達九江此涌係桑園圍內歷年已久水道紛岐四通八達足以宣洩內河之水以消水患船隻往來尤爲利便至利濟橋東著坊七坡榕三處均爲直達九江之水道璜璣鄉及九江鄉未經稟官核准擅行堵塞雖在東著坊另闢小涌惟察看形勢甚爲紆曲不特交通不便抑

且於上游之水宣洩尤艱璜璣鄉堵塞官涌雖據稱爲防盜起見然因一鄉之保障而害及多鄉之公益揆之情理殊有未平應著令璜璣鄉將所塞利濟橋兩處原有官涌一律照舊開放不准堵塞鎭涌各堡應籌資在該兩處建修水閘日啓夜閉以防盜賊而保公安閘門之寬活務以足兩艇爲度九江所塞七坡榕水道業經照舊址開通應毋再議自經此次勘斷之後務須各皆遵守和好如初毋再纏訟倘敢故違是謂立心破壞公益本知事亦難曲予寬宥也除分訓令飭遵照外並呈報立案此判

再呈南海縣公文

爲抗判弗恤堵塞如故聯懇　派隊督拆以利水道而弭後患事竊瑝璣九江兩鄉塞涌一案經奉傳集訊復經　縣長親臨履勘判令瑝璣鄉將所塞利濟橋東著坊兩處原有之涌一律照舊開放不准堵塞九江所塞七坡榕水道業經照舊開放應毋容再議等因紳等奉讀判詞仰見　縣長維持水利至意欽佩莫名圍內農民竊喜下游早日疏通上游各堡得以宣洩當晚造播種之時秋收可望詎奉判兼旬而利濟橋東著坊兩處之涌堵塞如故紳等竊思瑝璣鄉人向來

頑梗塞涌之後屢經全圍人士再三勸解悍然不顧令奉
鈞判又復視同弁髦若非仰仗　官威派隊督拆恐把持之人
愈覺得計而原有官涌終無照舊開放之日迫得再具呈詞
聯懇　縣長迅派警隊尅日到鄉督令將利橋濟東著坊兩
處一律照舊開放庶頑梗無從阻撓而宣洩交通兩得其便
不勝迫切待令之至謹呈
南海縣知事毛　　　　　十堡領銜如上
南海縣公署訓令第二二二五號
令鎮涌　河清　先登　海舟　百滘　雲津　大同　金

甌　簡村等局董何毓楨等

現奉

道尹公著署第六四三號指令據本公署呈報勘訊璜璣鄉塞涌一案情形由奉令開呈悉七坡榕水道九江鄉既照舊開通應准毋庸置議其利濟橋東著坊兩處原有官涌亦令照舊一律開放由鎮涌各鄉籌資在該兩處修建水閘日啓夜閉既可宣洩上游之水又足以防盜賊所斷甚是仰取具兩造切結給示泐石碑遵守以垂久遠兩息爭端仍候

省長指令等因奉此除令璜璣局董遵照外合行令仰該局董

等遵照刻日來案親具切結以憑給示泐石遵守無稍違此
令
民國六年九月二日　　知事毛丕恩
王委員建昌
會同履勘呈覆
鄭委員憲典
會銜爲呈覆事案奉
訓令以縣屬鎭涌四鄉局局董何毓楨等呈控璜璣鄉人堵
塞官涌一案除原文有案不復贅述外後開合將圖說令發

仰該委員即便遵照前赴桑園圍內勘明東著坊利濟橋兩處是否原有通行官涌壝璣鄉人因何堵塞另闢新涌并勘明九江堡七坡榕一帶水道打樁壝泥堵塞是何實情於各鄉有無防礙繪圖詳說刻日呈復各等因奉此遵馳回桑園圍後當召集各方面到時引勘隨于五月五日週歷東著坊利濟橋七坡榕一帶逐處勘丈明確除繪圖詳說呈電外查所塞各涌均屬原有官涌通行者不知幾歷年所自壝璣人堵塞後上流河清鎮涌先登大同等十堡既不能望水之宣洩又不獲交通之利兹壝璣人無端堵塞中原因難逃

洞鑒惟所開新涌中間淺窄之處實難容舟過冬晴之時必成
乾涸即使另開支港亦必較原有之涌寬潤簡捷及開濬成
功然後將舊者截塞方無阻礙今閉塞六年之久於新開之
涌任令淺窄不顧水利有礙通行最爲無理取鬧九江堡人
因見璜璣鄉將涌堵塞特於七坡榕地方塡塞揆其用意不
過藉此抵制亦以塞爲開之意現查七坡榕一處業于又二
月間折開六尺之寬可以行舟惟尚未全開已細查此案閉
塞原涌于各堡水道大有妨礙一遇積雨受水之禍有不堪
言狀者應如何判結伏候

卓奪再是日引勘瑱璣鄉人無一到塲者合幷聲明奉令前因
理合將查勘情形詳細縷陳謹呈
南海縣長周
南海縣訓令第一零四四號
令本署委員鄭憲典
現據縣屬鎮涌四鄉局局董何毓楨等呈稱云云到縣據此
幷據該局董等以前情呈奉
省長公署暨
道尹公署令行飭即履勘妥辦等因除令派王委員建昌會同

勘外合將圖說令發仰該委員即便遵照會同王委員前赴桑園圍內勘明東著坊利濟橋兩處是否有通行官涌璜璣鄉人因何堵塞另開新涌并勘明九江堡將七坡榕一帶水道打樁填泥堵塞是何實情於各鄉水道有無防礙繪圖註說剋日會同呈覆核辦毋稍偏切切此令

繪圖師潘桂洪先生

八月十一日再呈公文赴縣

爲抗拒官軍堵塞如故聯懇咨營撥隊督拆以維威信而儆强横事竊璜璣鄉塞涌一案經奉前任縣長毛集訊斷結并

親臨履勘派委員鄭會同羅團長暨各保紳董於本月十三日帶隊到璜璣鄉按址督拆詎該鄉率其野蠻子弟糾集多人藐視官軍開槍抗拒并圍困工人將廖士張太周洪等三名鎖禁聲勢洶洶官軍目擊情形鳴槍示威始得解圍當塲捉獲放槍抗拒之局勇潘敦一名連同槍枝解辦在案竊思桑園圍內各鄉原有官涌竇爲宣洩水道利便交通起見所關甚大前人築圍之始備極經營詳載志書繪圖註說以垂永久自宋至今各鄉無敢擅行堵塞者乃璜璣不恤公論祇計一已桑墟之權利不計上游各堡之壅閉科以礙有公安

之法律已屬咎無可辭今復鼓衆抗官弁髦命令若果寬其懲處深恐威信一失此後官廳辦事益覺爲難而各堡人民眼見該鄉反抗官軍不加懲辦該鄉氣燄日必增加萬一公憤不平激成暴動之舉涓涓不塞流成江河非過慮也紳等爲水道開通起見預防後患起見迫得聯懇

鈞署迅咨李司令速撥大軍先行勒令該鄉局交出爲首鼓衆抗拒之人懲辦立將璜璣鄉所塞東著坊利濟橋兩處原有之涌一律督拆以儆强横而安閭里實爲　公便此呈

南海縣長陳

十堡領銜如上

八月廿二日南海縣長陳堂判

堂判

此案經前任判決詳准立案惟何毓楨等以柵門設在璜璣地段由十三堡出資建造於理不公萬難承認所言尚屬近情應令璜璣鄉將東著坊利濟橋兩滘十日內照舊開復建柵地點由縣派員勘明再飭遵照兩造遵依具結存案

具切結璜璣鄉局局董程秉琦潘鈞衡今赴

縣長台前爲具切結事緣敝鄉因塞滘涌事與鎮涌等鄉互相投訴一案奉前縣長勘訊明確判令敝鄉將東著坊利濟橋兩

處原有官涌一律照舊開復並由鎮涌等鄉籌資在該兩處
建築水閘日啓夜閉其閘門之寬以能容兩艇並行爲度等
因局董等情願遵判具結並願自具結日起限十日內遵判
將兩涌照舊開復至建閘應在何處請派員勘明地點開工
建築不敢翻異違抗中間不冒切結是實
中華民國六年八月廿二日　具結人程秉琦　潘鈞衡的筆
具切結鎮涌等局局董何毓楨等今赴
縣長台前爲具結事緣敝局等前控璜璣鄉塞涌一案經奉前
縣長勘明判令璜璣鄉將東著坊利濟橋兩處原有官涌一

律照舊開復並由鎮涌等鄉籌資在該兩處建築水閘日啓夜閉以能容兩艇並行爲度等因令奉傳案局董等於璜璣鄉開回舊涌一事情願遵判具結至建閘應在何處請派員勘明指定地點開工建築局董等不敢翻異違抗中間不冒切結是實

何毓楨　何翰堯　潘寶善

民國六年八月廿二日　潘恭甫　余紀廷代表何禹州

李伯駿　潘炳棻

九月廿二日再呈公文赴南海縣

爲抗官背判藉勢把持聯懇嚴拘押究勒令尅日開復原涌
以順衆情而維水利事竊璜璣鄉塞涌一案發生在辛亥反
正之年迭經圍內各紳以該處水道係屬原有官涌載在志
書繪圖註說勸令照舊開通乃磋商六年均置弗理迫得具
詞呈控經蒙　毛縣長前派委會同羅團長率隊督拆詎料
璜璣糾衆持械轟擊官軍亦經鄭委員羅團長將抗拒情形
呈覆在案舊歷八月十二日　堂訊復蒙我　賢明縣長判
限璜璣鄉十日內將東著坊利濟橋兩處照舊開復乃迭次
派員監視而璜璣鄉僅將原涌畧爲開通未及向日三份之

一且涌內杉椿亦不過截去其半隆冬水涸小艇不能往來
是其有意抗違已可概見紳等爲水利計爲國法計爲後患
計不得不瀝情控告伏乞迅派大隊按名嚴拘押究一面治
以鼓衆抗拒之罪一面勸令將東著坊利濟橋兩處刻照原
址開通免留隱患以服衆情而利水道實爲　公便謹呈
南海縣知事陳　　十堡局董各領銜如上

十一月三十日壙璣再呈公文赴南海縣

具呈壙璣保衛圍局局董程秉琦潘鈞衡
爲涌開有日閘建無期懇飭鎮涌何毓楨等從速建閘以符

成案而資守衛事竊董前奉判令璜鄉將所塞利濟橋東著坊兩處原有官涌一律開放不准堵塞鎮涌各鄉應籌資在該兩處建修水閘日啟夜閉以防盜賊而保公安等因奉此
敝鄉經遵判將兩處之涌僱工開掘完竣事閱兩月而何毓楨等竟敢狡詞飭卸不願建閘是推翻堂判自鎮涌何毓楨始是直以公事為兒戲視判詞如弁髦恐將來鄉人效尤反為生事況邇來盜賊披猖洗刼全村所在多有以 敝鄉 褊小壓於強鄰若不從速建閘恐不足以阻匪徒之跡而逆制其侵淩不特鄉村之擄刼在在堪虞即基塘之桑魚亦遭盜竊

受害之慘有不堪設想者迫得瀝情陳請懇　憲台以地方治安爲重飭何毓楨從速建閘以符成案而資守衛實爲德便爲此切赴

南海縣長陳

南海縣公署指令第六百七十五號

令璜璣局局董程秉琦等

據呈爲涌開有日閘建無期請飭從速建閘由呈悉該璜璣鄉所塞利濟橋及東著坊兩處官涌前經判限十日內照舊開復並由該紳等具結遵依在案乃逾限未據遵辦復經由

縣派員前往督催該紳等仍僅將涌開放六尺殊屬不合仰
即將兩涌案照舊址開復再行呈請核辦毋再玩延切切此
令
民國六年十二月二十七日
十一月廿二日南海中隊長葉霈棠呈覆縣長
爲呈復事據一小隊副隊長黄端報稱現奉
縣長第四百五十號訓令開案據縣屬鎮涌局局董何毓楨等
呈控璜璣鄉延不遵結將東著坊利濟橋兩處官涌照舊開
復一案當經派令該隊長前往該處督令璜璣鄉紳耆限五

日將兩處官涌照舊開復日久未據妥辦茲復據何毓楨等
呈催前來合行令該隊長立卽遵照先令行各節速赴璜璣
鄉局督令該鄉紳耆限三日內將東著坊利濟橋兩處官涌
依照原址開復毋任違延仍將辦理情形呈復察核等因奉
此伏查此案先奉
縣長三二四號令行經卽前赴該處勒令將各官涌照舊開復
惟各紳耆均未會面據璜璣局代表說稱如鎭涌局將水閘
建設卽可立將兩處官涌照舊開復等語茲奉令行復再前
往查勘各涌口亦係僅開六尺餘闊其涌底畧爲挑深理合

呈請轉復核奪等情前來合照呈復伏候

察核施行謹呈　中隊長葉霈棠

縣長陳

七年一月十四日接到南海縣公署佈告

南海縣公署佈告第六十九號

案據縣屬鎮涌局局董何毓楨等呈控璜璣鄉堵塞利濟橋東著坊兩處官涌另開小涌及九江鄉堵塞七坡榕水道夫礙交通等情當經傳集訊明判令將原有官涌照舊開復在案茲據何毓楨等以原有官涌經由璜璣等鄉先後照舊開

復請給示遵守等情前來應卽照准合行佈告桑園圍內各
鄉人等知悉嗣後圍內各涌水道非經全圍公意呈候官廳
核准不得私自更改倘敢故違定必嚴究其各遵照毋違此
佈

民國七年一月十四日　　知事陳嵩澧

附刊誤校正表

卷數	頁數	行數	字數	刊誤	校正
卷十一	三頁	八行	七字	圍	團
卷十二	四頁	十七行	四字	核	該
卷十二	十頁	十三行	廿二字	骸	駭
卷十二	二十六頁	十六行	十一字	通	適
卷十二	三十七頁	十三行	二十字	撖	撤
卷十二	三十八頁	十七行	十七字	案	定
卷十二	五十九頁	十四行	六字	減	滅

桑園圍志

九江谷行街宜昌印務承刊

卷十二六十五頁	二行	廿四五字	益公	公益
卷十二六十八頁	十四行	十六字	二	六
卷十二七十八頁	三行	四字	著	署
卷十二八十一頁	九行	二十一二十二字	礙有	有礙

厚德堂存

四

續桑園圍志

續桑園圍志卷十三

渠竇

圍之有渠竇，所以備旱潦，利農田也，而舟楫往來，亦因以爲便焉，向例渠竇歸各堡自理，所有修費，不動支公項，亦不派及鄰堡，誠以渠竇利在一方，與堤防關係通圍，其勢異也，或者不察，以爲附於圍基，修圍基自當修及，即當一律分派，其亦未深考矣，志渠竇。

築龍江新閘

龍江新閘、在龍江新基、乙夘年、水災衝決、龍江基段、白鶴灣決口最深、基身尤薄、龍江鎮人士、請在磨㷉基下、改築新基、圈入桑塘數百餘畝、并在磨㷉基下、建築新閘、新基工程、由公欵建築、竇閘工程、由該鎮自行籌欵建築、

填塞先登堡茅岡鄉旱竇

茅岡鄉旱竇、在茅岡鄉、丁巳年四月廿一日、西潦盛至、該竇因鄉人取魚漁利、閉塞不及、猝被潦水灌入、牽動

隄身搶救兩晝夜獲完是年歲修遂將竇穴填塞

修復沙頭堡北村竇

沙頭堡北村竇在北村乙夘年水災冲塌竇腮由該鄉

修復撥公欵加落磚角擁護竇旁以防水勢冲刷

甲子築獅頷龍江滘歌滘三口閘

獅頷口閘在甘竹裏海獅山下是處河面闊肆丈閘口闊

壹丈柒尺壹寸水底至閘面高弍丈弍尺弍寸

龍江滘閘在龍江土名東海口是處河面闊拾壹丈閘分

三口中一口濶弍丈肆尺壹寸左右兩口俱濶玖尺水

底至閘面高弍丈弍尺肆寸、
歌滘口閘在龍江河澎尾是處河面濶陸丈閘口濶壹丈
陸尺弍寸水底至閘面高壹丈捌尺肆寸按三口築閘
光緒壬辰曾經興築圍內圍外阻築是非各執至成爭
訟事遂中止乙卯起科龍山龍江甘竹沙頭四堡畝捐
延宕不交要求三口築閘戊午己未癸亥甲子連年大
水各堡有子圍者多有搶救無子圍者受害更深於是
四堡倡築三口甲子八月廿二日十四堡在九江集議
四堡請議三口築閘上九堡亦建議沙頭開閘衆議三

口既築宣洩較難宜開新閘以爲補救議決築三口及沙頭開閘雙方並舉築閘經費在龍江龍山甘竹沙頭未交畝捐項下開銷如有不足三口築費由四堡籌足沙頭閘費由上九堡籌足九月初三日全圍選派代表履勘四閘地址下游三口照光緒間舊址興築沙頭則在人字水外穀埠側創建衆情允協三口築費四堡自行認捐籌足於是年冬開工獅領口龍江滘二閘乙丑夏工竣歌滘閘丙寅年乃竣工沙頭開閘上九堡籌欵不足事未果行至向例各堡築閘由該地方集欵自辦

此次開鎖畝捐、係經全圍集議、變通辦理、現三口築成、倒灌無虞、上游宣洩亦有阻碍、如龍江滘河面闊十一丈、今閘口僅得四丈餘、其出水必較前稍遲、可知也、若沙頭開閘、上游宣洩迅速、交通亦便、下游亦不至積水久淹、不獨上九堡之利、亦下游各堡之利也、

子圍

遷建大同堡南陂閘

大同堡南陂閘向在大同堡村尾丁巳年十堡聯修子圍以閘外左接白飯圍右接新慶圍基身單薄且多鼠穴工費浩繁修築難期完固衆議遷建於大同堡舊文閣地兩圍共圈入基段三百餘丈省修築費伍百餘元即將十堡修築公欵伍百餘元補助爲遷閘費

遷建大同堡新陂閘

大同堡新陂閘向在九江堡沙咀龍王廟前由大同堡

柏山鄉管理、已未年十堡聯修子圍、以該閘在九江沙咀、而管理由柏山負責、隔涉過遠、且新慶圍基段太薄、附基魚塘太多、修築難於施工、衆議將閘遷出虹秀橋、可省修築基段數百餘丈、自後由九江沙咀各約管理、庚申年實行遷閘、築

桑園圍紳耆張雲翼岑兆徵賴亮夫周廷幹盧維嶽

余德偁蔡作奭崔時周黃澄溪譚麟書譚秉衡等

呈爲呈請派員測勘規劃設施以利遵行而防潦患事緣南海順德兩縣地多低下頻年水災盡成澤國受害之慘不忍見聞雲翼等繞室旁皇籌維補救知非依照　鈞處治河計劃難防氾濫爲災爰合群力勸集義捐擬於桑園圍下游之獅頷口東海口與高滘口之間將原有單薄基隄加高培厚以防外潦叉於沙頭堡新穀埠地點開一新口并設活閘以資宣洩凡陳管見似與　鈞處籌治大計尚無抵觸惟兹事體大其中工程如

何設施經費如何估定設閘地址何處最爲適當非經富有專門學識經驗之工程師測勘指導恐難臻妥善而捍禦水災用特聯呈　台端請准派員分別詳細規劃幷先指定日期批囘以便赴省鵠候引勘倘承　俞允懇將批令郵遞順德縣龍江鎮局收轉南順築閘公所祇聆實叨　德便不勝迫切待命之至謹呈

廣東治河處督辦鈞鑒

中華民國十三年十一月十四日卽舊歷十月十八日

治河處批

據呈已悉，該紳耆等勸集義捐，擬在獅領口等處分築活閘，并將單薄甚隄分別培厚加高，洵屬防潦切要之舉。惟該圍地址與水流如何情形，自應派員測勘明白，方能核辦。候本處定有履勘日期，再行諭知該紳等來處引勘可也。此批。

又

據呈已悉，定於十二月二日派遣工程師前往測勘，仰該紳等於十二月一日以前來處接洽，聽候引勘，切勿延悞爲要。此批。

呈順德縣長文

呈爲築閘防潦請予核准并給示保護事竊紳等世居龍江龍山甘竹沙頭四堡地處西江下游北有龍江之河澎圍以捍北江南有甘竹之雞公圍以捍西江均接南海之桑園圍尾惟河澎雞公兩圍之間全賴子圍堤防年來水勢劇增子圍輒潰紳等鑒連年受災之慘用特召集四堡同人會議與築甘竹之獅頷口龍江之東海高滘三口水閘而陸上則築圍隄聯絡河澎雞公兩圍俾潦水不能倒灌詢謀僉同即經設立築閘公所於龍江之忠臣坊并由四堡公推紳等專任其事惟是事繁費重擬於堡內每畝一次過征收築閘費弍元限於夏歷十一月以前

掃數清繳、值此秋瀾時候、分別興工、謹將四堡籌備築閘、及征收築閘費、各緣由、呈請察核、伏乞迅予核准、并給示保護、俾竟全功、實叨　德便、謹呈

順德縣長鄧

龍江龍山甘竹沙頭四堡十一月廿三呈

中華民國十四年一月十八日順德第七區自衛團局長蔡作英接

順德縣縣長鄧來電文

現准

南海縣縣長函開案據桑園圍修基總理岑兆徵呈稱桑園圍建築獅領口龍江東海口高滘口三處活閘及沙頭入字水開閘全圍集議贊成惟水利工程諸待規劃請呈 治河督辦刻日派員履勘全圍規定工程以便從速興工等情當已據情呈請 治河督辦派員履勘應請 貴縣飭令龍江龍山甘竹沙頭等紳董速將擬築三口丈尺界址詳繪圖說以備履勘應用治河處業已派員不日前往務望飛飭速辦切勿延悞是所至盼等由准此合亟電仰該局長卽便遵照迅卽詳繪圖說呈繳以憑轉送毋延切速縣長鄧巧印

具呈南順築閘公所紳董張雲翼周廷幹李宸贊譚秉衡等
呈爲工程急迫需款孔殷懇請給示曉諭催征築閘經費并指
令各鄉局紳董從嚴督催以竟要工而捍潦患事竊桑園圍内
龍山龍江甘竹裏海左灘沙頭等堡位處西江下游地勢低窪
年來水勢劇增每當春夏潦水輒由龍江河澎圍甘竹雞公圍
兩圍間空處倒灌而入子圍崩潰受災慘重紳等鑒於連年慘
狀經召集南順四堡同人議决興築裏海之獅頷口龍江之東
海歌滘三口水閘以禦外水又於沙頭人字水閘一新閘以洩
上九堡内水各堡均已贊同擬由各堡業戶每畝捐築閘費弍

九江谷行街宜昌印務承刊

元倘仍不敷則由各堡紳董担任義捐籌足所有籌備築閘暨
征收費用緣由前於　月　日備文呈報　鈞憲察核并
蒙給示保護各在案現公議限夏曆本年春季內竣工時日短
促工程急迫需費更異常孔亟查乙卯年水災後經議決由圍
內各堡業戶每畝捐銀弍元以充修圍之用按照納粮實征稅
額繳交不得以稅業係在圍外推諉不交以業主之宅居圍內
者既享受保障利益自應担負畝捐義務又乙卯迄今已歷十
年之久圍內稅業不無有移易業主及增減稅畝之異此次築
閘現經公議依據去年甲子歲各戶納粮實征由現時業主按

每畝繳足建閘經費弍元不得以乙夘年納粮稅額推諉舊業主繳交以昭公允現計各堡照繳畝捐雖屬不少而延緩未交者尚居多數誠恐各堡業主間有藉詞抗繳貽悞要工現際工程急迫時日無多謹將嚴催畝捐緣由備文呈請察核伏乞仰仗憲威准予給示曉諭龍江龍山甘竹裏海左灘各堡業戶無論圍外圍內稅畝均按照甲子年納粮內實征除已交外迅速繳足每畝建閘經費弍元毋得推諉并指令各鄉局紳董從嚴督催以竟要工而重公益實爲德便謹呈

順德縣縣長鄧

九江谷行街宜昌印務承刊

順德縣公署訓令第七七號

令龍江自衛團分局長董等

爲令遵事現據南順築閘公所紳董張雲翼等呈稱工程急迫需欵孔殷請佈告催征畝捐幷令行各鄉局紳董督催以竟要工等情查南順築閘全恃乙卯年畝捐餘欵業經佈告征收在案旋於一月假座南海明倫堂召集十四堡議決所有畝捐准夏歷乙丑正月內掃數清交倘有逾延加一罰繳茲爲期將屆而各鄉業戶仍未遵繳殊屬疲玩爲此令仰該鄉局長董卽便遵照認眞督催倘敢逾延准飭團拘案押追以維公益毋得循

延切切此令

計發佈告二十五張　二月七日

順德縣公署指令第九三號

令南順築閘公所紳董張雲翼等

呈乙件爲工程急迫需欵孔殷請給示曉諭催征築閘經費幷令各鄉局紳董從嚴督催以竟要工而捍潦患由

呈悉據稱工程急迫需欵孔殷請佈告催征畝捐幷令各鄉局紳董督催以竟要工等情應即照准除分行外仰即知照此令

計附發佈告十張實征一冊　二月七日

九江谷行街宜昌印務承刊

順德縣公署訓令第一八四號

令築閘公所紳董張雲翼等

爲令知事現奉

督辦廣東治河事宜處第二七號訓令開現據南順築閘公所紳董張雲翼等呈請興築東海高滘獅領口三閘以捍外潦開沙頭水竇以洩内水謹先將三閘工程繪就圖式備載丈尺及施工計劃請予核准并給示保護興築俾竟要工計繳三閘圖式六紙等情據此當批呈圖均悉此案擬於順德縣屬之獅領

口東海口高滘口等處建築三閘又於南海縣屬之沙頭堡新
穀埠開闢一口建築活閘係爲防禦外潦宣洩內流起見旣經
本處派員勘明復據南順兩縣長查復欵項有着圍衆贊成亦
無違禁堵塞河流情事察核情形尚屬可行應卽准其立案建
築除咨會
省長并飭縣出示保護暨候沙頭堡繳到圖說另飭辦理外仰
卽按照呈案計劃興舉工程仍候工程完竣時報由本處派員
復驗以重河務此批圖存在詞查此案前據張雲翼等來處具
呈并據修基總理岑兆徵呈由南海縣李縣長轉呈到處先經

九江合行德官書局移承刊

派員履勘幷飭據該縣暨南順兩縣長查明欵項有着圍衆贊
成事有專司幷無糾轕情弊各等情復處嗣又據第八區三十
六鄉聯團自衛局局長麥淵如等以獅領口違禁修築以隣爲
壑等詞郵電來處經再飭據縣長查明麥淵如等誤會妄控且
該縣亦無委彼爲聯團局局長明文等情復處核辦各在案據
呈前情核與修築圍閘辦法相符自應准其立案建築除揭示
幷咨　省署飭縣暨篌沙頭堡繳到圖說另飭辦理外合亟令
仰該縣長轉諭該圍紳董遵照一面由縣出示保護仍將興工
日期報處備查切切此令等因奉此除出示保護外合行令仰

該紳等即便遵照呈案計劃趕速興工并先將興工日期呈報治河處備查將來工程完竣時仍應呈報治河處派員覆驗以重河務切切此令

計發佈告五十張

縣長鄧雄十四年三月十八

川江谷行街宜昌印務承刊

督辦廣東治河事宜處佈告第二號

爲佈告事照得桑園圍順德縣屬之獅頷高滘東海等口建築水閘培厚基圍一案前據圍紳張雲翼等來處具呈幷據修基總理岑兆徵呈由南海縣轉呈到處業經派員前往查勘幷飭據南海順德兩縣長查明圍衆贊成欵項有着亦無防碍河流情弊各等情具復在案茲復據張紳雲翼等呈請核准立案轉築等情前來察核情形尚屬可行應即准其立案建築除批示幷咨會

省長公署暨飭縣出示保護外合行佈告仰該縣人民一體知

九江谷行街宜昌印務承刊

照毋違此佈

中華民國十四年三月十一日

兼督辦林森

續桑園圍志卷十四

祠廟

聖人以神道設教將以輔刑賞所不及意至微矣能捍禦災患有功於民則祀之所以爲民祈報也桑園圍所祀者爲　南海神舊有廟在河清基爲闔圍公建已圮無存又有廟在吉贊基圮而復建今猶在也李村基南海神廟建於乾隆六十年是年大修工竣因依新基經營以成之正座祀　昭明龍王左右別立室附祀官紳義士之有功斯圍者後座爲會集所廟既成圍事會

集有常所矣遜年　神誕歲晚報賽各堡人士亦咸集

焉將事　者能無肅然於　神之鑒臨哉志祠廟

光緒十四年戊子重修海神廟衆議捐銀伍佰元以上者附祀海神廟襯祠計入主八位民國四年乙卯大修勸捐章程捐欵伍千元以上者附祀海神廟與盧伍諸公同座捐欵壹千元以上者附祀偏座已未重修神廟將配祀鄉先生之座分爲左右中三龕捐伍仟元者附祀中座捐壹仟元者附祀左右偏座位計附祀正座者五位附祀偏座者三十位又甲寅大修捐壹仟元者附祀二位

光緒十四年戊子入主八位偏座位

皇清貤贈中憲大夫諱昇佐號侶河李先生神位

皇清敕授武德騎尉諱體全號瑞雲陳先生神位

皇清誥授朝議大夫知府銜諱奎元號沛芝朱先生神
位

敕授徵仕郎中書科中書誥封奉直大夫鹽課司提舉
諱如璧號玉田馮先生神位

皇清誥授奉政大夫候選府同知諱如璵號玉樵馮先
生神位

皇清誥授奉政大夫賞戴藍翎五品銜諱振升字福堂

號進喜何先生神位

皇清誥贈奉政大夫諱如璸號玉堂馮先生神位

皇清誥贈奉政大夫邑庠生諱積熙號紀虞岑先生神

位

民國三年甲寅入主二位偏座位

清二品頂戴花翎福建試用道揀選知縣甲午舉人左

慶欣號懽若祿位

清候選訓導廩生賴名振寰字頸平號蒟彤祿位

民國四年乙卯入主五位正座位

清晉封朝議大夫岑謙生封翁長生祿位

清封通議大夫岑公喬生神位

清贈奉政大夫諱炳奇號南亭岑公神位

清贈奉政大夫諱錦源號鴻標岑公神位

清誥封奉政大夫國學生諱敬常號敷五程先生神位

又入主　偏座位

清封徵仕郎仰宸馮先生神位

清貤贈奉政大夫諱煥興字爵英號祿齋關先生神位

清封奉政大夫敕授儒林郎諱汝鏞字惠餘關先生神

位

清誥封資政大夫諱祐能字俊賢號翼庭劉先生神位

清封奉政大夫陝選州同陳均成公神位

清封奉政大夫同知銜諱德和字敦紹號藹臣潘公神

位

清授登仕郎叠贈儒林郎晉贈奉直大夫堃山黃公神

位

清貤贈奉政大夫國學生朱公文石神位

清封朝議大夫岑公竹珊神位

清贈朝議大夫陳公璽玉神位

清贈奉政大夫陳公少蘇神位

清誥授奉直大夫晉封朝議大夫少農陳先生祿位

清贈資政大夫諱演寅號翹一梅公神位

清贈資政大夫諱聯輝號桐軒梅公神位

清贈資政大夫諱海目號協中梅公神位

清贈資政大夫諱錫芬字藹生號若蘭梅先生神位

清資政大夫禮興郭先生神位

清誥授奉直大夫富謙彭先生長生祿位

清誥授奉政大夫榮光張先生長生祿位

清封資政大夫候選道鄧煥球先生神位

清花翎二品銜候選道廖鵬章號煜光先生長生祿位

清誥贈奉直大夫中書科中書晉贈奉政大夫老府君

諱文錦字章華號表康先生神位

清誥授奉政大夫欽加同知銜賞戴藍翎老府君諱永

祥字傑南號鶴顏先生神位

清誥授奉政大夫同知銜候選軍民府老府君諱柏祥

字麗南號松顏先生神位

九江谷行街官昌印務承刊

清誥封奉直大夫老府君諱禮祥號文川先生神位

清欽加二品銜陳錫[illegible]先生長生祿位

郭文發先生之長生祿位

花翎二品頂戴候選道二等嘉禾章農商一等獎章

特派赴美報聘實業員督軍公署顧問陳廉伯

先生祿位

清誥贈奉政大夫敕授徵仕郎銜諱惟賢字應能號任官

梁公神位

清候選道賞戴花翎鄧君志昂長生祿位

桑園圍東基海神廟奉祀先哲神位

宋尚書左丞贈太師清源郡王何正獻公執中神位

宋廣南東路安撫使張公朝棟神位

明處士陳公博民神位

清賜進士出身同知銜知南海縣事史公樸神位

清捐築桑園圍基程公儀先神位

督築桑園圍基黃公嗣昌神位

督築吉贊横基陳公遇隆神位

清例授儒林郎貤封承德郎焯堂潘公神位

九江裕行街宜昌印務承刊

清歷任教諭以翎潘公神位

重修東基洪聖廟碑記

圍之有隄多有廟焉桑園圍堤分東西斯廟最古建自明旋圮清乾隆八年重建至四十八年重脩光緒六年又重脩民國三年甲寅夏西潦漲盛冲決茅岡基次年乙卯西江上游陡漲建瓴而下奔騰澎湃所有基圍皆莫能禦基決之日水始至夜半水逾基面盈尺而横基遂潰焉自道光甲辰以來其水患無有大於此者而廟亦遂淩夷傾頹矣是年冬慷慨好義之士熱心桑梓羣

起而担任鉅工將全圍培厚加高動費肆伍拾萬全圍
岡若金城皇天惟德是依人事既盡鬼神亦爲之呵護
焉覩斯廟者可任其荒蕪不治而不爲之規復乎夫人
情莫不趨事赴功凡一一有益於民之舉類多勇力爲
之而況神之威靈不丕者振古如茲也丁已百滘堡適桑
園圍值年援照河神廟舊章會同隴堡雲津先登兩堡
諸紳估價勘脩籌議妥治預算材用工程及廟一切神
物約需銀捌百元先在河神廟公箱項内提出至戊午
正月興工三月而功告竣從此廟貌長新恩光普被而

全隄亦永鞏苞桑矣爰執筆而樂爲記

里人潘佐倫謹誌

民國七年戊午三月　日　立

官產處飭縣公文　民國五年七月五日

爲飭查事現據人民羅彬舉報該縣江浦屬陳軍涌官坦現爲佃戶侵佔隱匿等情前來當批奉查南海縣屬官田縣報原案陳軍涌官坦該稅肆拾玖畝式分捌厘年納稅銀肆拾壹兩陸錢零又稅壹頃壹拾叁畝伍分零式毫陸絲柒忽年納稅銀壹佰式拾兩零又稅玖拾式畝肆分捌厘柒忽年納稅銀柒拾捌兩零前經財政廳清查官產處飭縣查勘在案該民現報南海縣江浦屬桑園圍陳軍涌官坦年租玖拾壹兩零伍分向由九江河清金甌各堡河神廟代納該坦値價銀壹萬捌仟兩現爲

佃戶區松李達余照等侵佔隱匿等語究竟該官坦實有若干
稅畝每畝佔値價銀幾何現報租額核與縣報原案不符究竟
現報前項官坦與該縣原案所報是一是二候飭委員梁繩之
陳芳池等會同南海縣飭傳該氏引帶前往勘明切實估價給
圖列表并查明是否與縣報之案相同抑別爲一起一面勒限
河神廟値理余廷林等來處繳驗契據限文到十日內詳覆再
行核辦可也仰即知照此批揭示外爲此令仰該縣卽便遵照
批指各節確切據實查明勘丈明確切實估價給圖列表并查
明是否與縣報之案相同抑別爲一起一面勒限河神廟値理

余廷林來處繳驗紅契限十日內詳細　復以憑核辦事關彙報要公萬勿牽延切速此飭　右飭南海縣知事准此

總辦王秉必　廳長汪　度　會辦沈　輝

九江谷行街省昌印務承刊

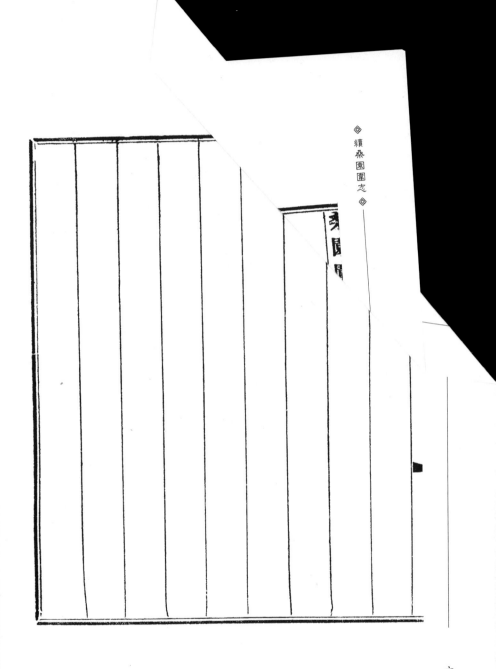

南海縣公署訓令

爲令飭事現奉

財政廳產字第弍百叁拾柒號訓令開案查該縣屬陳軍涌坦官田原由桑園圍承佃壹百壹拾叁畝伍分零弍毫陸絲柒忽年輸官租銀壹佰弍十兩零壹錢叁分弍厘當以該田近年淤生子坦面積甚大飭據委員勘覆該坦田現實有面積壹百玖拾捌畝零捌厘零柒絲伍忽每畝約估値大洋伍拾元該田由河神廟轉批承佃年約收租壹仟元比對原案畝數租欵相差甚鉅如何覆請察核前來查前項坦田既據勘覆實有面積壹

百玖拾餘畝核計溢生子坦將及一半而轉批收租年得仟元比較原輸官租將及六倍現值財政奇絀應即召變以濟餉糈查核所估價值尚屬平允應援所估定爲每畝大洋伍拾元以壹佰玖拾捌畝零捌厘零柒絲伍忽計共大洋玖仟玖百零弍元零壹仙捌文准該原佃桑園圍於佈告後半個月內繳清價欵優先承領永免官租改完民粮逾限不繳即行公佈開投或准別人承領倘爲別人投領事後不得藉厚原佃之名爭執除呈報

督軍省長察核及登報俾衆週知外合行令仰該縣即便遵照立即

專人傳知桑園圍值事等依限赴領勿得遲延貽悞再據委員
復稱該處相連坦地尚多溢生現再派李偉奇陳瑞麟前往清
出投變仰該縣會同前往查勘併飭遵照毋違等因奉此合行
令仰該員即便遵照立即前往傳知桑園圍值事人等迅即依
限遲赴
財政廳官產處繳價承領勿得遲延貽悞一面隨同官產處李陳
委員偉奇瑞麟前往查勘該處相連溢生坦地若干繪圖呈復察核
毋稍遲延切切此令

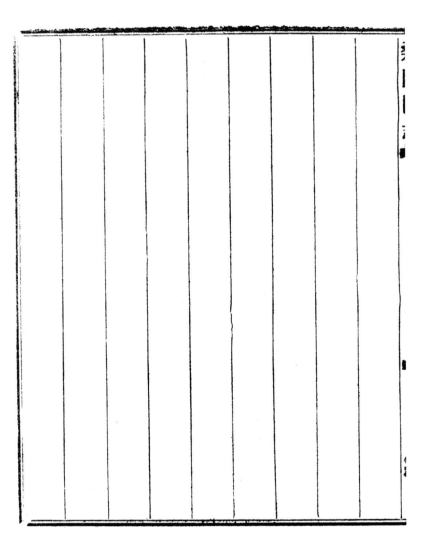

呈請陳軍涌照舊管業

呈為奉委踏坦勘陳軍涌沙坦業經引勘丈量明確懇請仍舊給發批照永資遵守以顧基堤事竊查桑園圍誌內載陳軍涌沙坦係奉前清嘉慶元年廣東布政使陳大文示諭撥入桑園圍海神廟批佃除每年輸租及公用外其餘留為以備歲修意甚善也茲示諭所載該坦四至東至區廣升租坦界西至海邊南至區福租坦界北至鵝埠石坦界實稅壹百壹拾叁畝伍分零弍毫陸絲柒忽撥入海神廟嘗官承佃聽該紳耆等自行招佃承耕并令勒石以垂久遠各等因後人思其德奉祀神祠查該

桑園圍志 卷十四 拾弍 九江谷行街宜昌印務承刊

坦每年官租輸納無幾連各項公費共輸銀壹百弍拾両零肆錢均在南海縣著交納今奉委員丈量明確係得壹百玖拾零畝實溢多捌拾餘畝雖與所呈互有不同而不知或長或消原屬靡定况近年西潦漲盛冲缺實多且該坦原日不准圈築任由冲刷目下情形有消無長應請免予置議竊思民國元年核計金庫所存歲修之欵約弍拾餘萬實難給領惟恃該坦每歲所入涓滴之租以資挹注懇請將所溢之捌拾餘畝一幷撥入海神廟批佃查廟例有功於圍基者則祀之如蒙 憲恩浩大定當奉祀神廟與前布政使後先輝映即圍內數百萬生靈又

不知若何謳思鼚軒鼓舞也用特聯叩崇階懇乞將桑園圍基
陳軍涌沙坦全數撥歸海神廟批佃照每年官租銀壹百弍拾
兩零肆錢繳納此係出自逾格鴻施幷懇給發批照立案永資
遵守俾刻碑以為記念園圍感恩無既矣謹呈

財政廳廳長曾

李作鈞

岑兆徵

桑園圍紳董

等謹呈

余德偁

潘佐儉

民國七年國歷二月廿六日呈

南海縣陳訓令一千四百三十八號民國七年七月四日

爲飭知事現奉

財政廳產字第五號訓令開查接管卷内本月十四日奉

督軍第三二三一號指令呈悉此項陳軍涌坦官所得租息餘

欵既屬補助圍費之用應准照舊承佃免予變價並准立案仰

卽分别佈告另行查照仍候省長核示此令各等因奉此除佈

告及函知廣州總商會救災公所知照外合行令仰該縣卽便

遵照並轉桑園圍紳董知照毋稍遲延等因計抄發呈文一紙

下縣奉此合行令仰該圍董等卽便知照毋違此令

廣東財政廳佈告一件第一號　七年六月廿五日

爲佈告事查接卷內開本月十三日奉督軍第三二三一號指令本廳呈請將南海縣陳軍涌坦官佃由桑園圍海神廟照舊承佃免予變價請立案令遵由奉令呈悉此項陳軍涌坦官田所得租值餘欵既屬補助桑園圍費支用應准照舊承佃免予變價幷准立案仰即分別佈告令行查照仍候省長核示此令又於是月二十六日奉到省長五五六四號指令同前由奉令呈悉陳軍涌坦田既經該廳飭南海縣查明向係撥歸海神廟批佃繳納官租所得租息餘欵悉數補助桑園圍經費與個人

不同所請准其承佃免予變價應准立案仰即知照仍候督軍
核示此令各等因奉此除分别函令爲此佈告該桑園圍紳董
一體知照切切此令
光緒廿二年　七月初三日買受陳鼎新堂省城興隆街
舖契
立永遠斷賣舖契人陳鼎新堂今有承先人經分名下
吉舖一間坐落省城太平門外西關興隆街現開張逢
源號花紗店生理坐東朝西深二大進前進潤二十一
桁後進連厨潤十一桁深皆照舊形所有桁數俱係見

光計週圍青磚牆壁瓦面晒棚閣陣門扇窗板板障地
檯板神樓食井寶籠厨房天窗門籠企廠凡磚瓦木石
一概俱全上至青天下至黄土自願出賣取實時價銀
壹仟弍百肆拾兩正先召親房人等各無承買次憑中
人引至桑園圍承買依口還足時價銀壹千弍佰肆拾
兩正連簽書酒席俱在價內先經立定標貼即日立契
交易銀契兩相交訖自賣之後任從桑園圍管業收租
或建造該稅亦補在價內此舖委係經分名份與各兄
弟無涉亦非留爲蒸嘗祭業此是明賣明買不是債折

典當等情如有來歷不明係賣主同中理明不干買主之事今欲有憑立永遠斷賣契一紙并上手紅契共三紙租部一本統交執存據

一實收到業價銀壹仟弍百肆拾両正壯司碼

中人余看敷

光緒廿二年七月初三日立賣舖契人陳鼎新堂侶蓭的筆

光緒廿二年稅契布頒使字四十九號

民國八年三月驗契南海縣(地字)一十四號

查此舖上手契蟣轉售賣始道光二年三月廿一日

九江谷行街官昌印務承刊

由陳振宗羅其德賣與黎思遠堂黎賢兄弟業價銀
二百兩正中人冼逢見証人李科繼道光九年十月廿
二日由番禺捕屬人黎賢兄弟秉醇秉綸賣與蔡榮
豐堂業價銀肆百兩正中人崔良又道光廿五年七
月廿八日由番禺捕屬人蔡榮豐堂燿堂賣與陳昌
垣祖業價銀玖百伍拾兩正中人龍正昌後由陳昌
垣祖鼎新堂侶墭賣與本圍

光緒廿二年七月初三日買受陳鼎新堂省城大南門外

直街舖契

立明永遠斷賣舖契人陳鼎新堂今有承先人經分名下吉舖一間坐落省城大南門外直街現開張廣隆昌天津京菓生理坐東朝西深叁大進前進澗見光壹十七桁中進澗見光一十七桁後進澗見光一十五桁週圍青磚墻厨房天窓門櫳企䂿凡磚瓦木石一概俱全上至青天下至黃土自願出賣與人取實時價銀一千四百両正先召親房人等各無承買次憑中人引至桑

園圍承買依口還價一千四百兩正連簽書酒席俱在價內先經立定標貼即日立契交易銀契兩相交訖自賣之後任從桑園圍管業與建造該稅亦補在價內此舖委係經分名下與各兄弟無涉亦非留祭蒸嘗物業此是明賣明買不是債折按當等情如有來歷不明係賣主同中理明不干買主之事今欲有憑立永遠斷賣契壹紙幷上手紅契壹張租部一本統交收執存據

賣出省城大南門外直街舖一間

一實收足舖價番銀壹千肆百兩正

中人余看敷

光緒廿二年七月初三日立斷賣舖契人陳鼎新堂侶

陰的筆

光緒廿二年稅契布頒俊字十五號

民國八年三月驗契南海縣洪字第二號

查上手紅契係乾隆五十七年八月廿八日由黃鼎

司紫桐石扶鄉人劉本昌賣出陳松齡買受業價銀

一百二十兩正中人李君亮見証人劉梅長劉衍朝

乾隆五十七年稅契布頒號字二十八號

桑園圍志

光緒廿二年十一月廿九日買受伍福利堂圍田兩號共

民稅肆拾捌畝壹分叁厘弍毫壹絲契據

立明斷賣圍田人伍福利堂係南海縣人現居舊豆欄

今因急用母子商量願將自置圍田一號坐落本邑下

恩洲堡泥炮台後東南方土名蚌甕涌該民稅叁拾壹

畝玖分零弍毫壹絲東至涌心西南北俱至基外爲界

基面黑葉荔枝柒拾餘株圓眼弍拾餘株番石榴桃樹

俱數株所有菓木在內又圍館一間所有基 水竇圍

外草坦一應盡賣無餘又一號坐落下恩洲堡黎 滘

裏土名瓦甕涌弍坵共中則民稅壹拾畝弍分叁厘東
至　西至　西至　南至　北至　又相
連一坵弍畝東至本宅南至　西至　北至
合共該稅肆拾捌畝壹分叁厘弍毫壹絲自願
出賣先召親房人等各無承買次憑中人引至桑園圍
承買合共還足時價銀千捌佰両正司碼平兌連簽書
酒席俱在價內三面言明大家允肯此是明賣明買不
是債折按當等情又不是蒸嘗留祭物業自賣之後任
從桑園圍印契過割自納粮務永遠收租管業該稅載

在城西一圖另戶伍惇庸戶曾經立定標貼如有來歷
不明由賣主同中理明不干買主之事今欲有憑有立斷
賣契壹紙幷檢出本堂紅契弍紙白契叁紙上手紅契
肆紙白契弍紙交執存據
一實伍福利堂賣出圍田兩號共民稅肆拾捌畝壹分
叁厘弍毫壹絲任從買主照稅割入西隅壹圖另戶
桑園永固戶永遠辦納粮務
一實伍福利堂收到田價銀叁仟捌佰兩正司碼平兌
中人余瀚湖　馮羽雙

見收銀在堂母　何氏指模

伍後初伍德初的筆

光緒廿二年十一月廿九日

驗契南海縣困字陸拾玖號

中華民國四年六月　日

印契布頒立字陸拾伍號

光緒廿二年十一月　日

民國二年十二月五日附股商辦廣東粵漢鐵路一萬份

商辦廣東粵漢鐵路有限總公司發給

往字第五册第七十弍號壹萬股

本公司招集華股開辦廣東粵漢鐵路每股實收廣雙毫銀伍元整共集股捌百捌拾壹萬柒仟伍佰陸拾弍股分三期遞收第一期收銀壹員第二期收銀壹元伍毫第三期收銀弍元伍毫今據　省　縣股東桑園圍永固先生附股壹萬份業經照章交足三期實共繳到股本銀伍萬員整理合發給股票息單俾作憑證

此據

民國二年十二月五日給

總理詹天佑

協理李煜棻

徐恩佑　李振成

劉錦江

董事張家照

梁汝棻

梁爕垣　李鑒誠

另連息單一頁第一期至第廿期

民國五年乙夘十二月買受關柏園祖九江西方樂只約

桑園圍外基塘契

立明永遠斷賣基塘契人關園柏祖今有承先祖遺下

基塘一口坐落土名九江堡西方樂只約桑園圍外今

因遷祠需用銀兩宗孫紳耆集祠當衆商議各願將此

基塘出賣與人先召至親各無如意房內子孫執賬問

到桑園圍承買全盆取實價銀肆百伍拾元正簽書席

金俱在價內還價相同二家允肯卽日標貼晒杙卜日

邀請業鄰丈量東至南涌心界長弍拾柒丈陸尺伍寸

南至西桑園圍基邊界濶弍拾壹丈零弍寸西至北吉
水里閘心界長弍拾弍丈三尺柒寸北至東涌心界濶
壹拾七丈玖尺陸寸肆至明白該鄉丈稅捌畝玖分陸
厘陸毫肆絲捌忽即日竪栈立界書立賣契交易銀契
兩相交訖並無少欠分厘亦不是債折等情從前並無
按揭別人銀両亦非蒸嘗留祭之業的係承先祖遺下
之業與別人無涉倘有外人爭論及來歷不明賣主自
理明不干買主之事自賣之後任從買主管業收租或
塡塞或開水路臨時不得異言水陸一路照舊通行通

放此基塘該原承民米三斗六升九合一勺載在九江

堡三十八圖七甲關義存戶辦納任從買主隨時收歸

本圍辦納二家不得多開少承屬在圍內同人不用多

寫恐口無憑特立明斷賣基塘契一紙交執存據其上

手契日久遺失倘有搜出視爲故紙

一實關園柏祖宗孫漢長紳耆其昌耀星等親手賣出基塘一口該鄉

丈稅捌畝玖分陸厘陸毫肆絲捌忽正

民國五年乙卯十二月立賣基塘契人關園柏祖

宗孫紳耆漢長其昌耀星等的筆

基塘圖形

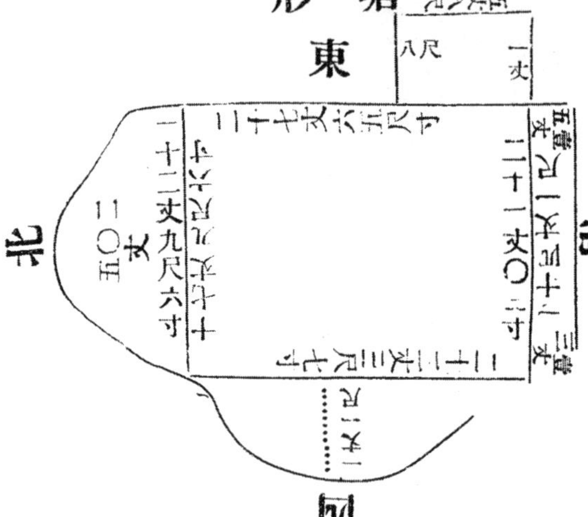

大　坵八畝一四零八

東小坵　八　厘七

南小坵　三分二九

西小坵　二分零五

北小坵　二分三四

合計　八四六六九八畝

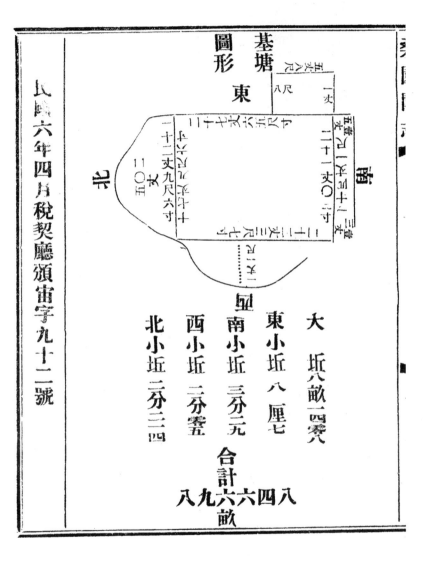

民國六年四月稅契廳頒宙字九十二號

民國五年　月　日承受儒林書院萬善堂從風草堂

九江鄉南方趙涌趙大王廟前基塘契

立讓基塘契人九江堡儒林書院萬善堂從風草堂今

有基塘一口坐落本鄉南方趙涌趙大王廟前第三口

該稅四畝九分一厘伍毫伍絲零伍叉肆分壹厘玖毫

叁絲捌弍伍東至涌心界南至基心界叉至元芳公界

西至路邊界北至涌心界四至明白茲因民國四年乙

卯西潦澎漲水溢基面搶救數日用去鉅欵曾自適堂

曾起岑祖無力歸欵將此業獻出抵墳搶救之項現桑

圍園因此處外沙日割須收用此塘改濶基叚本書院善堂等集衆商議情願將此基塘平價讓與桑園圍承受即日收回業價銀叁百大元其粮米弍斗零捌合玖勺陸零肆柒叉壹升柒合玖勺弍陸叁共該民米弍斗弍升六合捌勺捌陸玖載在曾宏戶辦納嗣後歸桑園圍承辦納水陸弍路照舊通行今欲有憑特立讓數壹紙幷上手契弍紙交執存據

一賣從風堂、儒林書院、萬善堂賣出基塘一口

該稅五畝三分三厘四毫八絲八柒五

原民米二斗二升六合八勺八陸伍

一實　從風草堂
　　　儒林書院　收到業價銀叁百大元
　　　萬善堂

民國十一年五月初一日稅契廳頒奉字弍拾弍號

查上手契二紙一紙民國四年乙夘十二月初五日

由曾起岑祖紳耆値事宗孫曾滿榮等將先祖遺下

基塘一口坐落九江南方趙涌趙大王廟前第三口

土名墟後塘該稅肆畝玖分壹厘伍毫伍絲零伍實

與儒林書院從風草堂萬善堂承受該業價銀捌百

伍拾大員一紙民國四年乙夘十二月初五日由曾

自適堂將先祖遺下基地一坵坐落晉大夫祠前與
壚後塘相連該稅肆分壹厘玖毫叁捌弍伍賣與儒
林書院從風草堂萬善堂承受該業價銀叁拾陸兩
正

民國六年丁巳歲閏二月廿九日買受柏林祖聚靈公坐落景星里

基塘一口

立明永遠斷賣基塘契人柏林祖聚靈公今有基塘一口坐落土名九江堡南方景星里桑園圍外茲因桑園圍修圍要用故我柏林祖聚靈公集衆願將此基塘讓與桑園圍承受衆議照原價銀叁百捌拾兩正所有簽書席金俱在價內卽日標帖晒找卜日邀請業鄰丈量四至明白該鄉丈六畝一分零玖毫玖絲陸忽八末六微另繪形圖於契末俾得一目了然卽日豎杙立界書立賣契交易銀契兩相交訖幷無

少欠分厘亦不是債折等情從前并無按揭別人銀両與
別人無涉倘有外人爭論及來歷不明由賣主自行理明
不干買主桑園圍之事自賣之後任從買主管業收租或
壞塞或開水路臨時不得異言水陸二路照舊通行通放
此基塘該承民米弍斗柒升載在九江堡卅四圖九甲曾
通理戶辦納任從買主隨時收歸本圍納辦二家不得多
開小承屬在圍內同人不用多寫恐口無憑特立明斷賣
基塘契一紙交執爲據上手契日久無存日後如有搜出
視爲廢紙

一實

曾柏林公賣出基塘古壹半總理曾信鋌收到

聚靈公賣出基塘古壹半總理馮雲甫收到

原

價銀

壹佰玖拾兩　伍百弍拾柒

壹佰玖拾兩　元柒毫捌仙

共叁百捌拾兩伸元

大小五坵鄉丈稅六畝壹分零玖毫玖絲陸忽捌陸

民國六年四月稅契廳頒日字第叁拾號

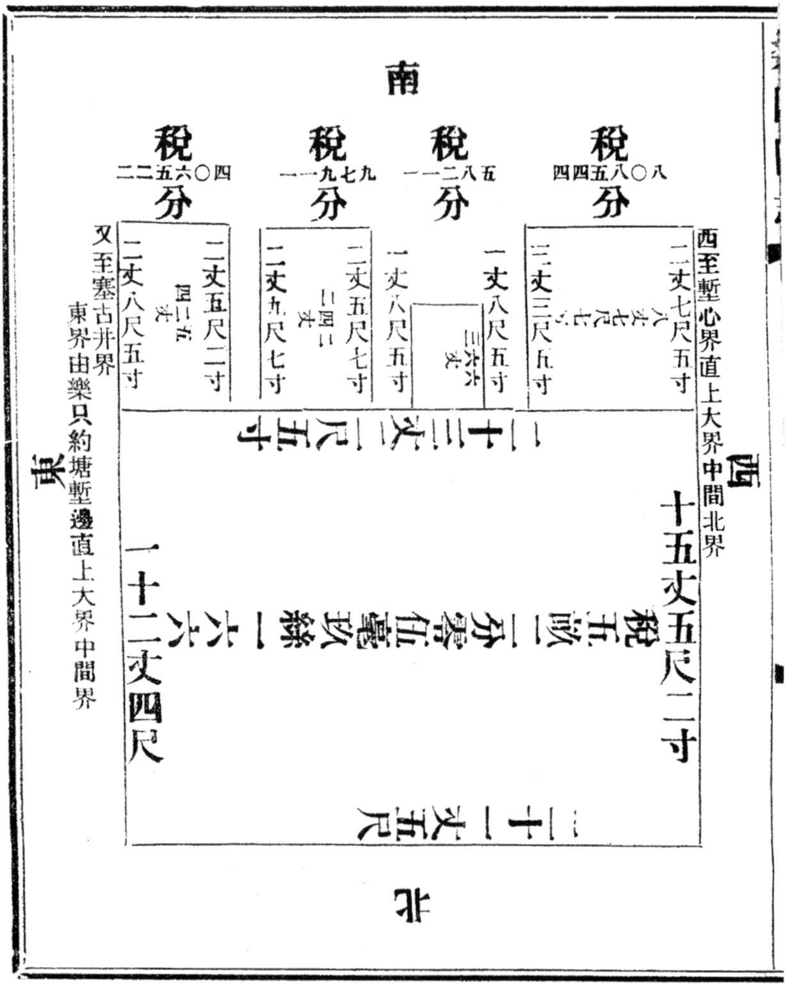
南
税 八〇八五四四 分
税 五八二一一 分
税 九七九一一 分
税 四〇六五二二 分
二丈七尺五寸
三丈三尺五寸
一丈八尺五寸
一丈八尺五寸
二丈五尺七寸
二丈九尺七寸
二丈五尺二寸
二丈八尺五寸
西至塹心界直上大界中間北界
西
十五丈五尺二寸
税五畝一分叁伍毫玖絲一六六
二十三丈一尺五寸
二十一丈五尺
一十二丈四尺
又至塞古井界
東界由欒只約塘塹邊直上大界中間界
東
北

民國十二年癸亥歲十二月買受張永孚堂坐落景星里基塘壹口

立送基塘帖人張永孚堂今有自置基塘壹口坐落景星純中舊屋前鄉丈該稅壹畝玖分玖厘東至塘仔及舊屋脚界西至包大圍界南至椿磡界北至包上便塘基界四圍界至明白此基塘因該處基段於民國七年由桑園圍修築培厚墊支工料銀叁佰捌拾伍元柒毫壹仙正茲集衆公議表決將此基塘永遠送與桑園圍管業以抵墊支欵項自後此基塘批租納粮及日後重修改變概與本堂

無涉桑園圍所墊之欵亦兩相清訖此基塘民米載在張

明臣戸內該民米壹斗零陸合肆勺陸抄伍撮由桑園圍

自行辦納今立送帖壹紙交執存據

民國十二年十二月　日張永孚堂當年值事恩海立

建甫

湛清

灼三

介熙

續桑園圍志卷十五

藝文

事非言不著言非文不傳藝文者所以載其言而詳其事也昔人地志水利諸書每立藝文一門凡以地方利病事勢人情其見於時賢議論者亦是非得失之林也至於閔時感事作詩告哀情景如繪錄之以備輶軒之採義固宜然其與圍無預者不濫及也志藝文

九江谷行街宜昌印務承刊

惠民竇碑記

陳萬言

南海九江里在省會之西南去邑百八十里其地負山帶海上瞰牂牁離鬱之水南流入於海下控厓門西樵大雁諸山峙其左右洪濤巨浸中流兩峯砥柱屹立州大夫曾公儲題曰海偶亭云卽郭景純所謂靈洲鬱鬱嶺南多衣冠之氣殆此類也故其地人文蜚英產饒物阜甲於他邑先民奉上令於南了衝枕海處引潮入內設板閘以司啓閉藉以蓄洩灌溉十八堡賴之遂成沃壤厥後浲水爲災有隣國爲壑之憂則以曩昔閘之廣一丈許且啓閉不時之爲患也權要者誤聽豪民言遂決意壅

九江谷行街伯昌印務承刊

塞之隄岸懸隔海潮不通南了內河日漸淤淺旱不及灌潦不及洩禾稼不登池泉益涸魚利耗竭生民勞瘁鬻妻孥以供賦稅至於今日極矣當事者議復古制而豪民之裔鼓衆而陰沮之會周侯奉例淸畝經九江里按軾周視故閘遺址憮然歎息召父老而告之曰閉此不竇則九江之民病廣設閘則大同河淸之民病然大同遠而易坊九江近而宜拯語曰不習爲吏視已成事今之河淸有竇無患獨於汝民不爲之所乎吾聞謀於衆者貴兩利而俱全慮其終者當作始之盡善君子爲政圖易於其難爲大於其細亦爲審擇利害損而益之與民宜之而已

吾將令民改閘爲竇高不踰七尺廣不踰五尺旱而開潦而閉一如河清之例越此者有誅民或貪利擅啓竇而不顧鄰人之陷溺者有誅民或健訟壞成法而忍視一方之飢渴者有誅明有國法幽有鬼神若等其自保之於是遠方之民言不便者遞至侯曰試爲之令既具布之國父老率其子弟樂事赴工荷鍤如雲負土成邱運石以爲砌擇材以爲門門之闔闢隨潮消長缺三字力內作重板以資蔽障高廣如式蓋不踰旬月而工竣潮汐之至膏潤百里於是枯者榮涸者蘇浸者洩昔之勞瘁而無告盡力於農畝缺二字囂頌以鼓衆者革心而向化曰而今而後

知侯之能仁我也衣冠者歌詠載道感侯之惠惠而能文貿遷者舟楫咸集感侯之惠惠而能均侯時方膏車入　覲里中父老詣予請記萬言稽首曰古之人有高世之功者負遺俗之累有獨智之慮者任驁民之怨夫　天子加惠元元簡侯以治南海侯知澤國之民急於水利故決策以疏導之而遠方之人求多於吾里必欲綴訟衆言淆亂苟非明足以察勇足以斷事未有不汨格者侯之任怨任勞以底厥成功宜於今而不泥於古悅乎近而不忽於遠殆善之善者也鄉士大夫諸父老勸碑以紀盛美名之曰周侯惠民竇名義迨攸稱焉嗟我子孫遵法而

世守之倘亦有利哉異日者又秉鈞衡推是術以濟天下直易易耳子產之始相鄭也不和於俗而其終也輿誦歸之夫子以爲惠人侯殆吾邑之子產也庚桑楚居畏壘三年畏壘之民願尸祝之庚桑楚避而不有天下後世亮其心者鮮矣萬言生也戇見忤於時侯之德教也曰深予殆故知侯者若等其無忘凋鱗之困以保侯之惠於無窮也於是父老舉手加額曰公之及此言也百姓之德也遂爲之歌曰汪汪畔泂字缺一歷蒼梧而東流至於南海兮拔我靈洲　帝命循良兮憂民之憂疏導以廣水利兮澤我田疇樹藝黍稷兮亦乃有秋順彼遠鄉兮彼不我

仇[缺二字]可通兮社醉而謳侯之還朝兮黼黻王猷於萬斯年貞兮
勒功羅浮侯名文卿由隆慶辛未進士湖廣江夏人遂勒之兮貞
珉以詔來者

陳博民墓志銘

關上進

匹夫而澤及生民一事而功垂萬世於戲難矣然則博民陳公之墓烏可不誌公諱博民字克濟號東山叟南海九江鄉人父德華祖建端曾祖擇口即南雄珠璣遷來之鼻祖也公在元季明初間生平慷慨有大志念西江傾注盛夏潦漲時鄉及鄰堡之瀕江者歲受水患因隄防未善潦至則澎湃激嚙故也公相度形勢審視要害思築而固之爲永久計又念大工大役非聞於朝不可乃走金陵上書闕下明高皇曰捍水災惠政也叩玉陛義舉也嘉而俞之爰勅有司鳩工而指揮董率惟公是任經

始於洪武丙子秋以丁丑夏竣事自甘竹灘上至天河橫岡綿亙數十里隄之狹者廣之卑者崇之薄者厚之脆者堅之人皆舉手加額相與德公頌公不輟謀所以酬公勤者爲公建祠顏曰敎食高皇褒勞以乃功榜其堂噫豈非盛事哉時古岡黎秫坡貞爲記勒諸石至今存焉公藏魄於里中鎭山之原舊無墓誌今各後裔重修馬鬛謂不可無表墓者其十一世孫文學之俊予門高弟也謁以誌請予曰予固公之里人幼聞公事知公績偉矣數百年來上下數十里間不至魚鼈其人民滄海其桑田蜃市其室廬畡宮其池沼者非荷公之惠哉由此以至千百

祀猶食公賜也覩長隄虹偃慨然想見公之爲人公一海濱布衣耳而利賴所詒若是彼碌碌紆青紫綰印綬者知而不言爲而不勇聞公風亦可少愧矣使公當時稍得尺寸之柄其功業之所究又焉得而測之昔人謂誌墓之文惟郭有道碑不愧今予于公亦云公生於順帝戊戌年十二月十一日辰時卒於宣德十年八月初九午時享壽七十有八元配孺人梁氏次配封氏暨氏蕭氏朱氏何氏子男七人長諫次能三秉四濂五正六觀七和女一其所適卽吾族支祖善吾公也四代孫夢蘭字廷吉賢而文從白沙先生遊推陳門游酢書法尤得江門三昧今

厥族蕃衍不下千指予既樂爲公誌復繫以銘曰偉男子詣神

京一獻策動彤廷築隄堰障滄溟利萬姓永康寧壙埋魄不埋

名澤及遠後必興千百世保佳城過斯地讀斯銘

上祁竹軒中丞書　馮志超

敬禀者伏以非常之舉待其人而後行大利之興乘其時不可失邇見粤東水潦連年爲災民情愈蹙吏治尤難適當此際老夫子來撫是邦若天使之因時舉事以彌患一時造福千古者近聞日夜焦勞降尊貴而親問疾苦而制憲及藩臬兩憲又皆賢慈和衷共濟自必有善全之政術可無事於芻蕘獻策也然志超所不能已於言者蓋古人事師無隱之訓故管見所及不敢隱忍以冀泰山土壤之助竊見去年水災勸捐平糶勉強支持今若復行勸捐勢必有所難強即開倉放賑恩亦有所未周

惟以工代賑古今救荒善法莫善於此而工程之興在今日所尤亟者莫如開河以殺水勢此轉禍爲福之機也夫粤東三江滙流入海已近向無水患至是連年成災誠非適然究其至此之由蓋近海各屬富戶築沙灘以成田築圍基以種果海口日隘宣洩不及遂至於此禁止築沙築基此固不可少之策而尤宜於西江上流開河以殺水勢查三江之水北江發源以南雄東江發源以潮州而西江爲最大由滇黔廣西總滙十餘江東下至三水縣與北江合流歸海廣肇羅三郡州縣悉其所經每年基圍紛紛崩潰皆此爲患雖水退復業因基圍不足以禦之

卽如今年新築各基圍仍多崩塌是前車之鑒於此別籌良策保全非開通新興河不可蓋西水非能一歲不至疏而分其十之四則西江水勢旣緩而東江北江胥慶安瀾矣而各處基圍永無崩塌之患矣查新興縣屬土名河頭有水源北流出肇慶府與西江合陽春縣屬土名黃泥灣有水源南流出洋自河頭至黃泥灣中間相去僅三十五里路雖其中有山繞麓而開不難通也此河果通不特粵東下流普蒙其利卽粵西潯梧鬱各州郡之在上流可以歲減其災誠彌患一時造福千古之至計也或曰此河曾經踏勘實不可開無論水尾太高勢難轉注卽

數十里陸路無畎澮之迹何以濬之有嵯峨之阻何以鑿之又有天堂墟在其中廬墓間錯雖因勢利導隨其高下然岸涘不齊夏秋之間水勢奔注必有溢出槽外之患田畝仍有被淹者是以隣爲壑顧此失彼後悔奚及不知天下最平者水也地勢有高低而水無高低開深南河以引水則水尾漸平挖寸低寸挖尺低尺無患其高也鄭國開渠豈因川澤人力可通也漕運之河曾開數里（十里）十石脊專藉火攻無難朽也廬償其值墓勸其遷間有低窪田畝受其旁注亦不過百里害小而益多況又岸邊開鑿膏腴日闢亦足補虛是眞西江之壑也引而歸之廣州

各屬無桑變滄海之虞肇羅一道有裕國通商之利不兩得與或曰此河縱使能開亦多未便數十里脚夫失業其患一徑達下四府宵小易於逋逃其患二當僱倩開挖之時不厚其傭値則瞻顧不前若厚償其傭値則奔走輻輳日役數千人彈壓甚難况際災傷之後孑身赴役無妻孥繫戀恃黨羽衆多患有不可勝言者不知脚夫悉可駕舟良歹亦易盤詰畏法不敢者人之情得食卽安者民之性果能以工代賑數月開挖計可活人無算惟在賢有司實心實力不憚暑雨不避嫌怨與受役者同甘苦將見經始勿亟庶民子來可爲詠矣或又曰水性固無有

不下工程亦易於考成惟若輩書生空言無補以數十萬經費豈可以紙上談因再三思之開河之舉若興議於太平無事之年人或疑信參半甚至譏以好事喜功者有之惟興議於連年慘傷之際其爲一勞永逸之圖人所共諒出示勸捐不但各鄉富戶被災者痛定思痛急切願捐即如西關居民佛山舖戶知獲其福亦必踴躍樂從鹽洋兩商豈竟無關痛癢殷實典庫應願稍分羨餘況緣各省捐賑捐工成案奏獎鼓勵更有自念勝於援例捐職而爭先恐後者蓋再勸賑濟則歲無底止似難以爲情惟以決策開河則效可共期者自必勇於從義由是以工

代賑野無餓莩不須捐以俸廉河告成功亦不至虛糜財穀以視拘拘賑濟功德不更遠哉或猶恐捐輸不足勢難勸派工程浩大難以圖終此亦老成過計未可厚非嗟乎水之泛溢誰實爲之沙田爲之也築沙田者石角水椿日積月淤又至加以基圍環突遂至海口日隘水道愈灣宣洩不及釀成大患而彼之所報則汗萊下稅所享則膏腴厚利卽檄令按址自行洗刷俾復故道亦不爲過於猛烈今但酌令每畝捐出銀叁伍分集腋已可成裘矣在築沙田者皆是富豪出之甚易况溢坦不下數十萬畝接生隱報借照影佔誠委賢能之吏按籍丈量檄繳花

色若屬官荒則召人承佃召戶承陞其爲有土此有財有財此有用不尤綽綽然有餘裕哉志超旅居斯地目擊情形所見潦溢基崩田淹屋倒各鄉遭難城內受驚擾茲幸上天垂佑實鑒老夫子愛民眞誠祈晴旋應漲亦漸消小民咸誦深仁至爲感泣惟是羣黎當災殘之後望倖恩澤甚爲迫切而老夫子正思善爲處置之時倘所言或有可採則與制憲設定章程懸示勸捐按照數目之多寡奏賞職銜之大小昭示之信然後着令各鄉自行公舉紳士給簿勸捐檄令各縣按照海口沙田畝數抽捐工費尅日興工以代賑濟是誠千古一時也設倘有持兩可

之見謂事屬創舉未可鹵莽行者試問西水又復駛至將以何法消之何地容之現在嗷嗷鴻雁何以安集之夫事固不可不計利害而亦當權其重輕朱子云凡事七分害三分利即不可行七分利三分害即不妨行之伏願老夫子審輕重之權以決行止而已 志超 冒昧之見未知果有當否伏惟裁奪 受業志超謹稟

按馮君號班甫上書時在道光十三年經按憲扎委道府勘明稟覆惜爲時議所阻前數年又經省善堂商會獻議亦不果行查新興河頭廣東野史內載有渠形在林旱中可以疏鑿使水南行三十里許直至陽春黃泥灣等語如果渠形尚在

踵而行之固爲易易即使渠形無存而天堂墟左右一帶俱是平岡並無高山峻嶺其土山可以力施石山亦可以用火煅煉斷不至半途而廢況今日人工機巧百倍從前蘇彝士河尚可開鑿尤易策其功效者乎非常之功必待非常之人現雖未行存此以俟後之君子

公築十堡橫檔基碑記

吾粵渠堰之制有大圍有子圍有大涌有小涌大圍者沿西北兩江之旁累土爲鉅防以禦大川之橫決者也大涌者鑿大圍爲牐門引川水注於圍內以通宣洩者也子圍者夾大涌兩旁而築之免大涌之泛溢於以圍內者也小涌者鑿子圍爲牐門引大涌注予圍內縈郵落絡土田雖千支萬派舟楫可以相通旱潦因而啓閉者也然則言水利者聯衆堡之力以固大圍分各郵之力以護子圍而防閑密矣茲乃於子圍內再築一圍不於江河之邊反置於平田之上人勞財費無乃多事乎曰非也不

得已也蓋吾鄉大涌之水其來源有三曰惠民竇曰獅領口曰龍江口惠民竇之水在甘竹灘上較灘下高四五尺四月後即將閘門緊閉並湮塞以泥沙外漲不能來內潦亦無從洩所恃以疏通積水者東西二口而已獅領口在甘竹灘下水較灘上低四五尺圍基到此已盡四無阻攔故從此引水逆流而上又百折千紆以殺其勢抵大穀分為二支一支繞龍山逶迤而行出於龍江口一支入九江至三元橋下合惠民竇水經大同沙頭亦出於龍江口龍江口之水從北江流入亦經沙頭大同而出獅領口所幸者二水强弱異勢銷長異時故漲於西者消於

東漲於東者消於西若二水合漲同在一時則力敵勢均會合於沙頭大同之間而白飯溫郵兩圍乃頂冲最險之區十堡特爲屏障審矣然白飯新慶等圍俱能自行修築自行保護而溫郵圍則自己視爲綴圍隣堡反代爲喫緊其故何也曰此有無可奈何之勢焉非可一言竟也夫他圍民居俱散處圍內溫郵圍則近貼圍邊加厚則壓損民房加高則湮塞門戶其無可奈何者一他圍業戶俱住在圍中溫郵圍多住在圍外若有搶救工食誰爲代支椿杉誰爲代辦無可奈何者二他圍業主多食土平民以租息爲命厥溫郵圍多富商巨賈田園被淹如九牛

九江谷行街宜昌印務承刊

亡一毛不爲增損誰肯出力維持無可奈可者三他圍佃戶皆土着之民聚族而居人力既多董率亦易溫邨圍之佃丁皆外來之蛋民也欲出力保護則丁口幾何欲借助鄉隣則招呼莫應無可奈何者四若於邨後另築一圍則鄉後皆品字基塘跨塘直築圍根不固沿基紆築則棄業太多况地近西樵塘多石底設有崩決樁杉難施無可奈何者五故每有潰裂皆大同堡代爲傳鑼十堡公同救護至無可救護不得已借大坑邨前泥路加高培厚以橫截之洎同治　年大坑之路亦潰約計修費百餘金大同堡獨力擔當不料修於前則決於後修於彼則決

於此遂糜費千餘金事前則曰十堡匀攤事後則曰向無此例蓋農夫深知形勢不能操出納之權紳士能操出納之權又苦於不知形勢或曰此溫邨圍地也何故舍已芸人或曰此地與北陂相連必白飯圍地也安得以私其支公費由是歸欵者小拖欠者多在大同噬臍莫及僅受屈於一時在十堡則剜肉難醫不知受痛於何底矣同治四年余銜恤家居以紳衆推牽強管局務農夫野老俱言此圍不修十堡同歎淪胥本堡牽先受累而余於此地情形實未目擊也後因先人窀穸事親履其地始知此地在溫邨圍內而責沙頭人修築則不能其地確與北

陂相連而名爲白飯圍又不可況借路成圍乃一時權宜非百年久計若圖自葺藩籬非十堡買地另築一基不可也因與慷慨任事不避嫌怨之陳訓導鑑泉熟悉基務心計精通之潘訓導以翎情殷梓桑喜成人美之陳孝廉文瑞彼此函商所見若合轍節而後通傳十堡紳士聚集於大同書院之嘉會堂酌籌欵興築之法或曰築圍先買地固也然買地必買路旁之地則傍路成堤地不增多而隄愈闊隄內開一溝則就近取泥以深爲高而隄愈峻且有溝以儲積水隄內行潦皆有所鍾內水與外水抵力既均隄無偏壓之虞而隄愈定又堤面不能種桑若

以妨行人也今有大坑之路以便往來則堤身可禦洪流堤面可培嘉植將來租入即可爲歲修之資矣僉曰善哉於是通計圍長若干尺買地若干畝地價約若干工料工錢一切雜費共若干然後於十堡田畝起科每糧銀一兩科銀一錢共得銀一千餘兩不足從十堡殷戶勸捐得銀數百兩署南海縣鄭親下鄉徵收囑圍內紳士催收懸遠舊粮收得銀一千謝銀一百爲修基費共得數百兩通共銀一千餘兩支去銀一千餘兩而堤以成是役也經始於　年月日成於　年月日計桑園圍十四堡茲除去龍山龍江甘竹沙頭及九江堡東方下北方不在此

圍內在圍內者九堡有半名曰十堡者舉大數也其勸捐督工紳士始終其事不辭勞瘁者梁知縣荔浦融關茂才心葵俊英冼上舍莘農謙等例得書於碑以垂不朽

廣東水患論

何炳堃

廣東水患西北兩江爲甚北江源自梅嶺南過樂昌又南過連州至三水會西江出虎門入於海西江發源夜郎匯滇黔交桂諸水下梧州爲牂牁出羚羊峽分流爲二一東流至三水會北江出虎門入於海南流出大蘆經西樵復分爲二一過新會出厓門入於海一下甘竹出焦門入於海廣州地處下游築堤捍禦頻年潰決增庳培厚災亦不止固水之驕悍使然亦下流壅遏所致也而議者謂新興河有水源北流與西江合陽春黃泥灣有水源南流出洋平陸相距不過三十餘里鑿而通之可分洩

西江水而殺其勢其說似矣乃近聞有司採納輿論特遣人測驗其地地高於水二十餘丈又新興陽春兩河皆有小灘數十里潮所不及非鑿深兩河流亦中亙若併兩河疏鑿計當百里有奇所費不下千萬揆以今日之事勢恐施行未易言也且經費可無論矣即以地勢而論土薄水淺掘及尋丈泉即湧出數丈之下雖有畚鍤亦無所施况發掘二十餘丈水中取土豈不爲費彌鉅而成功愈難乎昔人籌河有建議欲於塞外鑿渠道之北流入於北海勿使經中土謂既可隔華夷又使中土永無河患論者奇其策而惜其途遥費距難成也今之議者無乃類

於是歟然則不能分其流以殺其勢亦惟疏其流以順其性而已矣夫柔而善下者水之性也禹之行水行所無事順其性也溯自乾隆以前水潦亦歲歲至矣而爲災者少乾隆以降堤加高厚而潰決愈多水若與堤爭勝然是何也下流沙田攢起迄今殆逾萬頃墾戶多築石壩沙停淤淺又復成沙沙田既多水道愈壅近今水患視昔爲甚職此之由然貴勢豪族固有牢不可破者苟無善法以處之事亦不可行也是在留心民瘼者矣

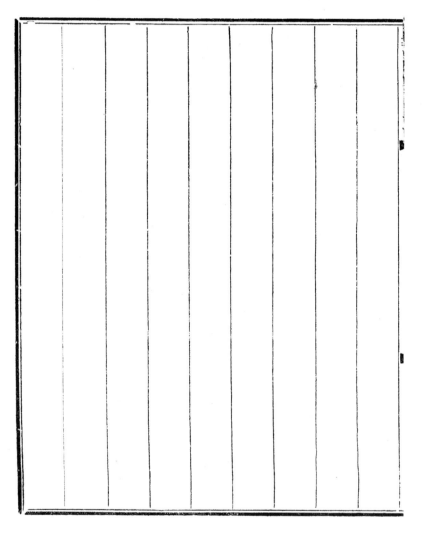

擬重修桑園圍河神廟碑記

何炳堃

昔先聖王神道設教凡有功德能捍災患同在祀典所以申其報示不忘也我桑園圍河神廟創於乾隆乙卯修於道光丙午正室前堂祀　昭明龍王後堂爲集會所兩旁翼室左祀官粵諸賢右祀圍中先達暨諸義士皆有功德於圍者也光緒初年倡集義捐爲堤修備遂增祀義助諸主於後堂禮以義起也歲丁酉復舉歲修在事諸君以廟貌日就阤敝非所以彰恪事也爰商諸衆作而新之正堂前後堂悉仍舊規兩旁翼室左崇德右報功奉祀如故而以其前餘地改作中座璪廊復築兩室夾

大門爲崇義祠移祀後堂義助諸主舊基瀕江歲淹於潦因移後數丈高築地基自是乃免水患而氣象較崇隆焉經始於戊戌　月告成於是年十月所費白金若干兩實出於餘積存欵不捐湊而事集則未雨綢繆之效也落成之日十四堡人士咸集相與拜祝嗟歎神庥盍自道光甲辰以來慶安瀾忘昏墊者五十餘年矣謂神靈呵護固宜然神依人而行者也坍塌者補庳薄者培險者護以石漏者築以灰此人之所爲非神所能爲也向使胥鉏官帑工程粉飾暗中伸手糊塗奏銷一旦潦至東西搶救倉皇祈禱求神庇庥雖荐馨香將吐之矣呵護之靈可

妄冀乎惟人事既至神鑒其誠庶足延嘉貺耳繼自今凡我同
人敬爾在公尙一心力無作神羞繕完以時有基勿壞將所以
防災患而保功德者胥在是焉我圍堤直不啻以金鑄矣神之
默佑豈有既歟炳堃生長斯土夙與畚鍤之役與闔圍士衆享
樂利者數十年同承神賜弗敢忘也因樂爲記之

九江谷行街宜昌印務承刊

桑園圍下流三口不宜築閘議

何炳堃

天下事利害常相半利於此者每害於彼未可見其利不顧其害也我桑園圍自北宋創築圍形如箕箕腹在北箕口在南南缺獅頷高滘東海三口爲下流宣洩之區前人規畫周詳用意深遠未易及也今議者以三口倒灌倡建活堤謂可絕下五堡水患誠如其說下五堡固有利矣上九堡果無害乎不獨上九堡有害即下五堡亦不能有利無害所謂上九堡有害者何也方今圍內田畝連年多被水淹簡村金甌鎮涌河清等堡尤甚前十餘年高田猶可恃今亦與低田等矣推求其故良由下流

九江谷行街宜昌印務承刊

子圍築閘阻遏水道加以低田多變桑基則容水之地日少即載水之田愈漲水愈漲則消愈遲而禾稼愈不可問欲救其弊正宜疏通竇穴一切去水之路使得暢流然後田水易消可望及時種蒔今者歲比不登種蒔失時也其所以失時者由內水退遲也雖有下流三口洩水其爲患且至於此猶復築閘以增其閉塞上流水漲絕無去路將見各堡皆成澤國禾田桑基均無望有收矣此其害之易見者也至謂下五堡亦不能有利無害者以五堡地處下游上九堡之水所注也下閉三口之閘上承九堡之水子圍單薄將有壅而潰決莫可救止者矣且三口

爲五堡舟楫通津蠶桑魚苗百貨之所出入也閘成而艱於運
載小民之失業者多矣此不可謂無害也如謂不築閘不免水
患豈知五堡非盡受水患也其中受水患者爲無子圍也非爲
無閘也自築圍可免水患矣不築圍以固吾圍而築閘以隣爲
壑是猶馬頭岡閘之故智豈一視同仁之義乎查圍志載康熙
四十五年九江欲築蔘居基爲內防各堡以閉塞水道聯呈請
示禁止同治四年楊滘築壩有礙水道合南順三水三縣呈請
毀拆均照所請批行從來先達明於利害者無不以通利水道
爲務今擬三口築閘是欲以塞爲利也使塞而有利前人先已

爲之矣豈待今日始圖補救哉愚竊以爲大不便當曉以利害寢其議勿使行

論三口活堤呈上游節略

何炳堃

桑園圍界連南順兩邑分東西兩基東基捍禦北江水潦西基捍禦西江水潦共長壹萬肆仟柒百餘丈圍內十四堡居民百餘萬圍形如箕箕腹在北箕口在南以龍江龍山甘竹三堡地方爲下流宣洩之區即獅頷東海高滘三口是也圍自宋創築以來數百年相沿無異今沙頭九江龍江龍山甘竹五堡議在三口創建機器活堤堵截外水忖思前人規畫周詳而三口獨不設閘陡水者非力有未逮計有未周也實恐下流壅遏未受外水之害先受內水之困也向來下流三口無閘阻塞而兩水

山水所積宣洩稍遲田廬之被淹者已多矣況築閘以壅遏下流則水患漲而消愈遲欲其種蒔及時而秋成有慶不亦難乎且更有可慮者以五堡地處下游閘成後卜閉三口之閘上承九堡之水水無去路爲患滋甚勢必從上九堡交界處所堵築橫基截上流諸水不然是築閘以自困雖愚者不爲此又可爲逆料者也今日築閘明日築堤止分先後耳今日既不能禁築閘異日又豈能禦彼築堤乎築堤而上流常爲澤國械鬬頻仍禍有不可勝言矣議者謂今昔異勢當隨時變通則近事亦有可舉爲例者前六七年龍江堡所築橫涌水閘秖屬龍山下流

本無礙全圍大局圍衆猶以爲阻塞水道礙難宜洩合圍呈請
移營督拆況三口爲下流咽喉之區其利害輕重比之龍江橫
涌水閘相去何啻萬萬則三口之不宜築閘正不得以今昔異
勢論也總之向來既無舊址今日不必新築若執一偏之見創
數百年來未有之事甚非所以息事安人也謹瀝陳其弊惟
仁台察焉

桑園圍志

桑園圍疏通下流議

何炳堃

桑園圍創於北宋徽宗時迄今逾八百年崩決者不知凡幾增卑培薄者亦不知凡幾而加增高厚水若與之相爭者何哉非上流之水有所加也由下流之水有所壅耳下流所壅者何沙壩也如築壩以護沙繼築壩以積沙積沙之地日多即容水之地日少盤盂盛水盈量不溢中覆數碗其溢立見矣沙壩豈異是乎閭巷溝渠流過則水溢侵階矣况攢築石壩以遏萬里之流其奔騰又可問乎此漫溢潰決所由頻聞也昔九江朱晦亭先生嘗上粵中大吏書本其身所目擊痛切陳之時總督李公

巡撫盧公洞悉其弊飭屬會勘分別折毀粮道夏公勘覆力主其議方議舉行而盧公夏公並以遷擢卸任後粮道鄭公復申前議亦以陞調去事竟止豈天不欲救此一方民故撓之使不得行乎抑有人事存乎其間也蓋報陞沙坦富貴豪家業也築壩則沙聚而業可增折壩則沙割而業將損食業者懼其損而望其增也情也思所以保全之無可致力則已耳力有可圖則用力以圖之亦勢所必至也然則毀拆沙壩非切於爲民而不爲勢力所奪者不能辦也方今有當道欲議行即可斷然行之無慮爲勢力所奪矣所慮者工資無所出耳然事有可援爲例

者同治四年楊滘築壩阻塞水道南順三水各圍紳士聯呈稟
請督拆批准以石代工前事可師仿而行之不難也爲今之計
應請當道委員查勘各口要衙衝不許築壩以礙水道未築者禁
已築者拆限期勒令業戶自行拆平不拆者由官督拆業沒入
官壩拆而水道寬則下流自可暢消上流即不至漲斯崩潰可
免矣不然雖加築高厚其勢豈足以相敵哉

桑園圍志

紀處默義士事

何炳堃

道光二十四年甲辰桑園圍隄決林村吉水圍衆集河神廟籌築水基費趕蒔晚禾突來二人問所需幾何告以五千兩問交付何處告以其所越數日有人駕槳船賫白金五千兩至題曰處默堂問姓名不答而去後題處默義士栗主奉祀之數十年無知其人者光緒初元順德李太史翹芬時方童年從學於予其祖擅青烏術主龍太常家者十餘年習知其家事其父亦嘗來往太常家嘗爲予言太常封翁人稱梓四公好義喜施事多可述嘗捐五千金助修桑園圍李封翁蓋得諸其父所見知者

九江谷行街信昌印務承刊

其言可信也至是而處默義士之姓名可得而傳矣以龍封翁闇然自晦原不欲其名彰徹於人予必表彰之者固發潛闡幽之義而樂道人之善亦君子所不廢也抑予慕龍封翁爲人則吏有所感者彼與我圍生處異縣非同桑梓休戚相關也顛連之狀愁歎之聲耳不聞目不見也即有見聞如秦人視越人之肥瘠漠然於心亦常情無足怪也而封翁乃出鉅貲以助工將以爲近名彼則深自韜晦惟恐人知未嘗以姓名告也謂彼欲積陰德於冥冥之中爲子孫計長久則以惠及人子孫食報固其宜也人苟知此推有餘以濟不足此善於用財正善於貽謀

也嘗見世之雄於貲者矣持籌握算心計偏工志求贏餘銖錙必較每有義舉勸之不應比比皆是彼豈不知義之當爲哉存自私之見無愛物之仁也卒之爲子孫作守錢虜溘然長逝轉瞬成空子孫驕淫縱情揮霍向之數十年經管蓄積忍而不能舍者不數載而破散盡矣以視存心濟物身受多福賴及後人者奚啻霄壤而人往往沒溺於吝嗇而不悟聞龍封翁之高誼其亦庶幾興起也夫

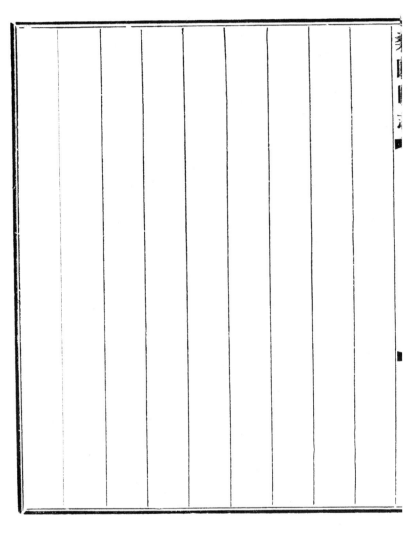

甲寅修圍紀事

何炳堃

民國三年甲寅閏五月初一日茅岡基決二十餘丈是年西潦本不甚大各屬圍堤崩決者少乃以人事不齊之故致成鉅災良可慨矣當時該處基段報警不過畧有滲漏且隄身廣闊外脚復砌石磡基主狃於成見以爲無虞意外漫不經心而各堡赴救丁役又督率無人衆口諠呶幾釀械鬭加以連日各處基段又迭報警東奔西走未免顧此失彼遂致潰決然外基石磡冲塌者不過丈許倘各堡丁役協力搶救自可築復乃以圍隄久不被災曩日勇於赴工熟悉搶救法者多已徂謝且不免各

顧家室田園紛紛四散遂至愈潰愈闊闊潰後歷一晝夜其決口尚不過數丈豈非人事不齊有以致之邪迨七月後潦水漸退各堡集議先築秋攔董理者未諳障築諸法先從決口兩旁着手束窄水道台龍之處水勢冲激愈烈耗費幾許工料始克告成而所費已不貲矣秋攔既成遂集議築復決口舉定陳蒲軒君爲正總理潘少彭君爲副總理并延請治河督辦譚君學衡暨南順兩縣長踏勘決口籌商築復之法定議以士敏土勾沙作基骨裏外加泥培闊基身以爲隄身之固莫逾於此不知士敏土拌沙與泥土不相膠粘於是隄外之土一層隄內之土

一層隄中之土敏土拌沙又一層是直分一堤爲三堤欲堤之固而反危欲堤之厚而反薄也不特此也堤底被水冲激日久土既鬆浮必不堅固惟須用沙填至水面使其重壓浮土方可建築隄身其時或未細籌及此迨乙卯五月工甫告竣堤身陡然陷裂堤中土敏土基骨低陷數尺兩旁坭堤坼裂傾卸駭人心目其時已屬夏令施工良難僉議從基外厚培其身應救目前之急不知外堤之底既厚內堤之底尚虛其變可立而待未幾而堤底浮坭復從堤內擁出基面又復再陷蓋自築秋攔至是費欵幾至十萬日前儲積公欵經已羅掘一空且以入夏施

工愈難乃以公箱圍田押借鉅欵再向內培厚堤身底大功乃克告成是役也共費銀七萬三千一百餘両積欵固蕩然無存且揭入債項數千両雖曰工程之擘畫或有未周然使圍堤弗決於前又何至鉅工糜費於後耶願後之君子思深慮遠防患未然是則闔圍之福也

乙卯修圍紀事　何炳堃

我圍自道光甲辰崩決以後慶安瀾者七十年其鞏固長久莫與儷矣豈非賴有歲修諸先達實心經理之力哉延及甲寅茅岡基決逾年大工甫竣旋復告災其間有天焉有人焉甲寅之決本可施救而搶救不力以致於決此人之所爲也非天也乙卯之決漫溢無可施救此天也非人之所能爲也是年五月末西潦大至肇慶皇城圍決水勢建瓴下沿江各圍次第潰決我圍東基正當其衝潦水陡漲溢出基面數尺六月初一日仙萊岡以下至河澎尾東基一帶決口四十餘處共長三百餘丈西

基搶救數處坍卸百餘丈實爲從來未有之巨災圍決後六月中在邑學明倫堂集議修築選舉總理到者廖廖票舉既有屬矣有抗議者謂此次大災工程重大必須傳集全圍大衆公同推舉實心任事之人方克有濟不宜草草復蹈覆轍也於是約期另行再選七月初二日集議決定每堡自舉幹事員二十人九江人數最多舉四拾人港商籌欵最有把握亦舉四拾人定於初拾日各幹事員齊集明倫堂票舉總理是日到會者數百人舉定岑兆徵爲總理關勝銘程學源爲副總理老潔平陳賡之左權若管理財政二拾日再大集會議南海縣長陳嵩醴蒞

會衆議以近年水患日加謂宜照現年水度全圍加高三尺大加培厚惟工程浩大非大集欵項不辦因擬徵收丁捐畝捐義捐爲建築費決定畝捐照糧冊每畝科銀二元丁捐每丁科銀一元義捐每人捐一千元以上者附祀河神廟以酬高義詢謀僉同呈准立案開辦二十二日勘驗全圍岑總理偕九人買舟同行計決口四十餘處共約三百餘丈卸陷亦百餘丈決口多在東基因上游峴塘圍決猝然水溢基面低處水嚙坭卸致決也西基搶救多處卸陷百餘丈因水勢漸漲雖溢基面可以逐漸加高也惟甘竹東安基決口多處因地居下游圍內水溢基面冲

出而決故各口皆非深濶二拾八日勘畢是時水未退不能興工而決口太多亦不復築秋攔矣九月二拾七日在河神廟集議是日治河專使李翰芬粵海道委員陳新亞南海縣陳嵩禮順德縣成憲均蒞會勸諭尅日徵收興工二拾九日在雲津堡三鄉局集議開工拾月初二日興築東基司理者關頌庭石伯雅吳秉衡也十一月初一日興築西基司理者關遜卿黃澄溪也東基設總所於雲津堡沙頭龍江兩堡各設一分所西基設總所於九江先登海舟鎮涌河淸九江甘竹名設一分所至丙辰四月工竣東基塡塞決口及加高培厚共費銀二十萬四千

弍百肆拾餘元西基乙丙丁三年修費銀弍拾萬弍仟玖百壹拾餘元戊己庚辛四年續修費銀壹萬肆仟伍百陸拾餘元龍江堡決口十餘處內涌外塘難照舊址築復故全段首尾除數十丈外其餘圈出外坦改築新基甘竹堡東安圍向屬子圍修築例當自理此次因科收畝捐故由公款通築又裏海聯福圍以濱臨大河援東安圍例屢請代爲修築庚申十二月十五日河神廟集議公定由西基所派入修築其款由裏海畝捐項內開銷該基四百八十七丈加高培厚辛酉冬修築完竣用銀弍仟叁百玖拾壹元此皆變通辦理不得援以爲例開辦之始丁

畝捐墊欵收入無幾僅領得救災公所銀陸萬肆千元其餘悉由總理籌措接濟且以商務殷繁之身不憚往返常臨公所督理其實心毅力有足多者丙辰大工告竣而徵收捐欵續修基圍諸事未能結束於是九江仍設一西基總所以爲收捐修基總滙司理仍由關遜卿黃澄溪當義務設一分所於雲津堡三鄉局以策應東基（司理由余靜廷擔任）後擇要修補壘石自乙卯至辛酉統計修築費銀四十二萬四千一百餘元又壘石八萬八千元修補局費不在數內欲知其詳徵信錄可按而稽也徵收畝捐其始由官發委經歷數員殊無起色而夫馬薪水所費滋多後由

圍內揀選人員請官加委爲費較省辦事亦較切實但衆情疲
玩徵收實難人情自顧其私不顧大局自昔已然加以時局紜
紛災祲迭告則又勢使然也岑總理自以任事數載催收畝捐
餘欠竟無了期乃以辛酉十二月十五日在河神廟當衆議決
由各堡每選派核數員一名在九江西基總所將各數簿核算
無訛壬戌年二月十三日衆核數員復在河祖廟聲明核數完
竣衆無異議由是將全盤數目刻爲徵信錄分派各堡遂辭總
理之席癸亥二月十三日各堡齊集河神廟合詞挽留總理又
辭至六月二十四日各堡集九江西基所議派四人親同赴港

面留總理兼議催收畝捐限以甲子六月一律清繳各堡簽字贊成總理于此亦不得不出而終其事矣是役自有圍以來工程最大集欵鉅而成功難非有力量肝膽如岑總理固未易勝其任而非得羣策羣力各奏爾能相助爲理亦未易竟其成也諸君子之勤勞顧可忘乎援筆記之俾後世得所考焉

記乙夘大水事

朱麐

洪水橫流，連年爲害，西江流域圍甚多被衝決，生命財產田廬器物，其損失不知凡幾。哀我人斯，罹此慘酷，有目不忍睹，耳不忍聞者矣。以我桑園圍內言之，去年祇決茅岡一處，今年則決四十餘處；去年被浸者淺則一二尺，深不過一丈，今年則淺者三四尺，深者一丈二三尺；去年水之來也以漸，今年則一夜而滿，極矣。中華民國四年，歲在乙夘，夏時六月初一日，桑園圍基潰。是日二時水到我屋後塘，五時入屋，至中堂，七時水深六寸（在堂中測計）。初二早五時水深三尺十二時水深至三尺六寸而止而人家之被水淹浸者去年浸過門楣以上者十之二浸至門楣者十之四今年比舊加滿二尺四寸則向之浸至門楣者今則淹及屋檐矣尋常人家皆毀瓦拆桷從屋上逃走避於岡阜之間圍基之上叢聚露處蓋以萬計濕泥汙體烈日當頭沐雨櫛風忍飢受渴悽慘萬狀雖救生賑濟鄉人勉力爲之而溺斃餓死者殆不少矣初四日水始下每日下僅二三寸十六早我家水盡退去而鄉中之水盡月乃退得七八七月初一日水又至我家逐日滿二三寸至初十日而

止計水深一尺二寸十一日水始退逐日下一二寸至廿一早我家水盡退去而鄉中之水中秋乃退得七八也嗚呼鄉人去年逃避水災至冬乃能還定安集曾幾何時而逃避更慘歲暮猶有未能返其故居者而房屋之被倒塌者更無論矣嗟乎天災流行叠聞報告山東河南河北江西雲南廣西廣東以及東三省皆受其害可謂莫大之災矣吾粤之水以西江爲最長其爲禍亦最烈西江發源於雲南經兩粤而入海流行三省里凡數千此數千里之山林原隰每歲木葉之飄下沙石之傾瀉一切敗物廢料隨

風而入江日積月累填淤壅塞加以沙田日築陸地日拓故泛濫之患往往難免然則雖天行之肆虐亦人事之不修也前清道光九年盧公坤撫粵是年五月西潦漲猛廣肇兩屬圍基同時衝決水退兩郡紳士歷控大府請疏通水道同人以族叔祖士琦曏館新會聞見較詳屬爲繕草我叔祖於是有上粵中大府論西江水患書（見朱氏傳芳集）極言下流壅塞總緣沙田多築石壩水遭壅遏流緩而泥淤所至亟宜嚴切疏通巡撫盧公洞悉其弊令司道飭縣查勘礙水坦畝壩填分別坼毀諸紳又請將香山新會兩縣近

歲報陞豆畝淸查便知佔河新築拔址懲辦而糧道夏公
脩𢙣勘覆尤力方議拆毁夏公擢廉使去盧公旋亦移節
役遂寢越四年癸巳又大水患尤劇其時撫粤者祁公墳
也糧道鄭公雲麓亟申前議謂海口不通廣州水患未有
艾也祁公有意疏治而鄭公擢山東都轉事亦竟止粤人
馮公志超上祁公書有擬開新興江以消西江水勢之策
此策一出人多傳誦廿四年朱公桂楨撫粤又大水欲行
馮氏之策均以下流勢高不能而止自是而後雖有大水
鮮有議疏治之者去年甲寅大水今年乙卯水大尤甚粤

人困苦顛連呼天籲地康君有爲行答族戚知交告慘書

見中華民國四年八月廿六日七十二行商報謂中國宜用英人爲埃及治尼羅河之法以治水略謂尼羅河長行萬里直而不曲一河之外左右皆爲流沙故挾沙而下狂湍怒濤直瀉無阻非若吾國之處處有山河流曲曲上游無沙下游多阻者然而英人之爲埃及治河乃絶無水患而大收水利歲於秋凡河流所過輒增淤泥農田獲肥禾稼滋長民以大豐絶未聞有所謂水災之奇者其治水之法上游自舊京谷士渾而中京錄士下至開羅數千里間皆設水塘

通以水閘其水塘廣十數丈夾分二三塘其塘可蓄魚溉田其堤可植桑種樹其閘可交通内外設夫守之沿河設測候所日月雨水之下山水之漲測其流量多寡速量緩急沿馳電報若當雨少天旱則酌洩水塘之若干里若干尺寸以溉農田故全埃及無旱潦之患及當多雨之日山水長溢之時則日日時時電報雨下之分數及水漲之分數譬如雨下十里其深一寸則開十里之水塘以受之其他類是至大水暴來淫霖連日則全開上游數十里水塘以受之以至暴漲之水勢爲其置塘之數故雖雨水極大

山水極漲數千里之塘無不能受量雨勢水勢而次第開放水塘其總持之者日夕上視雨澤圖下視地理圖左視電線右發德律風以總豬納宣洩之其各司水塘者聽其號令而開合其水閘焉以全垸及人遇至橫悍之河流而無涓滴之水患況吾國諸河非挾沙而直悍者然而大受其災豈非人謀之不臧治水之無道耶今粵之被災甚矣去年之測勘亦應得大概矣地勢之能開支河與否亦應審之矣然以尼羅河論之未嘗開一支河而絕無水患亦不必拆沙田濬下游而未嘗有水患然爲今之計祇在上

游多開水塘水閘設測候所而已方今賑災之餘籌欵愈艱然爲一勞永逸之計則不可不努力而成此一大事也大多數則不敢妄想但望先得千萬之欵爲此初哉首基之計然後漸增長擴大之則水患亦可必弭廣西地價至賤或多官地東北江上游之地亦然但以廣西南寧潯鬱平梧肇慶嘉惠韶州英德與清遠三水上游沿河買地數十里設測候所每里設閘夫以司閘之啓閉西江則於梧州南寧平樂潯州設大測候所北江則於韶州設總測候所東江則於惠州設總測候所妙選實心測量技師以司

九江谷行街萬昌印務承刊

其事自今經始萬夫齊作至於明年之夏五凡得三百日可得三百萬工若增十倍之夫以工代賑成功益大是在財力上游既有瀦水之地下游必無汎濫之禍更求精美待之後來若無巨力先修西江而緩東北江可也能有大力則竝治廣州爲若更乏之財則但治廣西而緩肇慶可也若吾粵人聽用吾言吾敢信吾粵數千里數千萬人永無水患若不聽吾言則吾粵明後歲數千里數千萬人之水患猶是也予得康君書讀之狂喜以爲際此創巨痛深之時吾粵人士身受剝膚之災目睹滅頂之慘大羣易合鉅

欵易籌況疏河一事總統有命督辦有人誠不難秋而興工成於來夏則吾粵水患永無再見之日矣豈料良法美意鮮有提議及之報館亦未有力爲鼓吹者遂使我圍內之人爲自固吾圍計日惟以修築圍基增高培厚爲務嗟乎我國人士日以效法西人爲事舉凡政治學術禮法倫理無不步武恐後或變本而加厲焉獨至西人盡美盡善之法我國仿而行之至大至切之災可以永絕則有倡無和亦可見我國人性質學識其程度何如也若治尼羅河之法則害既可除又興大利康君既備言之可覆按也爰

撮其大要於篇以俟後之君子乙卯歲暮南海九江鄉人

朱麐伯靈記

補修甘竹灘隄記

關遇志

中華民國四年本圍連年崩決全圍大修乃修至甘竹灘墟右灘黃姓阻築興訟至丁卯乃克補修完竣僕于役圍務垂十餘年謹就此事經歷及有感於余心者援筆記之其中證據曲直詳見本志防患門無庸多述民國六年省長朱慶瀾委道尹王典章履勘此隄黃姓引勘畢道尹返駐阜盈公所十四堡人士赴訴理由概不接見傳令派代表四人到座船問話僕忝列代表見道尹聲色俱厲開口便說近來社會多藉慈善營利修圍乃善舉須出資何爭為又說此案自有公道辦法汝等無庸爭

九江谷行街宜昌印務承刊

執並不詳細咨詢亦復不由分說閣旬餘而修築搶救之權斷歸黃姓之判詞下矣黃道受人請託偏聽一面之詞詳請斷歸黃姓省長不察昏聵斷定陷溺吾民甚於洪水八年督軍莫省長張將大修搶救之權歸還本圍撤銷前案給示泐石迨陳炯明復任省長彼猶纏訟不休南海縣長張國華勘覆呈函摘發其奸並揭王道尹祖庇黑幕直道保障得以不至翻案十五年左右灘械鬭甘竹墟被盜焚燬畧盡鋪屯掘取地脚磚石大傷隄圍翌年春本圍召工修復加高三尺面濶八尺費工銀玖百餘元黃姓以無墟利可圖亦不復再訟竊嘗俯仰其間十年前

事如閱數百年之歷史溯陳博民塞倒流港自甘竹灘起築堤越天河抵橫岡綿亙數十里此甘竹堤之爲桑園圍也至萬歷間堤決黄岐山易之以石因於堤上兩旁建舖收租此甘竹堤之爲阜盈墟也至彼所謂黄公隄乃土人頌之十四堡但知有桑園圍而已今阜寧墟化爲瓦礫之塲而自甘竹灘起綿亙數十里之隄古蹟復現彼所稱收租以備歲修今收租者其問諸水濱矣禍福倚伏瞬息改觀於是歎降祥降殃非偶然也其祖宗助人築隄享有墟利食報垂數百年其子孫阻人修隄盈滿爲災利權一旦烏有福善禍淫昭昭不爽矣當黄慕湘之阻止

修隄也僉憤其橫蠻無理攘我主權羣情洶洶屢欲以武力護修當事力爲勸止不至滋事亦云幸矣登甘竹灘一望江河日下孰挽狂瀾見石堤而高義可風覩長堤而乃功尤偉（衆建穀食祠以高皇褒勞以乃功榜其堂見陳博民墓志）疇昔之街市喧闐而今安在慨然憑弔太息滄桑吾上下古今而更有感也昔陳公請築斯堤明太祖溫旨褒勞迄今讀之猶見視民如傷之隱朱慶瀾王典章祖護一姓產業置數十萬人生命財產之保障於不顧數百年歷史任意推翻古今人不相及豈虛語哉

桑園桑下游築閘平議

關遇志

利害相倚伏者也昔鄭國爲秦鑿渠曰始吾爲間然渠成亦秦之利也三口築閘上九堡久言其害然閘成亦全圍之利也以今方昔水之爲利害誠未易言夫下流疏通之利閉塞之害人人知之矣疏通而反倒灌閉塞而反保障事非經驗不易知也乙夘大修後各子圍日益增高水亦繼長連年下游淹浸日甚上游子圍亦屢水溢基面甲子夏十堡子圍萬壽約基决而救復各子圍亦皆岌岌矣是年秋龍江龍山甘竹沙頭四堡請議築三口閘上九堡集會建議開沙頭閘衆議三口築閘宜開沙

頭閘以爲補救議決雙方並舉其欵項將四堡未交畝捐開銷不敷三口閘由四堡籌足沙頭閘由上九堡籌足三口照前清擬定地址沙頭閘地址亦於人字水外勘定詢謀僉同四堡踴躍認捐三口閘是年冬開工獅頷口龍江滘乙丑夏告成歌滘閘丙寅乃竣沙頭閘因上九堡籌欵不足迄未照議案興辦此三口築閘之大概情形也今閘成四堡幸免昏墊上游子圍亦慶安瀾昔之以爲害者今且見其利矣至交通不便水瀦成腐害少利多不復詳論說者謂閘口築窄消水較遲誠不待智者而辨然有閘無虞倒灌內水比舊常低數尺出水雖緩水量減

少亦足相抵然謂閘成有利無害亦不盡然有閘內水低歉基身捍水力倍河澎尾基今昔情形不同在人隨時補救所謂利害相倚伏也惜沙頭閘未開亦一憾事此閘若成下游保障既周上游宣洩更捷交通亦便誠有利而無害者也熱心水利者幸留意焉

桑園圍志

修圍瑣記

關遇志

記以瑣名謂言非一事事非一時隨筆彙錄故曰瑣也修圍之犖犖大者何君屛珊已有撰述志就所經歷綴拾蕪冗以備軼聞有慚大雅乙夘圍決全圍選派代表在南海明倫堂集議多次舉定總理財政各員畢於夏歷七月二十二日在省河買舟出發勘驗決口隨其總理岑伯銘與老潔平莆佩琪關仲晃黃澄溪關頌廷彭勤生陳雨村胡拔南及志等幷工程丈手數人偕行廿三早到龍江勘白鶴灣基決口如鋸齒水湧出如灘不能履勘僱小舟巡閱幾遭覆沒後改築新基故工程無築決口

九江谷行街宜昌印務承刊

數次勘沙頭堡太師廟前決口最鉅餘皆淺小次勘龍津簡村雲津百滘各堡西湖村決口甚深藻美決口多處潘吳二姓最鉅林村程潘陳決口皆鉅潘姓決口尤鉅而深內冲成潭方廣二十餘丈吉贊竇側鑊耳灣決口亦深竇內積沙如山邱長里餘吉贊橫基決口頗淺不及基脚五顯廟側至仙萊岡決口最深而鉅仙萊岡內外成潭基身尋丈之鉅石漂流十餘丈外水勢之猛可知隨勘西基卸墮二百餘丈九江趙大王廟上決而塞復甘竹灘以上無決口灘上基旁調茂醬園舖數家及天后廟後冲深丈餘灘下決口十餘處水皆決出不甚深故大修亦

無築決口數沿途見西湖村塌屋十餘家藻美潘吳塌屋不少林村潘塌屋百餘吉贊亦塌屋數十間藻美林村吉贊皆有溺斃數人查得林村陳姓溺斃至二十餘人最爲慘酷其餘圍內各堡各鄉塌屋溺斃多少又未及調查矣堤上災民張蓬支板作屋悽慘萬狀難以殫述藻美林村多古樹崩陷之處皆舂基骨數重因樹根穿堤歷年滲漏故也又見茅岡墮基新植榕樹大不盈把其根已逾數丈外堤中有樹之處無不滲漏樹雖美蔭惟擇根株不甚大者爲宜前人倡議基旁種龍眼荔枝以此樹做強不甚大成熟正當潦漲時期入夜守果兼可巡基圍中

得此入息可備歲修之用兼杜盜種之弊亦切實可行之論也
此次大修共用泥十九萬六千餘井續修不在數內除築決口
壹萬玖仟井計修圍壹萬柒仟餘丈匀計每丈用泥十井餘修
築章程照水則加高叁尺面濶壹丈西基加一五開脚東基加
一三開脚如加一五開脚面濶壹丈以加高三尺計每邊開脚
肆尺伍寸至舊時基面已有一丈玖尺之厚加一三開脚至舊
時基面亦有一丈七尺八寸之厚矣計至基脚其厚不啻倍蓰
舊時基面大率厚四五尺惟西基茅岡圳口及海舟之李村下
至泥龍角東基仙萊岡至民樂市皆厚或一丈八尺至數丈不

等凡基之厚者皆前時決口或患基履其地見水勢之險觀圍築情形見工程之艱鉅河澎尾及東安圍皆面闊八尺以下游無險也三口未築河澎尾内外水差不過三尺闊成内外水差五六尺今昔情形不同矣西基開脚皆照議案河清鎮涌多有過之基脚斜坡成長斜三角形卸墮不易東基雲津堡貪築闊基面多逾一丈開脚不及議案美觀易卸墮不可不知也前志大修全圍壹萬肆仟餘丈因歲修領欵有成案俱修至甘竹灘止乙卯并修甘竹灘下共壹萬柒仟餘丈因東安圍屬子圍歲修由該地方自理此次起科故修及非常例也至患基隱伏無

九江谷行街守昌印務承刊

形雖加高培厚仍未可恃乙夘大修似爲鞏固乃丁巳春龍坑
基心急陷長丈餘闊四五尺毬岡石㙕下發現一穴大可容牛
己未河淸上實石㙕側陷一穴如窩丁巳海舟盤古廟側陷一
穴廣盈丈係古樹頭皆在春間大雨後即修復不至搶救圳口
石㙕己庚連年卸墮因基脚鬆沙所致庚申夏藻尾聖妃廟上
基旁墜十餘丈因乙夘冲傷基脚在水線下不及知也同時九
江六聖宮吉水里判官廟下基塘共五口卸墮搶救因培內泥
未結實有滲漏泥壅而卸也又戊午沙頭河澎尾水溢基面搶
救癸亥龍江新閘側亦水溢基面兩處皆決口修築時一律塡

平泥縮低故高度不足也又海舟大潭大眼廟下舊崩基歷來有漏孔基面闊數丈前人舂灰基數重乙卯後連年舂灰基數道漏如故後於漏孔出水處發掘窮追其源出上流數丈外用泥塞之漏乃止凡漏孔宜發掘尋見漏道用泥舂回自然結密若尋不到漏道處草草舂灰基無益也又吉贊橫基爲大岡墟牛市出入孔道修築數年基面被牛踐壞不堪庚申年用磚角填平費銀壹仟伍佰餘元以後基面得免損傷舊志西潦漲時例禁放牛上基先登牧牛最多基段被牛踐傷連年續修損壞最甚今歲修已無的欵大修未知何時補救之法惟有該地方

設法修理而已又河清鎭涌兩堡多有盜葬基旁雖有例禁亦不能免緣兩堡無山富者遠葬西樵古勞貧者多葬就近田隴水漲時田隴淹沒暫葬基旁亦無可如何之勢大修時勸令基旁山墳另遷別處河清除山主自遷外基所代檢出骸骨八百餘具另葬他所鎭涌觀望不遷因盜葬無碑日久不能辨認後一律培泥基中空穴不少矣欲免此弊兩堡宜擇地培高以爲義塚庶水漲時有地可葬乃無盜葬之患否則難以禁絕矣大修時曾有此議惜畝捐延宕無欵致未果行亦一憾事故老傳聞桑園圍無鼠穴大抵頻頻歲修有漏即舂灰基古隄坭土堅

貫鼠不易穴乙夘巡基吾見亦罕丙辰續修後見鼠穴往往有之以新培坭鬆也西基尚少東基沙頭萬安渡頭上河澎尾一帶鼠穴最多亦基務一大患也又決隍之基須牛鍊泥此次不租牛而買牛二百餘頭價連運費共銀壹萬玖仟餘元工竣沽出虧去七百餘元比租牛費省計大修續修及落水石共費銀伍拾餘萬元當時工賤物價亦廉今則不啻倍餘矣又沿隄礙基舖舍毀拆不少當時皆顧公益俱無異言獨黃公隄訟事出人意外今收舖租以備歲修之說無可藉口應自悔從前多事矣至收捐疲玩本志經已詳言閘三口築閘欵項仍未清結可

稱同病昔程儀先修築橫基工竣科捐不繳至鬻家產以償我思古人輒爲浩歎以上所陳多有志所已及而複述之亦有志所未詳而補及之言而無文聊備前事之不忘而已

道光十三年記水患作有序

關星林

桑園圍正當西江下流之衝近年加高基面數尺而水患亦隨高數尺人罕知其故者或曰水之大小歲運爲之此一說也或曰下沙圍築壅塞去路此尤共執之一說也壅塞之辨篇内詳之至歲運之說亦不盡然如各江之潦同日齊至則水必大若間數日而來則前者已消後者繼至水勢必小此因得雨或潦之期有不同故也自來水勢大率如斯惟今日之患則於二說之外端別有在因爲長古迹而誌之善言水者若能合序文詩

意通會而細繹之庶善後有方則此篇之作于禦水備
患之用不無少補云爾

癸巳之年月在午西潦滔天逾往古我鄉十七報圍崩頃刻哀號齊呌苦缺水當衝數百家一時廬舍爲泥沙須臾四野波濤合田園沒盡水無涯往時有水不過膝今年水深旋到額往時屋背可暫居今年屋沒不見脊水深蕩析勢殊常稍不堅牢屋倒堂（倒堂二字近俚然欽協定紀書利用篇曾經收用足爲典據）大廈高樓差自固狂飈易假復摧傷（水深故風易假力）產蕩居傾堪痛惜更聞呼救聲悲激東鄰方訝有人淹西隣又見全家溺浮屍狼藉任風吹死者已矣生

更哀老穉緣山伴鬼宿飢愁交集臥坭埃道旁一老餓未死歎道不如赴流水傷心餓死早有人朽腐依然猶棄委死生萬狀說紛紛旅外鄉人驚喪魂鄉人多客佛省者吉凶疑信時偷哭兄乃相看何可言大吏仁恩發賑捐朱撫軍率先倡賑頒來餘俸若干綿同時好義興施舍暫救燃眉慰目前細推後患堪長慮安得禍根胥拔去或云壅塞在下沙致水端由圍築處如云壅塞果無疑下流應與上流齊以甘灘名上下試問桑園圍下客何曾因水結巢棲甘灘以上京浸己深甘灘以下依然無事羚羊峽下萬頃波海面洪深殊特絕天并甘灘鎖下關春夏漲來消不得消不得來源日添盈必溢因之基

面議加高（加高而不加厚非計之得）束之使高勢愈豪（階[illegible]而人不知）螳臂當轍不

自量此基從此失堅牢（因高致危勢所必至）幸不崩傷十之一贏一輸九

數不匹細把曲防二字思基勢愈高計愈失往事昭昭歷可徵

我圍未缺他鄉崩他圍雖崩不去水必缺桑園患始平（他圍如崩桑園如箕）

從知此有西流道水如有知應我笑君今偪我向下行除是

神功更鑿竅（向有夾上疏河通海之議尤關利病行者愼之）要之水自行無事只怨吾人

不善備橫流何害在中天好待賢能商策治我聞故老有良規

基不增高轉不危小水防之大則任縱然溢缺易支持此理當

前本易明無奈人貪與水爭若然更作增高想將來爲禍倍縱

横有如原基高一丈遇缺水頭纔十尺若教增作二丈强缺水

衝來必倍益不思蓄患有由然淹没傾頽漫怨天我作此歌如

不信請將防口喻防川

甲辰大水歎并序

陳禮庸

粵瀕南溟爲西北二江所滙注潦水之患由來舊矣歲甲辰夏潦暴發諸圍多潰較前己丑癸巳災爲尤甚或者謂粵自海氛寖息以還籌海者因於海口險隘築隄截水以防敵故當巨漲奔來下流壅滯而到處江鄉遂同釜底余身罹其艱老屋湮沈扁舟寄泊蒿目之餘乃爲斯詠

我家小住臨江鄉疏林作障花爲牆危樓近水占明月畫闌倒影沈波光長天鎖日霾陰積濕霧濃烟鋪𡡉嬉黃梁雨灑濯枝

青瓜蔓水生添漲碧霪霖半月傾如注埋沒金烏隱蟾兎一勺泉衡蜑子驚五更寒逼幽人寤昨夜江流捲地來寒聲繞枕轟如雷浪花風送重飛滾隄石濤翻半欲摧隄摧彷彿張秋決萬里村墟遙浸滅目極烟波景縱奇漫空風雨愁應絕飄然一舸託烏篷逐浪隨波西復東身世欲聯鷗鷺侶人家愁作蜃鮫宮愁緒眞如水淼茫人間幾見變滄桑神堯自昔憂治水河伯于今歎望洋粤城地下水周郭緣溪處處開村落卅六江濤湧作山三千溟海收爲壑海氛曾憶扇悠悠策士無端妄運籌不聞馬援思横海堪笑苻堅說斷流斷流郤敵原非計徒令怒激紅

潮勢忽訝浮波有臥龍幾曾銜石勞精衛宣洩今難學尾閭下
游梗斷碧濤瀦水國頓教嗷澤雁浮家終恐歎吾魚吾魚浩歎
幾時删既倒狂瀾挽絕艱休論築屋都宜水翻恨無錢爲買山

九江谷行街宜昌印務承刊

七月十四夜大隄上作　朱次琦

萬井蒼涼又告災憑高小立一懷開月華洞洞隨行策秋氣微微盪刼灰海上雲雷餘漲急日南民物衆風哀豪吟巨壑笙鐘應恐有潛虬作和來

入月來風雨總至隄圍西漲向豐可憂感書二絕句　朱次琦

萬室郊原稔識灾運雲隄砦亦堪哀傷心屋角纖纖柳三見衝波照影來

短堞高牆深淺痕二儀積雨又黃昏哀鴻病鶴知何限才

說東風總斷魂潦時東風則漲甚以決邦人憂之

泥龍角鐵牛歌

李徵霨

長隄蜒蜿如游龍一角横插洪濤中水府深沉足妖怪誰肯雌伏尊其雄會稽短簿識物理安置戊己為中宮以土制水水漸縮沙岸突起成垣墉更閲庚辛壬癸歲煦嫗拊育勞喁顒天吳海若宿跋扈一旦馴擾消頑兇爰呼傭奴具畚鍤搜括鑌鐵加精攻排列洪爐設埏埴陰陽熾炭光熊熊俄撥寒灰出大武厥角觺觺驚兒童千夫挽運沈海底海波激激鳴鴻鐘長蛟巨黿各鼠竄疑有神物循行蹤從此江河日清晏水面凝碧磨青銅後人好事更增飾高築石壩當横衝雲根萬叠壓牛背譬鼇首

戴方瀛蓬那知壩身自牢固壩脚沙土仍浮鬆湍流竹箭猛鑽射蜂窠百道穿玲瓏年深砑豁若大壑落潦瀉下皆包容他時穴隙噴底出丸泥一撮安能封牛老成精發囊智徙薪曲突先施功將身轉側卸石下豫以餘羨填虛空世人無知作驚怪云鬼移向滄溟東擬把黃金擲虛牝再買巨石爲彌縫或言屠龍折其角將隄内徙成彎弓不與水爭水亦讓差勝爭地頻交鋒倘嫌長堰壓墳墓養指失背眞愚蒙嗚呼道旁築室紛異論歧途百出吾奚從問天天老愁盲聾善法盍訊奇章公泥龍角石壩欕截江水高與堤平先後費及萬餘金今年八月無故失之世人謂水鬼移去可發一笑

甲寅乙卯連歲潦漲隄決避水樓居感賦　賴振寰

滿地波濤欲撼天乾坤翻覆世顛連愧難濟衆饒漿食依舊陳書樂槧鉛自古聖賢皆定靜何心名利尚牽纏隨從犬亦知人意寂向榕陰作晝眠

甲寅大水有感　周元頴

噫吁嚱危哉殆乎洪流之狂狂於猛獸然奔騰不知幾千里祇見滄海無桑田頑雨惡風復助虐茫茫樹杪出重泉鮫宮蜃窟飛白馬瞥爾覆地陡滔天粵本澤國迭患此今歲更非曩昔比溯自道光甲辰閒七十一年又禍水況兼皖贛及閩湘匪獨珠

江流域始半壁河山幾陸沉蕩蕩神州浩浩爾痛憶去年革命潮流實濫觴域外一波先發起排山倒海聲洶洶四萬萬人旋渦裏從此倒行逐逆施上中下流抉藩籬大廈飄搖勢傾塌同舟翻覆說紛歧狂夫大言徒汗漫汪洋恣肆無綱維決若沛然莫能禦混淆淸濁與推移要使無高無卑一平等放蕩且任自由雖從來小人窮斯濫縱彼披猖尤可悲殺人流血如漂杵惡人墜淵不為奇載胥及溺何能淑無形陷害更無斯空慨人間大澤龍蛇險縱壑吞舟橫恣睢嗟嗟洪流之狂狂於猛獸然手挽銀河將屬誰自古黃河以北長江東天傾地缺各不同脫令

一隅遭陷溺羣策羣力堪彌縫奈何滔滔皆是誰與易欲援天

下難爲功舉國若狂沈溺甚横流洶湧直漫空惟狂非聖弗克

制河濤莫俟恐終窮或者往而復變則通大地瀾迴將有日海

不揚波聖人出障百川而東之導衆流而趨一斬鮫屠鯨瀾復

安歸仁就下勢倍疾縱爾洪流之狂狂於猛獸然奚復殃民而

泛溢自注此昨年寄慨之作見者曾拉登人權報紙不意今歲乙卯更有加無已而人心之陷溺亦然詩云其何能淑載胥及溺不重可慨也夫不重可慨也夫

壬寅蓮陽聞家鄉西潦大漲作一首　何炳堃

西江發源溯夜郎滇黔交桂經流長直下蒼梧洋羚羊奔騰澎湃來吾鄉所恃保障惟隄防數十萬戶居中央田疇櫛比雜耕桑歲收絲絮與稻粱隄缺滿地爲汪洋人阨飢溺胥慘傷昔歲甲辰天降殃隣堤大潰百丈強村陷作湖陵且襄沙隨水至積高岡堆塞門戶沒屋牆膏腴轉瞬成沙墝至今爲累慮輸糧被災如此誠非常在古洪水差可方筆之誌乘示不忘人知儆懼修築良五十七年享樂康年來潦至少恐惶邇日書報勢頗狂爲祝愛民乞彼蒼水怪驅伏蛟龍藏載錫之福時雨暘無使昏

摯戚我　皇

其二

西潦漲盛尋所由害由多雨長源頭厥咎實歸壅下流譬彼富人肆貪求積而不散猶營謀盈滿爲災終可憂水窮去路因淹留溢出高岸天倒浮長堤一線如絲遊勢本就下壓渚洲瀕海沙積成田疇富家不仁計孔周叠石作壩攢築稠聚沙爲田利坐收與水爭地勢不休割據未肯分鴻溝幷呑偪處海若愁昔人建策陳嘉猷宣暢水道壩毀投大吏俯聽計熟籌豪强勢力足與讎此舉身恐叢怨尤付諸流水空悠悠捍災禦患屬吾儔

且當未雨先綢繆補苴罅漏勤歲修在事公慎毋包羞保茲鞏
固垂千秋

九江谷行街宜昌印務承刊

甲寅在香江聞桑園圍決感賦

何炳堃

家住牂牁濱，西潦歲歲至，源遠流孔長，滇黔滙交桂，萬里奔騰來羚峽，束其勢下阻甘竹灘，分流崖門外，沿江築隄防，田廬藉屏蔽，我圍曰桑園，連跨兩邑地（明景泰間割龍山龍江甘竹三堡開順德縣），創築自北宋，他圍莫比大，長萬四千丈，二千餘頃稅，大小鄉百餘，戶凡十萬計，潦漲倒狂瀾，湍悍發憂悸，一線障洪流，險絕成柔脆，潰敗不可收，將所安逃避

其二

堤決昔所經，圍志備錄存，流傳在父老，復有舊水痕，道光癸巳

年（十三年）西鄰決江潰（十二戶馮德耀）我鄉爲之壑被害不忍言水淹沒
戶牖沙積埋田園（田稅被沙壓虛爲累至今）從古數陳迹漲盛前未聞十載
賴休養瘡痍將復元甲辰又告災（二十四年）吉水及林村我生甫三
齡苦樂尚未分迄今七十載安瀾荷 國恩（嘉慶年間蒙恩奏准借庫欵生息以資歲修）
如何天降災忽復波濤翻客來得報書驚我逆旅魂

其三

今茲潦爲災勢更甚於昔水高越堤入倒落三四尺過流壘土
囊抗敵堅壘壁茅岡基庫薄施救復不力一朝竟土崩丸泥豈
能塞巨浸欲滔天渺瀰涵空白村落處低窪滅沒餘屋脊居人

東高閣飄搖同汎宅或無房屋居野處如逐客在畝稼未收事畜曷謀食桑田變汪洋婦女休蠶織池魚散不留園蔬漚莫摘米貴囊復空虛願望平糶多少命如絲朝廷不及夕

其四

嗷嗷衆莫哺施振賴有人豈無好義士救災能邮鄰災區恨太廣惠及難徧均舟楫所未歷呼籲誰復聞斗升縱有獲足給幾晨昏還念水土平行當事耕耘生資無處尋豈堪問水濱惟有粥兒女忍割骨肉親賣多買者稀值賤胡濟貧作計將奈何可哀此下民盜賊益復滋禍亂難具陳爲祝天仁愛有年甦涸鱗

桑園圍志

歲歲慶安流福祐祈河神

乙卯館西城同遇災即事三十韻　何炳堃

上帝本好生降災胡慘酷去年決我圍旅港未親目聞所不忍
聞曾作詩當哭今茲館西城携家寄朋族身在蜆壳圍鄉園留
眷屬相去卅餘里信使阻往復兩地並告災吉凶彼此卜我室
踞山坡避水常託足鄰里狃所經及溺謂能淑安土而重遷欲
前還退縮自幸先見幾叠架庋書籠忽報隄防崩高岸爲深谷
漲盛溢舊痕尺計增五六頃刻奔騰來半時及腰腹堂上安牀
棲伸手水可掬居停遣舟迎脫險如出獄導我老幼行奠居陟
林麓藉草權作茵蔭樹卽爲屋掘坎成竈陘濕薪炊脫粟男女

忘嫌疑野處齊露宿竟如山野人相隨友麋鹿俛仰竊自憐依附在草木陰雨復逼人思騁嗟路蹙相善賴有隣託庇從所欲經旬水始涸退宿脩初服日望家書來平安先報竹還念耕田夫新舊無餘穀尤憐室毀人流離困勞獨我雖罹屯難猶得書還讀但思後患懲誰遺蛟龍伏

憫潦　　何炳堃

水從西北來其勢建瓴下奔騰滙衆流橫行每傷稼天降淫雨多災帝令司夏無心補漏天銀河倒傾瀉赴壑歸牂牁逝波流日夜湍悍勢排山濤頭孰敢射臨涯一縱觀神魂亦驚怕捍禦

漲隄防蟻穴不容罅忽決如山頹釜底沈廬舍農田如江湖舟
楫任乘駕人在昏墊中豈惟耕織難阻飢誠可憐恐逐魚龍化

續桑園圍志卷十六

雜録

物之紛紜錯出者爲雜古人作述有稱雜記者有稱雜著者謂瑣事遺聞隨筆備載也圍志所載以修築爲要義不切之陳言義無取焉其有父老流傳先民記載不必爲修築言而不無關係於吾圍者録之亦足以資見聞備採擇是又烏可棄哉志雜録

陳東山叟博民塞倒流港水勢湍急莫能下手忽一人挑油笠過笑謂水勢如此安可塡築惟移山塞海可耳陳悟因取數大船滿載石沈之遂塞疑爲神救

九江主簿稽會嘉自乾隆甲寅奉委築基旋調任江浦士民籲大府乞留遂以江浦巡檢兼署主簿視事如故戊午隄工竣會嘉旋以母憂去職去之日赴餞數千百人財物一無所受曾學正文錦爲詩送之曰扳輿留得好官住於今又送好官去官之慈母騎鶴游民之慈父悲難留不辭小官行大道仁聲豈但徧五堡又曰連年西潦浸五穀一帶

長隄爲民築民宅爾宅田爾田官貧不受劉公錢皆實錄
也其所植隄上榕株人比之甘棠遺蔭云
吾鄉西潦之患有加無已從前水約三年一大漲今則連六
年大漲矣水多以漸而長近二年皆驟進矣且水以今年
乙卯爲最大矣去年甲寅閏五月初二桑園圍茅岡決口
水與道光十三年廿四年圍決時不相上下今年吉贊橫
基過面三尺比去年水又增二尺餘然吾觀天時人事又
不徒憂水已也廣東各屬水患幾遍而外省亦多報水災
回憶前數月或雷雨晝晦或冬夏頻寒皆陰盛也是卽君

九江谷行街宣昌印務承刊

子道消小人道長之兆氣運如此禍患安有豸乎　朱子碑

樓緝存

去年甲寅廣肇二屬水患誠爲巨災今年乙卯三月初四日丑時連縣屬地雷電大雨至翌辰卯刻河水陡漲四丈河西上游一帶山崩石爆水勢滔天橫直百里田園屋宇盡被潦沒沿河屍體屈指難數又翁源乳源間於二月初二日忽急有大山十座同時倒塌尤奇者有一山劈分兩股中有黃水噴出成河壞植物不少五月下旬西潦暴發適東北江又漲水勢益橫廣肇各屬圍隄崩決幾盡省垣亦大

受水患兼以大火壞人畜房屋禾桑無算爲我粵亙古所未有時直隸河南山西湖南江蘇浙江福建山東雲南吉林奉天廣西亦報水災又同月上海大風黑龍江大雪董仲舒野曰水者陰氣盛也讖曰水者純陰之精也陰盛洋溢者小人專制擅權治疾賢者依公結私侵乘君子小人席勝失懷得志故涌水爲災五行傳曰簡宗廟不禱祠廢祭祀逆天時則水不潤下通考曰若臣道顓女謁行夷狄疆小人道長嚴刑以逞民不堪憂則陰勝而水至當今之世夷禍官邪民奸盜熾破神道張女權廢棄經書絕滅倫理

固宜有陰盛之患然漢文帝元年齊楚地二十九山同日崩大水潰出十二年河決東郡後三年藍田山水出流九百餘家壞民室八千餘所殺三百餘人乃自文至景修行德政天下乂安幾致刑措乃知天地之譴告恐懼修省亦可化災為祥懭觀唐之洪水周之大風大戊之桑高宗之雉可以會其通矣 仝上

吾粵東故老傳說水患以上古甲辰年為最溯自嘉慶年間亦有水患然未有如道光九年及十三年者其間崩決基圍無算廿一年又遭水患廿四年甲辰其水患最為浩大

咸豐三年癸丑而水患則逾於甲辰六年丙辰之水患比癸丑而更溢之逮乎十一年辛酉而水患又溢於丙辰至同治三年甲子而水患又與甲辰年等今則比同治甲子年日有增加矣 仝上

九江谷行街宜昌印務承刊

桑園圍志

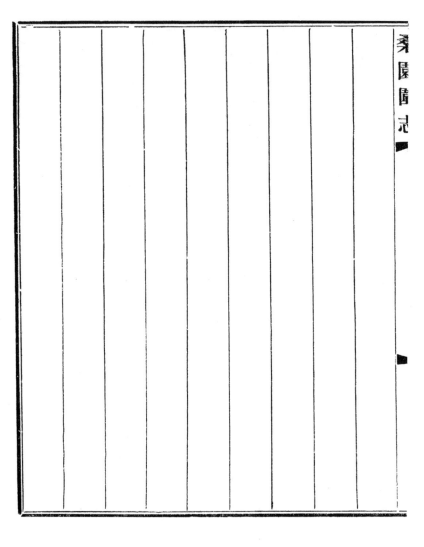

記甲寅大水事

中華民國三年陰曆甲寅夏五月大水閏五月三日南順桑園圍茅岡基潰前十日西潦驟至葵草枯木蔽江而下廬舍器物隨之間有死屍越三日盛漲又三日汛濫人盡張皇用土囊塞之至初三早而聞茅岡基潰或曰我鄉距茅岡叁拾餘里一二日水則至或曰盜賊欲圖搶刦拔去土囊以恐人耳非基潰也或曰圍潰例必傳鑼告警使人豫爲之備況圍事今年爲我九江值理（圍內各堡分年值理其事）顧乃寂寂無聞乎虛傳無疑初四早聞說

水至鄉之沙嘴人猶疑之午後聞已至大稔見有提男抱女望山而奔者則大稔人又有數船泊於禾狸涌問何以舉家至此則云世居沙嘴家在村邊水至甚驟不逾時而深數尺避之不及乃由窻而下沒水而出泛舟至此以此去山不遠作暫避計也至是而知傳說之非虛矣酉正則見水由北方澎湃而來盈塘而後進其勢浩瀚其聲潺湲未幾而至我村矣當其時水勢暴至人語喧囂魚逐水而遊躍人逐水而取魚是夜我村屋宇水漸浸至相距或一日或半日我家則初六早始見水初

七旱則滿八寸初八旱又滿八寸矣是午我乘舟周遊一望汪洋盡成巨浸所見屋宇其浸至門楣者十之四過門楣以上者十之二將及門楣者二半門口者二尋五

常人家門口大約高尺五寸至六寸以上亦有在閣上鑿壁而出者而桑株魚塘淹沒殆盡墟場廛肆類皆閉門買賣則自樓縋而上下此則通鄉被水之大概情形也舟至樓村社前釋舟登陸此地珮山牛山象山龜山四面環繞不知有水患與平時無異山麓山上多蓋篷廠祠堂廟宇盡是居人行至儒林古廟則其門如市內皆逃水難者男女老少

千有餘人席地而坐或則偃息顏色憔悴蓋猝遭水難勞形焦思眠食頓減故至此也至方便醫院則救災公所寓焉其旁有篷廠以棲止難民前有小舟數十艘乘以周巡鄉內見有水至門楣者招度之否則給以粥米絡繹不絕嗚呼可謂仁智俱盡能補天地之憾者矣初九早測水則滿五分而已初十早水始下一寸五分十一早則又下一寸五分十二早則下二寸五分十三早則下四寸十四早則下五寸下午而水盡退矣而環視四鄰仍在巨浸中也計此水之來吾家以初六早始見

至初九而深一尺六寸五分在天井起計初十日始退至十四而盡被浸者九日而煩難困阨則已不堪彼鬱鬱久居此者不更甚耶然以水之退勢論之想被浸極深者不過一丈不出十日而通鄉之水可以盡退詎料潰口洶涌莫能塞止旋消旋長上下無常竟至六月十七日堵塞乃告成功又十二日而通鄉之水乃克全退淹浸凡五十六日嗟乎魚桑之利既歸烏有百果草木萎死亦多而室廬衣服貨賄什器其損失更不知凡幾矣民窮財盡睠念後來何堪設想哉昊天不傭降此鞠訩小

九江谷行街宜昌印務承刊

民惟曰怨咨將何以平其憾也考之鄉志有明二百八十年桑園圍基潰者十一次有清二百六十八年潰十三次自道光二十四年一決以來迄今七十年矣我生之後未嘗遇之一旦罹災困居樓上其不自由有難以言述者然後歎坎之爲險也而困之誠苦也爰著於篇不避冗瑣俾後之覽者如身在其中目睹慘狀用以自固隄防勤加修築勿至貽誤大局而修志乘者亦有考焉是歲七月朔日謹記 朱[illegible]稿

黎貞穀食祠記載陳博民寨倒流港由甘竹灘築隄越天河抵橫岡今圍內無天河或疑爲甘竹隔岸之天河或疑上桑園之銀河皆非也當時建祠岑平漢等遠走古岡請名流爲記如何鄭重必無誤指隔河及圍外之理竊謂天河卽倒流港一地而二名當時人人皆知代遠年湮後人莫知此港又名天河故滋疑耳甘竹與本圍原不相連屬塞港築隄故謂之越若九江至橫岡雖有河流舊有隄不得謂之越橫岡卽今先登太平上之橫岡按圖可稽橫岡以上皆山想茅岡鵝阜石基續築在後古時因山爲隄猶之九江自蝸山下山斷處皆有古隄拖涌圍南

頭圍皆續築相類或疑横岡爲三水地亦非也

穀食祠在九江忠良山麓前志載十八堡士民公建堡名未詳堂爲三間柱凡十八相傳十八堡各送一柱云今圍内有十四堡無十八堡向嘗疑之查明黎春曦九江鄉志載陳博民塞倒流港事公取大船數艘實以石沉於港口水勢漸殺拾捌堡田戶運土填築上自豐滘下至狐狸繞龍江三水周數拾里各築高五尺半載工竣拾捌堡士民建祠崇祀顔曰穀食云當時甘竹尚在圍外而已有拾捌堡田戶運土助築則建祠報德祇因同患不必盡屬圍内可也又查陳萬言惠民竇碑記言拾捌堡

賴之遂成沃壤萬言當明中葉少貧賤奔走四方周知鄉隣事
爲記在宦成後所言當確鑿可據則桑園圍明代曾有拾捌堡
也竊疑塞倒流港後甘竹麥𡍣勒樓大白一帶或聯合同圍故
有拾捌堡桑園圍如箕不築圍尾當時同隸南海畛域不分中
間或因事糾紛或起科轇轕復行離異亦未可知景泰間置順
德縣析南屬鼎安之龍江龍山甘竹隸馬寧司而起科南七順
三遂分界限今桑園圍雖稱拾肆堡尚有龍津堡五鄉因乾隆
甲寅起科請以工代捐自行修築未及清丈故不另列一堡以
後通修亦有科捐圍誌始於乾隆十四堡之名稱由是確定考

南海縣志沿革門第言析江浦之甘竹龍江龍山隸順德乾隆間析江浦之九江沙頭大同河清鎮涌置主簿司各堡無分析合併事或疑十八堡合上桑園而言不知吉贊橫基築於北宋舊志詳言陳博民修築橫基則十八堡不屬上桑園可知也書闕有間徒歎文獻無徵而已關遜卿懷疑錄

續修桑園圍志書後

民國甲寅乙卯連年圍決歲己未倡議續修圍志庚申經始癸亥成書因圍欵支絀延未付梓 僕 忝經襄事回首數年何君屏珊余君贊廷朱君稷卿先後返道山不勝今昔之感此數年間甘竹堤之補修三口閘之建築科捐之續收粮戶之核載圍圖之審查岑君伯銘囑爲增補校正查圍圖測繪當時未築三口龍江裏海各子圍不相聯屬周歷準望良難故圍尾淆混不清即河神廟石刻新圖圍尾亦無標誌或誤認江村勸樓爲圍內沿我圍向不築圍尾致然甲子乙丑余嘗往來三口閘見子圍

犬牙相錯殊難辨悉今查閱順德縣志新圖於龍江裏海區域甚爲淸晰因據其分區界限僭於圍圖綴以點線旁註某某界俾閱者有所辨別但順德誌於麥塱一部劃入裏海界今點線依各圍基形頗有出入地非親歷採訪未周不知有舛否剞劂甫就蔡君翊雲馳書相告稱龍江添築新基共二千四百餘丈裏海基丈量未畢函囑登誌現龍江新基已據順德志加入圍圖至基段尺寸歷來公開勘明分段保管豎立石界誌明丈數極爲鄭重未敢率爾載筆謹綴數言以述承乏補稜情形而已

中華民國二十一年壬申歲孟秋關遇志記

附刊誤校正表

卷數	頁數	行數	字數	刊誤	校正
卷十三	五頁	十四行	七字	闢	築
卷十四	四頁	十四行	十二字		漏悔字
卷十四	十頁	五行	二字	輪	輸
卷十四	十頁	十六行	十七字	厚	原
卷十四	十二頁	二行	六字	坦	勘
卷十四	十四頁	十二行	十五字	佃	田
卷十四	二十頁	二行	二十字	有	立
卷十四	廿二頁	四行	十五字	另	只
卷十五	四頁	十二行	廿四字	貞分	分貞
卷十五	八頁	十六行	六七字	里十	十里
卷十五	十二頁	四行	十字	以	於

桑園圍志

九江谷行街宜昌印務局刊

桑園圍志

卷十五廿四頁	五行	三字	如	始
卷十五廿五頁	三行	十二字	衙	衝
卷十五卅八頁	十五行	九字	臟	臧
卷十五	三頁	一行	三字	桑	圍
卷十五下八頁	十一行	十一字	徙	徒
卷十五下十四頁	十三行	十五字	勞	莞
卷十六	二頁	十六行	二字	急	忽
卷十六	三頁	四行	二字	野	舒